Tourismus Dritte Welt

Brennpunkt Südostasien

Alternativtourismus als Motor für Massentourismus und soziokulturellen Wandel

Europäische Hochschulschriften

Publications Universitaires Européennes
European University Studies

Reihe IV

Geographie

Série IV Series IV
Géographie
Geography

Bd./Vol. 16

PETER LANG
Frankfurt am Main · Berlin · Bern · New York · Paris · Wien

Günter Spreitzhofer

Tourismus Dritte Welt
Brennpunkt Südostasien

Alternativtourismus als Motor für Massentourismus und soziokulturellen Wandel

PETER LANG
Europäischer Verlag der Wissenschaften

Die Deutsche Bibliothek - CIP-Einheitsaufnahme

Spreitzhofer, Günter:

Tourismus Dritte Welt : Brennpunkt Südostasien ; Alternativtourismus als Motor für Massentourismus und soziokulturellen Wandel / Günter Spreitzhofer. - Frankfurt am Main ; Berlin ; Bern ; New York ; Paris ; Wien : Lang, 1995
(Europäische Hochschulschriften : Reihe 4, Geographie ; Bd. 16)
Zugl.: Wien, Univ., Diss., 1994
ISBN 978-3-631-47965-0

NE: Europäische Hochschulschriften / 04

ISSN 0946-3321
ISBN 978-3-631-47965-0

Vorwort

Nur Reisen ist Leben, wie umgekehrt das Leben Reisen ist.
(Jean PAUL)

Letzter Anlaß für die vorliegende Arbeit waren zahlreiche Rucksackreisen nach Ost-, Süd- und Südostasien, die mir Ausmaß und Folgen des Billigtourismus deutlich vor Augen führten. Zunächst selbst noch von der Vision des 'besseren' Touristen angetan, relativierten sich mit fortschreitender Reisedauer und Reisehäufigkeit zahlreiche Positionen und drängten nach empirischer Untersuchung.

Was lag näher, als sich nochmals auf die Spuren der Rucksacktouristen Südostasiens zu begeben und das Phänomen 'Backpacking' als Innen- wie Außenstehender gleichzeitig zu betrachten?
"Die Straße bedeutet Abwechslung und Überraschung. Und irgendwo ist mit der Straße ein Ziel verbunden, das man bisweilen gar nicht genau definieren will" (GIRTLER 1991, 206) - oder definieren kann: Zuviele Fragezeichen standen dem erfolgreichen Abschluß dieses Projektes entgegen, um von vornherein ein Gelingen garantieren zu können.

"Wissenschaft suchend die Welt zu durchwandern und fremde Völker aufzusuchen" galt seit jeher als *"Frucht der Wissenschaft"*[1]; daß mein insgesamt sechsmonatiger Feldforschungsaufenthalt in Südostasien und Nepal, ganz in der Tradition der mittelalterlichen Vaganten, Wirklichkeit werden konnte, verdanke ich der großzügigen Unterstützung des **Bundesministeriums für Wissenschaft und Forschung,** des **Siegfried Ludwig-Fonds**, sowie der **Österreichischen Forschungsstiftung für Entwicklungshilfe.**

In erster Linie Dank zu sagen gilt es dem Betreuer der vorliegenden Dissertation, **Ass. Prof. Univ.-Doz.Dr.Herbert Baumhackl**, der mir stets mit Rat und Tat zur Seite stand und mit seinen wertvollen Diskussionsbeiträgen immer wieder neue Anregungen geben konnte. Der unschätzbaren Regionalkenntnis von **Ass.Prof.Univ.-Doz.Dr.Karl Husa** wiederum verdanke ich zahlreiche Hinweise auf Länderebene.

Nicht vergessen möchte ich auf meine Familie, die stets (mehr oder weniger) großes Verständnis für meine Auslandsaufenthalte an den Tag legte.

Last not least noch Dank an alle Reisegefährten und Interviewpartner, die - ob wissentlich oder unwissentlich - zur Fertigstellung dieser Studie beigetragen haben: Thank you for your co-operation!

---

1 Das genannte Zitat von Karl IV. findet sich in der Stiftungsurkunde der Universität Prag 1348. (vgl. GIRTLER 1991, 169)

INHALTSVERZEICHNIS

V. ASPEKTE DER TOURISMUSKRITIK

Teil 2

ALTERNATIVTOURISMUS ALS ALTERNATIVE?

Ausmaß und Formen des Alternativtourismus im Untersuchungsraum Südostasien vor dem Hintergrund soziokulturellen Wandels

I. EINFÜHRUNG IN DIE PROBLEMSTELLUNG

II. DIE ENTWICKLUNG VON ALTERNATIVTOURISMUS: EINE HISTORISCHE RETROSPEKTIVE

V.II. DIE ZIELLÄNDER

Einleitung

Das einzig Exotische in der Fremde ist der Fremde selbst.
(Ernst BLOCH)

Sämtlichen sozialpsychologischen Zukunftsszenarien liegt der Trend zu vermehrter Freizeit bei sinkender Lebensarbeitszeit zugrunde. Der Tourismusboom der Gegenwart geht somit tendenziell weiter, beschränkt limitierbar lediglich durch exogene ökonomische Kriterien (Rezessionserscheinungen in den Quellländern), nicht jedoch endogen: Der Tourismus der 90er Jahre ist mittlerweile unverzichtbarer Bestandteil des öffentlichen Lebens, weder wegzudiskutieren noch abzuschaffen, wirtschaftlicher Fixpunkt und soziokulturelle Reibungsfläche.

Tourismuskritik ist modern geworden. Die Suche nach Neuem und Fremdem, der Drang zu Unberührtem und Exotischem, sie treiben das Rad der Tourismusmaschinerie unaufhörlich weiter - in Österreich, in Europa, weltweit. Ob Erste oder Dritte Welt, die Entwicklungen gleichen einander, zeitverschoben zwar, doch unverkennbar.

Die Erforschung der (letzten) weißen Flecken auf der touristischen Landkarte ist weder Privileg noch Charakteristikum der Gegenwart, sondern historisch gewachsene Realität im Schatten von Kolonialismus und Eurozentrismus. Die Kolonialherren von gestern sind die Ferntouristen von heute: Reisesouvenirs statt Rohstoffen, Kitsch statt Kautschuk, Erlebnis und Exotik statt Macht und Multis.

Die Abhängigkeiten heute sind subtiler, der Zusammenhang mit Tourismus oft nur verschleiert, doch umso nachhaltiger. Ob (teurer) Pauschaltourismus oder (billiger) Alternativtourismus, beide Strömungen zeigen in Drittweltländern zunehmend massenhaften Charakter und erweisen sich in ihren Auswirkungen, trotz bewußt konträrer Position, als gegenseitig ergänzendes Muster von wirtschaftlichem und sozialem Druck und Mitverursacher unsteuerbarer kultureller Wandelerscheinungen.

Ferntourismus heute ist ein vielschichtiges Phänomen. Die Zielsetzung der vorliegenden Arbeit geht über den Rahmen der vorhandenen Literatur[2] hinaus, versucht sie doch eine möglichst breitgefächerte Diskussion der Multidimensionalität einer Bewegung, deren Expansion und Folgen für Quellregionen und Zielgebiete noch nicht abzusehen sind.

Angebracht erschien eine Zweiteilung der Arbeit, die spezielle Aspekte der Drittweltproblematik vergleichend herausgreift und auf zunehmender regionaler und thematischer Diversifizierung basiert.[3]

---

[2] Die steigende Zahl wissenschaftlicher Publikationen im Tourismusbereich untermauert die zunehmende Bedeutung dieser gesellschaftlichen Subkategorie (vgl. JAFARI/AASER 1988).

[3] Für eine ausführliche Diskussion der modernen Tourismusforschung vgl. SPREITZHOFER 1994a, Teil 1

Während Teil 1 vorwiegend eine Reflexion des gegenwärtigen Diskussionsstandes am (Fern) Tourismussektor bietet, sind in Teil 2 neben theoretischer Erfassung auch persönliche Erfahrungen und Erkenntnisse des Autors eingebunden, die integriert kontextgebunden präsentiert werden; eine eingehende Analyse der Ergebnisse des sechsmonatigen Forschungsaufenthaltes des Autors findet sich in Teil 2/IV-VI.

TEIL 1:

Inhalt des ersten Abschnittes ist eine Analyse von Aspekten des Dritt-welttourismus, einer Subkategorie des Gesamttourismusgeschehens. Anhand des Fallbeispieles Südostasien werden Kriterien der Tourismuspolitik und Aspekte der Tourismuskritik vor dem Hintergrund von Pro und Contra-Positionen konkret dargestellt.

TEIL 2:

Die regionale Spezialisierung auf den südostasiatischen Untersuchungsraum erfährt eine weitere thematische Einengung: Im Mittelpunkt der Betrachtung stehen Aspekte des Alternativtourismus, einer Tourismuskategorie, die - oberflächlich behandelt - als erstrebenswerte, 'andere' und bessere, sozial und ökologisch verträglichere Variante des Drittwelttourismus gilt.

Vielfalt und Umfang der Drittweltdiskussion in regionaler wie thematischer Sicht mögen eine allseits befriedigende Darstellung schwierig erscheinen lassen - eine Problematik, der sich der Autor durchaus bewußt ist. Ziel dieser Arbeit ist ein breitgefächerter Einstieg in die Thematik: Von kleinräumigen Detailanalysen wurde generell abgesehen, um länderübergreifende Darstellungskonstrukte zu ermöglichen und Vergleichsanstöße in Form repräsentativer Case-Studies zu bieten.

In diesem Sinne sind Gliederung und Aufbau der vorliegenden Arbeit zu verstehen, deren vorrangiges Ziel in der Bewußtseinsmachung von touristischen, drittwelttypischen Prozeßabläufen besteht. Ferntourismus warum, wo und wie, von wem und für wen, seit wann und wie lange noch: Fragen über Fragen, deren lückenlose Beantwortung wohl den Rahmen dieser Arbeit sprengen würde ...

TEIL 1

TOURISMUS IN ENTWICKLUNGSLÄNDER: FALLBEISPIEL SÜDOSTASIEN

I. Abgrenzung und Definition

1. Die Dritte Welt - ein homogenes Gebilde?

Tourismus in Entwicklungsländer ist als Variante massentouristischer Erscheinungsformen ein Phänomen der Gegenwart und Inhalt wie Diskussionspunkt zahlreicher einschlägiger Publikationen mit vorwiegend soziologischer Schwerpunktsetzung.[4] Zwar quantitativ begrenzt - Entwicklungsländer verbuchen 1989 21% des Welttourismusvolumens ('internationale Ankünfte') und 26% der Welttourismuseinnahmen (WTO 1990a) - stellt der Tourismus der Reichen in die Länder der Armen ein zunehmend massenhaftes Phänomen dar, dessen politische, ökonomische und soziale Konsequenzen noch nicht absehbar sind.

Der Begriff 'Entwicklungsland' indiziert Disparitäten und beinhaltet ein Wertungssystem, ohne jedoch die Abgrenzungskriterien explizit zu formulieren: Das Fehlen jeder empirischen Grundlage bildet ein nicht zu übersehendes Defizit (MOKRE 1990, 29).

KIRSCH (1986, 98) definiert Entwicklungsländer vage als *"Länder, die in technischer, wirtschaftlicher und sozialer Hinsicht gegenüber den Industrieländern zurückgeblieben sind, die aber unter Berücksichtigung ihrer natürlichen Ausstattung große Entwicklungsmöglichkeiten besitzen"*.

NOHLEN/NUSCHELER (1992, 56) weisen auf das Fehlen einer allgemein verbindlichen Festlegung von Eigenschaftszuordnungen des *"Cluster-Begriffes"* 'Entwicklungsland' hin, die ihrerseits zwangsläufig eine Reflexion von Wertvorstellungen beinhalten würde; nach dem neuesten Stand der EWL-Diskussion würden explizit formulierte Faktorenbündel einen unüberbrückbaren Widerspruch zu den Postulaten der Objektivität und Wertfreiheit bedeuten.

Definitorische Gliederungsansätze zur Kategorisierung von Entwicklungsländern umfassen nach allgemeiner Praxis ein Dreierbündel von Bestimmungsfaktoren (vgl. SZEVERA 1991, 12), das exemplarisch folgendermaßen darstellbar ist:

---

[4] Vgl. auch THEUNS 1991, 9

* **<u>Politische Indikatoren</u>**: Einstellung zu wirtschaftlichem Fortschritt
  Ausmaß der politischen Stabilität
  Stärke demokratischer Institutionen

* **<u>Wirtschaftliche Indikatoren</u>**: Pro Kopf-Einkommen
  Ersparnisse und Investitionsrate
  Produktivität und Produktionsfaktoren
  Stärke der einzelnen Sektoren

* **<u>Soziokulturelle Indikatoren</u>**: Urbanisierungsgrad
  gesellschaftliche Zusammensetzung
  Verbreitung von Massenkommunikationsmitteln

VORLAUFERs (1989, 605) Fünf-Punkte Definition von 'positiver Entwicklung' durch Tourismus basiert im wesentlichen auf der genannten Grobgliederung, zeigt aber bedeutend subtilere Züge und läßt sich, gekürzt, folgendermaßen präsentieren:

(1) Gerechte Verteilung von Arbeit und Einkommen, Milderung sozialer und räumlicher Einkommensdisparitäten

(2) Abschwächung außenorientierter Entwicklung ergibt größere wirtschaftliche Unabhängigkeit, verstärkte Nutzung lokaler/regionaler/nationaler Ressourcen

(3) Möglichkeit einer Partizipation aller Schichten, Klassen und Regionen an politischen und wirtschaftlichen Entscheidungsprozessen

(4) Sozialer Wandel ohne radikale Veränderung der traditionellen Kulturmuster und Sozialbeziehungen als zentrale Voraussetzung der Sicherung und Entfaltung soziokultureller Identität

(5) Vorrangige Befriedigung der Grundbedürfnisse

Entwicklung wird allgemein implizit gleichgesetzt mit wirtschaftlichem Wachstum und beinhaltet folgende Oberziele: Steigerung der Deviseneinnahmen, Schaffung von Arbeitsplätzen und Einkommenserhöhung der Bevölkerung. Außerökonomische Ziele (Schlagwort 'Weltfrieden') gehen in den seltensten Fällen über den Charakter von Lippenbekenntnissen hinaus, entwicklungsrelevant sind einzig ökonomische Kriterien.

Entwicklung ist mehr als quantitatives Wachstum des Bruttosozialproduktes, "*wenngleich die Formel 'Entwicklung = Wachstum' aus westlichen Wachstumstheorien abgeleitet wurde, nach denen ein ausreichend großes Wirtschaftswachstum auch die sozialen und politischen Probleme eines Landes lösen werde*" (VORLAUFER 1989, 604).

Die rigide Kategorisierung in Industriestaaten (*Erste Welt*), Staaten kommunistischer Prägung (*Zweite Welt*) und Entwicklungsländer (*Dritte Welt*) zeigt zunehmende Aufweichungstendenzen. Nach neuestem Diskussionsstand wird die Dritte Welt nicht mehr als homogenes Gebilde betrachtet, weitere Subgliederungen in *Vierte* und *Fünfte Welt* sind gängige Praxis.

Fehlende Homogenität und allgemein akzeptierte Abgrenzungskriterien bewirken auch verschiedene Kategorisierungskonzepte für den Untersuchungsraum dieser Studie: Nach WTO-Definition gilt der gesamte Subkontinent Südostasien als Entwicklungsraum (WTO 1990b), neuere Studien berücksichtigen den rezenten Wirtschaftsboom der Region und versetzen Malaysia, Singapur und Thailand in den Status von *NICs ('newly industrializing countries')*[5], einer Übergangstufe von den *LDC*-Regionsnachbarn (*'less developed countries'*) zu Industrienationen westlicher Prägung (HARRISON 1992, 6).

2. Das Untersuchungsgebiet

2.1. Abgrenzungskriterien

Regionaler Schwerpunkt dieser Arbeit ist der Subkontinent Südostasien, der einer exemplarischen Betrachtung von Aspekten und Erscheinungsformen des Dritt-Welt-Tourismus unterzogen wird. Südostasien ist die Region mit den stärksten touristischen Zuwachsraten der letzten Jahrzehnte (HARRISON 1992, 8; SHOESMITH 1983, 16), erlebt Anfang der 90er Jahre mit der Auflösung des pro-kommunistischen Indochina-Blocks eine völlige politische Neuorientierung mit der Zukunftsperspektive eines wirtschaftlich homogenen Großraumes (DIXON 1991, 218) und scheint demzufolge als 'aktiver' Untersuchungsraum für die Zielsetzung der vorliegenden Studie bestens geeignet.

Neben einer Diskussion allgemein-touristischer Aspekte von Dritt-Welt-Tourismus anhand von südostasiatischen Fallbeispielen liegt der empirische Schwerpunkt auf einer Untersuchung der Subkategorie Alternativtourismus. Allgemeine Tourismusstudien liegen für die Region Südostasien zahlreich vor, auch wenn das regionale und thematische Hauptgewicht auf einige wenige Staaten begrenzt ist.

Arbeiten über die Hilltribes *Nordthailands* (COHEN 1979a, 1989a; DEARDEN/HARRON 1992), Bali (DRESS 1979, McTAGGART 1980, KNAUS 1991) oder die Toraja *Sulawesi/-Indonesien* (CRYSTAL 1978, KNAUS 1991) weisen generell ethnologische Ausrichtung auf und sind in der Zahl der Untersuchungsgebiete räumlich eingeengt; lediglich WOODs (1980, 1984) vergleichende Studien sind südostasienweit relevant.

Zweiter Untersuchungsschwerpunkt sind soziologische Studien über Prostitution und Sextourismus, die vor allem die Situation *Thailands* beleuchten (O'GRADY 1992, TRUONG 1990, et.al.) und nur vereinzelt auch andere Staaten der Region erfassen.

Demgegenüber steht eine beschränkte Zahl von Studien mit einschlägig alternativtouristischem Untersuchungsschwerpunkt, die jedoch - ebenfalls in Form von Fallstudien - die Problematik nur punktuell erfassen und mit einer Ausnahme (RILEY 1988) keine länderübergreifend-ver-

---

5 Der Terminus *'NIC'* wurde 1980 erstmals geprägt (NOHLEN/NUSCHELER 1992, 36).

gleichende Darstellung bieten: Die Untersuchung von ORLOVIUS/WETZELS (1983) am Lake Toba (*Sumatra/Indonesien*) sei hier stellvertretend erwähnt.

Durch die beginnende Öffnung der Indochinastaaten und die damit verbundene geplante Einbeziehung einer Tourismusanalyse vor Ort ergab sich die Notwendigkeit einer Selektion: Eine vergleichende Gegenüberstellung von 'alten' (ASEAN-Staaten) und 'neuen' Tourismusgebieten (INDOCHINA) erschien, zumindest partiell, methodisch angebracht, die Reduzierung des ASEAN-Blocks auf die Achse *Thailand-Malaysia-Singapur-Indonesien* erfolgte aus folgenden Überlegungen:

(1) Eine flächenmäßige Reduktion des Untersuchungsgebietes war unabdingbar; ganz Südostasien[6] 'abzudecken' wäre aus finanziellen und zeitlichen Überlegungen ein Ding der Unmöglichkeit gewesen und hätte überdies zu keinen grundlegend neuen Erkenntnissen im Sinne der Untersuchungszielsetzung führen können. Typische Fallstudien sind im eigenbegrenzten Untersuchungsraum problemlos möglich, es ergab sich keine dringende thematische Notwendigkeit der Gebietserweiterung.

(2) Die alternativtouristischen Trampelpfade durch Südostasien berühren die vier genannten Staaten, stellen sie doch den traditionell etablierten Überlandweg nach Australien dar.

(3) Die Wahl der Indochinagruppe als Kontrapunktsetzung erschien methodisch angebracht; die neue Überlandachse Richtung Ostasien befindet sich 'in statu nascendi', die Chance der wissenschaftlichen Grundlagenforschung galt es zu nutzen.

(4) Von einer detaillierten Betrachtung ausgeschlossen werden die Staaten *Brunei Darussalam*, *Myanmar* sowie die *Philippinen*: Letztere als touristisch aktivstes Land dieser Dreiergruppe durch die fehlende regionale Bindung zu Südostasien und starker Orientierung an Ostasien; Brunei aufgrund seiner peripheren Lage abseits alternativtouristischer Präferenzen; Myanmar schließlich infolge seiner de-facto Unbereisbarkeit durch Individualtouristen.

Die Festlegung der sieben Untersuchungsstaaten, drei aus dem ehemals kommunistischen Indochina-Bereich (**LAOS, KAMBODSCHA, VIETNAM**), vier aus der pro-westlichen ASEAN-Zone (**INDONESIEN, MALAYSIA, SINGAPUR, THAILAND**), ist somit eine willkürliche Abgrenzung des Autors und stellt keinerlei präjudizierende Wertung dar. Abgrenzungsrelevant waren einzig untersuchungstechnische Kriterien der empirischen AT-Feldforschung. Eine Beibehaltung des Zwei-Block-Systems scheint auch in der einleitenden Darstellung von quantitativen und (tourismus)politischen Aspekten der Großregion Südostasien sinnvoll und angezeigt, um den räumlichen Bezugsrahmen aufrechtzuerhalten.

[6] UHLIG (1988) gliedert den Subkontinent in Festländisches Südostasien *(Myanmar, Thailand, Kambodscha, Laos, Vietnam)* und Insulares Südostasien *(Brunei Darussalam, Malaysia, Singapur, Indonesien, Philippinen).*

2.2. Basisdaten

Die folgende vergleichende Auflistung von demographischen, sozialen und ökonomischen Basisdaten der Untersuchungsregion erhebt keinerlei Anspruch auf Vollständigkeit und dient lediglich als repräsentative Kurzcharakteristik der betrachteten Staaten.

Tab.1: Der Untersuchungsraum: Ausgewählte Strukturdaten

	ASEAN				INDOCHINA		
	INDONESIEN	*MALAYSIA*	*SINGAPUR*	*THAILAND*	*LAOS*	*KAMBODSCHA*	*VIETNAM*
1. Bevölkerung (in Mio)	184,7	18,1	3,1	57,7	4,3	8,6	70,0
2. Einwohner/ km^2	87	51	4283	106	16	42	191
3. Bevölkerungswachstum/ J. (in %)	1,8	2,6	1,1	1,4	2,9	2,2	2,2
4. Alphabetenrate (in %)	85,0	18,5	90,7	93,0	83,9	48,0	88,0
5. Kindersterblichkeit (in %)	65	13	6	24	17	116	43
6. Lebenserwartung (in Jahren)	58	70	73	64	50	50	63
7. Bruttosozialprodukt/ Einw. (in US-$)	430	1870	9100	1000	180	155	18
8. Inflationsrate/ Jahr (in %)	8,7	5,0	2,2	4,7	10,4	150,0	78,9
9. Landwirtschaftliche Erwerbspersonen (in %)	50	34	1	66	72	71	62
10. Kcal/ Einwohner/ Tag	2579	2730	2840	2331	2391	2171	22
11. Personen/ Telefon	166	10	2	36	450	790	537
12. PKW/ 1000 Einwohner	6	84	98	15	4	-	2
13. Personen/ Arzt	7238	2656	753	4361	6495	27000	3040

Quellen: ASIAWEEK, 4.12.1992, 10ff: (1), (3), (4), (5), (8), (11), (13)
FISCHER WELTALMANACH 1991: (2), (7)
STATISTISCHES BUNDESAMT WIESBADEN 1991: (6), (9), (10), (12)

Der Untersuchungsraum präsentiert sich insgesamt inhomogen, in einer Analyse exemplarischer Sozial- und Wirtschaftsindikatoren treten die vorhandenen Disparitäten klar zutage. *Singapur* als prosperierender, politisch stabiler Stadtstaat ist das eine Extrem, das bürgerkriegsgeschüttelte *Kambodscha* das andere.

Devisenmaximierung ist das erklärte Ziel der Tourismuspolitik sämtlicher Staaten, Tourismus als 'Entwicklungsfaktor' ist in den 90er Jahren die verbindende Zielsetzung - mit unterschiedlicher Tradition und politischer Steuerung, wie der folgende Abschnitt zu dokumentieren versucht.

Abb.1: Der Untersuchungsraum

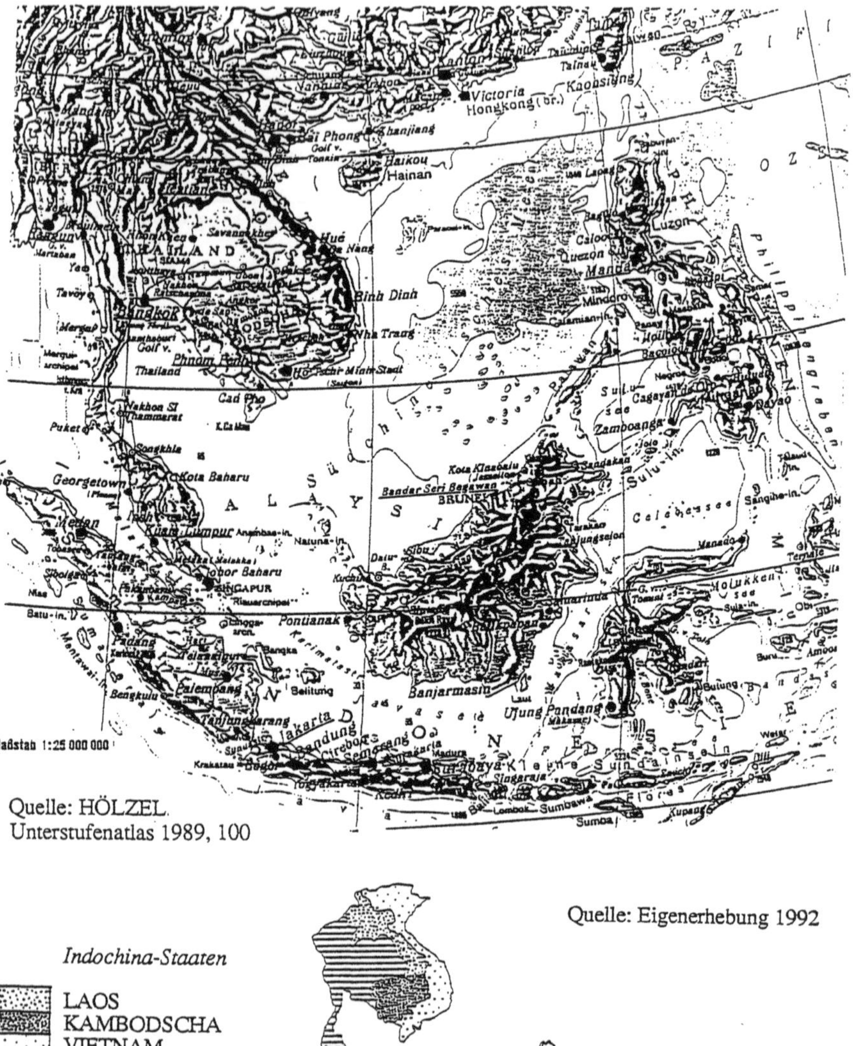

Quelle: HÖLZEL.
Unterstufenatlas 1989, 100

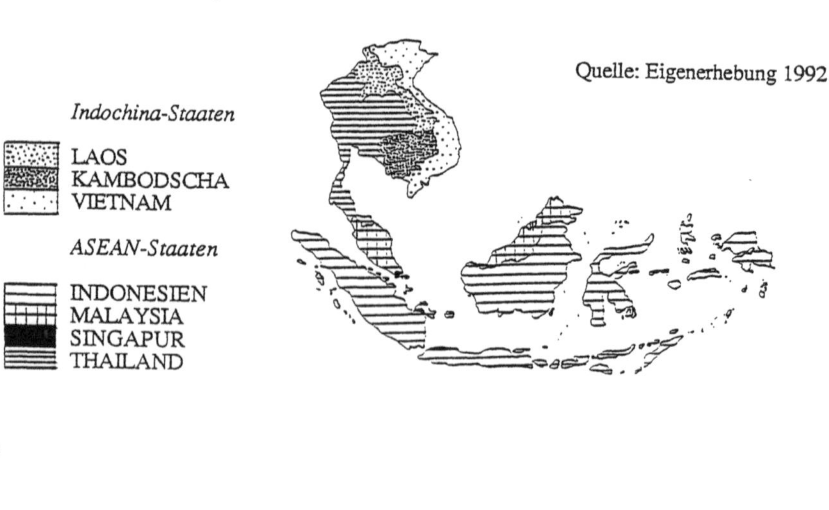

Quelle: Eigenerhebung 1992

II. Aspekte der Tourismusentwicklung im Untersuchungsraum: Ein quantitativer Einstieg

1. Eine Rückschau in die Anfänge: Die Nachkriegsentwicklung

Bis Mitte des 20.Jahrhunderts ist der internationale Tourismus im Untersuchungsgebiet quantitativ vernachlässigbar und auch statistisch kaum belegt. Tourismus ist punktuell beschränkt und keineswegs noch staatspolitisches Ziel, landesweite Touristifizierung noch Zukunftsmusik.

Bali verfügt südostasienweit über die längste Tourismustradition: Nach ersten Anfängen bereits in den 20er Jahren besuchen bis zur Mitte des Jahrhunderts jährlich etwa 3.000 Touristen die indonesische Hindu-Insel, 1975 verzeichnet das Tourismuszugpferd Bali bereits 80.000 internationale Ankünfte (DRESS 1979, 71ff).

Tab.2: Tourismus in Asien: Die Nachkriegsentwicklung

Jahr	ASIEN/OZEANIEN int.Ankünfte (in 1000)	Einnahmen. (in %)	OSTASIEN/SÜDOSTASIEN/OZEANIEN int.Ankünfte (in 1.000)	Einnahmen. (in %)	Anteil an ASIEN/ OZEANIEN (in %): int.Ank.	Einn.
1950	465	67	190	30	40,0	44,7
1960	1.439	288	680	195	47,3	68,4
1965	4.494	765	1.600	411	35,6	53,7
1970	8.192	1.595	3.857	800	47,1	50,2
1975	14.100	3.360	7.904	2.164	55,3	64,4
1980	29.079	13.118	20.005	7.490	68,0	57,1
1985	42.684	22.122	29.414	12.372	68,9	59,5
1989	59.343	42.693	44.857	30.965	75,7	72,5

Quelle: WTO 1989, 1990a

Obige Tabelle illustriert die sprunghafte Entwicklung des internationalen Asien-Tourismus[7], dessen Schwerpunkt sich seit Mitte des 20. Jahrhunderts zunehmend auf den (süd)ostasiatischen Raum[8] verlagerte. Bis 1970, vor gezielter (erfolgreicher) staatlicher Förderung durch nationale Tourismusorganisationen, lag dessen prozentueller Anteil am Tourismusaufkommen Gesamtasiens weit unter 50%, ließ ab 1971 (54,6%) einen kontinuierlichen Zuwachs erkennen und erreichte 1989 mit 75,7% seinen bisherigen Höchststand: Etwa drei Viertel der

[7] Asien/Ozeanien bilden als Reisedestination in der Zielsetzung dieser Arbeit eine Einheit und werden deshalb zusammengefaßt dargestellt.

[8] Der Raum Ostasien/Südostasien/Ozeanien stellt innerhalb des *Asien/Ozeanien*-Tourismus den Wachstumspol dar und wird vergleichend als Subkategorie aufgelistet.

internationalen Touristenankünfte erfolgen im Ost-/Südostbereich des Kontinents, im Zeitraum 1980-90 beträgt die Steigerung 120% und ist damit annähernd doppelt so hoch wie der weltweite Tourismusanstieg des vergangenen Jahrzehnts (HARRISON 1992, 6).

Die Tourismuseinnahmen der Kernzone des Asientourismus waren vergleichweise größeren (anteilsmäßigen) Schwankungen unterworfen und variieren in der Asien-Proportion bei drastischer numerischer Steigerung nach einem ersten Höchststand 1960 (68,4%) zwischen 50,2% (1970) und 72,5% (1989): Touristenankünfte und Tourismuseinnahmen halten einander in proportionaler Betrachtung somit annähernd die Waage.

2. Die Gegenwart: 1985-89

2.1. Südostasien im Welttourismus: Eine Positionsbestimmung

Ohne Einbeziehung der Regionsnachbarn Ostasien und Ozeanien hält Südostasien[9] 1989 bei einem Anteil von 30,4% an den gesamtasiatischen Touristenankünften, ein Wert, der nach kontinuierlichem Aufwärtstrend 1989 eine sprunghafte Steigerung erfuhr - parallel zur Entwicklung der Tourismuseinnahmen Südostasiens, die bei anteilsmäßigem Gleichstand ähnliche Tendenzen erkennen lassen.

Tab.3: Tourismus in hierarchischer Differenzierung: Ausgewählte Ländergruppen in vergleichender Darstellung

	Ankünfte in 1.000				
	1985	1986	1987	1988	1989
WELT	322.723	330.527	356.787	381.946	414.223
EWL	61.397	63.657	69.209	79.666	85.338
(1)	*(19,0)*	*(19,3)*	*(19,4)*	*(20,9)*	*(20,6)*
ASIEN[10]	39.697	41.887	47.041	54.303	
SÜDOSTASIEN	10.081	10.944	12.578	14.534	16.669
(2)	*(16,4)*	*(17,2)*	*(18,2)*	*(18,2)*	*(19,5)*
ASEAN	9.613	10.334	11.843	13.762	15.863
(3)	*(95,3)*	*(94,4)*	*(94,2)*	*(94,7)*	*(95,2)*

Quelle: WTO 1990a (Eigenberechnung)

(1) Ankünfte in EWL (in % der Welt) (2) Ankünfte in Südostasien (in % der EWL)
(3) Ankünfte in ASEAN-Staaten (in % des Großraumes Südostasien, WTO-Definition)

---

[9] Nach WTO-Richtlinien werden 'Südostasien' folgende acht Staaten zugeordnet: *Brunei Darussalam, Laos, Indonesien, Malaysia, Myanmar (Burma), Philippinen, Singapur, Thailand, Vietnam. Kambodscha,* obgleich ebenfalls regionszugehörig, bleibt infolge Datenmangels aus der Betrachtung ausgeklammert.

[10] ohne Ozeanien

Abb.2: Dimensionen des Ferntourismus I

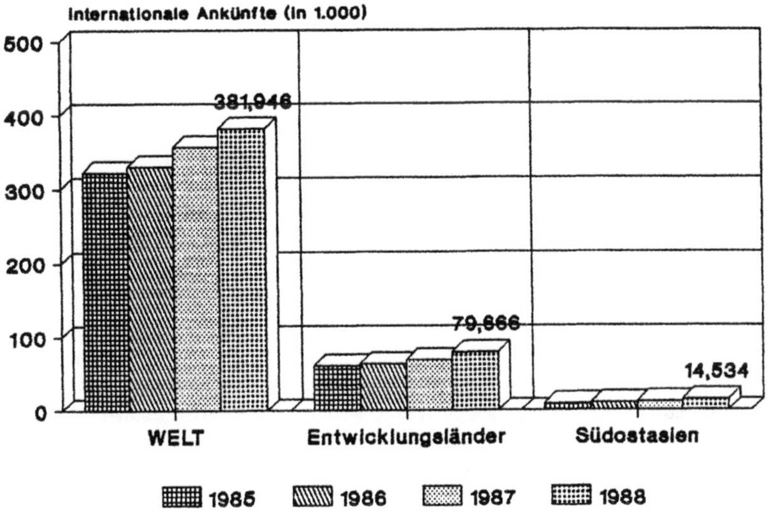

Abb.3: Dimensionen des Ferntourismus II

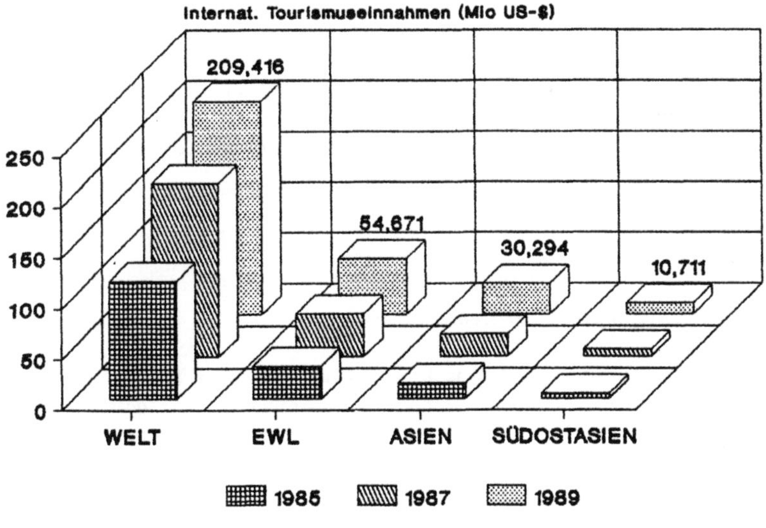

Quelle: WTO, Eigendarstellung

Südostasiens Anteil am Welttourismusaufkommen steht 1989 bei 4,0%; mit jährlichen Zuwachsraten von etwa 10,2% (1984-89) gilt der Großraum nicht nur gesamtwirtschaftlich, sondern auch in der Subkategorie Tourismus als tendenzielle Wachstumsregion. Südasien und Südostasien gemeinsam halten 1988 einen Anteil von 30,3% am gesamten Drittwelt-Tourismus und scheinen somit durchaus repräsentativ für entwicklungslandspezifische Studien im Tourismussektor: 1989 geht etwa jede fünfte Dritt-Welt-Reise in die Großregion Südostasien.

Deutlich ausgeprägt ist die Dominanz der *ASEAN*-Ländergruppe, die im Großraum Südostasien nicht nur die wirtschaftlichen Impulse setzt, sondern auch die internationalen Touristenströme weitgehend bindet: Mit etwa 95% sämtlicher internationaler Touristenankünfte behauptet der pro-westliche Staatenbund regionsweit seine Leaderposition, der *Indochina*gruppe sowie *Myanmar* kommen nur Marginalrollen zu. Ob und inwieweit die wirtschaftliche und politische Neuorientierung der ehemals kommunistisch-dirigistischen Regime Indochinas tiefgreifende Anteilsverschiebungen im Tourismusgeschehen Südostasiens bringen kann, bleibt abzuwarten und ist aufgrund unbefriedigender Datenlage selbst tendenziell nicht absehbar: Zum einen präsentiert sich die Datensituation im Nicht-ASEAN-Bereich insgesamt widersprüchlich und verworren, zum anderen sind selbst für den ASEAN-Block keine Strukturdaten der 90er Jahre verfügbar - dennoch, aktuellen Tourismusprognosen zufolge ist ein Ende des überdimensionalen Wachstumsschubes für Südostasien noch nicht absehbar (HARRISON 1992, 8).

2.2. Das Untersuchungsgebiet

Die folgende Detailanalyse soll einen Kurzeinstieg in quantitative Tourismusaspekte des Untersuchungsraumes bieten und einen Einblick in Entwicklung und Zielgruppenpräferenzen wie auch Dependenzen ermöglichen. Unterschiedliche Datenqualität und -vielfalt machen eine Zweiteilung der Betrachtung angezeigt: Einer vergleichsweise ausführlichen Diskussion der vier untersuchten ASEAN-Länder (*Indonesien, Malaysia, Singapur, Thailand*) wird eine Kurzanalyse der drei Indochina-Staaten (*Laos, Kambodscha, Vietnam*) gegenübergestellt, deren Datenlage keine detailliertere Betrachtung zuläßt.[11]

2.2.1. Die ASEAN-Gruppe

2.2.1.1. Internationale Touristenankünfte

Tourismusmagnet Nummer 1 ist Anfang der 90er Jahre unbestritten Thailand (1989: 4,8 MIO Touristenankünfte), mit Respektabstand folgen Singapur und Malaysia, dessen Touristenaufkommen immer noch das Doppelte des (flächenmäßig) beträchtlich größeren Regionsnachbarn Indonesien beträgt. Die gegenwärtige Hierarchie besteht seit Mitte der 80er Jahre:

Thailands Leaderposition ist seit 1988 etabliert und die Folge kontinuierlicher Aufwärtsentwicklung - mit leichten Einbrüchen lediglich Anfang der 80er Jahre, die außer Malaysia sämt-

11 Vgl. Teil 2/III/2.2.

liche ASEAN-Staaten verzeichnen mußten: eine Folge der massiven Rezessionserscheinungen in den westlichen Quelländern. Das bis 1987 quantitativ dominierend hohe Tourismusniveau Malaysias und Singapurs begründet sich auf asienorientiertem, teilweise bilateralem Reiseverkehr mit geringer westlicher Quellandabhängigkeit und Zielgruppenausrichtung. Die stärkste Zunahme im Ländervergleich verzeichnet Indonesien, das - ausgehend vom weitaus geringsten Tourismusvolumen (1981 etwa ein Drittel von Thailand, ein Viertel von Malaysia und Singapur) - die Zahl der internationalen Touristenankünfte nicht zuletzt durch liberalere Visapolitik im vergangenen Jahrzehnt nahezu verdreifachen konnte.

Tab.4: Fernostdestinationen im internationalen Vergleich I (internationale Touristenankünfte)

Rang 1989	Land	Ankünfte (in 1000)	Rang 1985	Veränderung 1985-89 (%)	Weltanteil 1989	Weltanteil 1985
1.	FRANKREICH	50.199	1	8,1	12,1	11,4
5.	ÖSTERREICH	18.202	5	4,7	4,4	4,7
...						
20.	THAILAND	4.810	27	18,5	1,2	0,8
21.	SINGAPUR	4.397	24	12,6	1,1	0,9
22.	MALAYSIA	3.954	22	7,8	1,0	0,9
41.	INDONESIEN	1.626	52	21,4	0,4	0,2

Quelle: WTO 1990b

1989 bekleidet Thailand weltweit den zwanzigsten Rang im internationalen Tourismusaufkommen - unmittelbar vor Singapur (21.) und Malaysia (22.), deren Zuwachsraten in der zweiten Hälfte der 80er Jahre jedoch deutlich geringer ausfallen. Indonesiens Sprung auf Platz 41 widerspiegelt die höchsten Steigerungswerte im Beobachtungszeitraum (21,4%) und läßt die Einstufung als derzeit touristisch aktivstes Land im Bereich der Untersuchungsregion legitim erscheinen.

2.2.1.2. Internationale Tourismuseinnahmen

Die touristische Vormachtstellung Thailands dokumentiert sich in einer vergleichenden Aufschlüsselung der Tourismuseinnahmen noch deutlicher: 1989 belaufen sich die touristischen Devisengewinne auf 3,754 MRD US-$ und sind damit höher als die Einnahmen Malaysias und Singapurs zusammen. Die oben präsentierte Tourismushierarchie bleibt auch punkto Tourismuseinnahmen im wesentlichen unverändert: Thailand und Singapur sind seit Beginn der 80er Jahre die Hauptgewinner am Regionstourismus, Malaysias hohe Zahl an Touristenankünften schlägt sich im Einnahmenbereich dagegen nicht nieder und ist vergleichsweise stagnierend: 839 MIO US-$ (1989), nahezu die Hälfte Indonesiens, das innerhalb von fünf Jahren seine Tourismuseinnahmen mehr als verdreifachen konnte und seit Mitte der 80er Jahre nach Thailand den deutlichsten Aufschwung zu verzeichnen wußte - eine Folge höherer Werbeaufwendungen mit gezielter Konzentration auf den Sektor 'Ethnotourismus' zum einen, und intensivierter touristischer Kooperation mit ASEAN-Nachbarstaaten zum anderen.[12]

Abb.4: Tourismus der ASEAN I: Die 80er Jahre

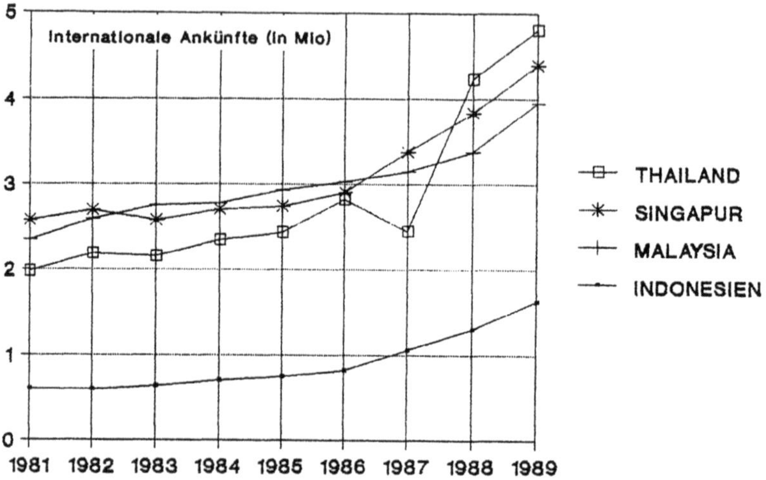

Abb.5: Tourismus der ASEAN II

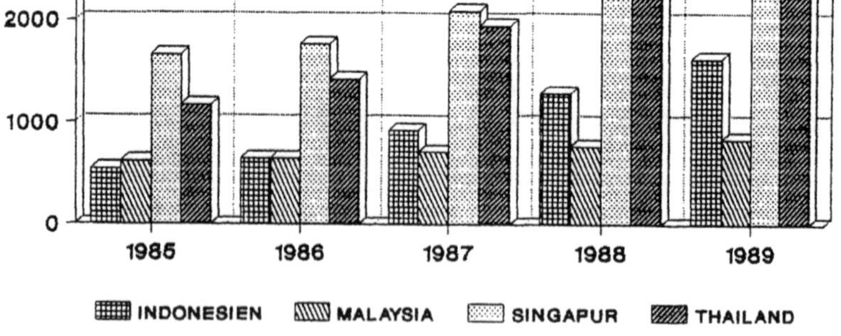

Quelle: WTO, Eigendarstellung

Die stetigen Anteilsgewinne der vier ASEAN-Staaten am internationalen Tourismusgeschehen sind offenkundig: 85,2% Anteil an den touristischen Einnahmen Südostasiens 1989 (1985: 79,4%), asienweit 30,1% (1985: 25,4%) und immerhin noch 16,7% (1985: 12,5%) am Drittwelttourismus allgemein illustrieren die Spitzenposition dieser Ländergruppe, die punkto Einnahmen einen Weltanteil von 4,4% (1989) aufweist.

Tab.5: Fernostdestinationen im internationalen Vergleich II (Internationale Tourismuseinnahmen)

Rang 1989	Land	Einnahmen (MIO US-$) 1989	1985	Rang 1985	Veränderung 1985-89 (%)	Weltanteil 1989	1985
1.	USA	34.432	17.937	1	17,7	16,5	15,4
6.	ÖSTERREICH	9.317	5.084	6	16,4	4,5	4,4
...							
12.	THAILAND	3.754	1.171	21	33,8	1,8	1,0
19.	SINGAPUR	2.907	1.660	16	15,0	1,4	1,4
29.	INDONESIEN	1.628	548	38	31,3	0,8	0,5
43.	MALAYSIA	839	622	35	7,8	0,4	0,5

Quelle: WTO 1990b

Nach einer weltweiten WTO-Auflistung rangieren *Thailand* (12.), *Singapur* (19.), *Indonesien* (29.) und *Malaysia* (43.) im Drittweltvergleich durchaus im oberen Bereich. Die Zuwächse Thailands und Indonesiens im Ausmaß von etwa 30% (1985-89) bewirken eine deutlichen Rangverbesserung gegenüber 1985, Singapur und Malaysia müssen leichte Rangverschiebungen nach unten hinnehmen - eine tendenzielle Parallelentwicklung zum internationalen Tourismusaufkommen (vgl.2.2.1.1).

So eindrucksvoll sich die Stellung Südostasiens im Tourismus Asiens oder der Entwicklungsländer insgesamt auch ausnehmen mag, eine Relativierung der Positionen erscheint angebracht: Die vier Top-Ferndestinationen *Indonesien, Malaysia, Singapur und Thailand* erreichen 1989 zusammen nur 81,2% der internationalen Touristenankünfte Österreichs (1985: 58,3%); selbst der Regionsriese Thailand kommt nur auf wenig mehr als ein Viertel (1989: 26,4%) der heimischen Touristenzahlen.

Weniger drastisch präsentiert sich der ASEAN-Österreich Vergleich im Einnahmensektor: Die asiatische Vierergruppe erreicht heute gemeinsam etwa die Einnahmendimensionen Österreichs (1989: 98,0%), 1985 lag der Anteil noch bei 78,7%. Die Tourismuseinnahmen von Spitzenreiter Thailand belaufen sich 1989 auf 40,3% der Werte Österreichs, eine gewaltige Steigerung gegenüber 1985 (23,0%).

12 Vgl.Kooperation Singapur-Indonesien: Die Schaffung neuer visa-freier Grenzstellen nach Indonesien (Beispiel: *Batam Island*) liegt im Interesse beider Staaten: Singapur ist nunmehr in der Lage, neben traditionell-imagegerechten 'Shopping'-Erlebnissen vereinfachte und kostengünstige 'side trips' nach Sumatra/Indonesien zu bieten; Indonesien wiederum profitiert von der gegenseitigen Öffnung durch die Erschließung neuer Touristenschichten.

2.2.1.3. Die Quelländer: Touristische Herkunftsstruktur im ASEAN-Vergleich

2.2.1.3.1. Kontinentalvergleich

Der asiatische Binnentourismus spielt im Tourismusaufkommen sämtlicher vier Staaten die Hauptrolle und erreicht in *Indonesien* und *Thailand* Anteilswerte von über 50%, in *Malaysia* nahezu 80% - eine Tatsache, die in eurozentrierten tourismuskritischen Betrachtungen (Brennpunkt: Kulturwandel) selten Eingang findet[13].

Die verstärkte Orientierung an europäisch-westliches Zielpublikum läßt zwar insgesamt rapide Zuwächse erkennen, das Touristenaufkommen bleibt Ende der 80er Jahre quantitativ aber deutlich zweitrangig: Trotz Zuwachsraten von bis zu 23,9% (1988-89) machen europäische Touristen in Malaysia bloß 5,8% aus - eine Folge der bis dato geringen Profilierung als Tourismusland, das zwischen den imagebelasteten Tourismushochburgen *Singapur* (Shopping) und *Thailand* (Entertainment) kein prägnantes Image aufzuweisen hatte.

Der internationale Tourismus Thailands und Indonesiens basiert etwa zu einem Viertel auf *Europa* - allerdings mit unterschiedlichen Vorzeichen: Der geringe (stagnierende) Zuwachs Thailands von 3,7% gegenüber dem Vorjahrswert (1988) ist als allmähliche Sättigung auf hohem Niveau interpretierbar, 19,2% Anstieg (von weit geringerer Ausgangsbasis) im vergleichsweise jungen Tourismusland Indonesien dokumentieren dagegen ein latentes Wachstumspotential. Thailand 'out', Indonesien 'in'? Die vergleichsweise enorme Bevölkerungszahl und Landesgröße Indonesiens[14] läßt, bei erschwerten Erreichbarkeitsverhältnissen zahlreicher Peripherregionen, eine tiefgreifende 'Touristifizierung' à la Thailand jedoch unwahrscheinlich erscheinen.

Der Bedeutungsgrad der Region *Australien/Ozeanien* ist länderspezifisch determiniert: Für Singapur Quelland Nummer 1 (1989: 38,5%), in allen anderen Staaten Rang 3 in unterschiedlicher Ausprägung: Wiederum etwa gleiche Anteilswerte für Thailand (1988-89 größte Steigerung von 36,5%) und Indonesien, klar abgeschlagen in Malaysia (1989: 3,1%).

Im Kontinentalvergleich durchgehend viertrangig ist die Bedeutung *Amerikas* (Anteile zwischen 2% und 7%), vernachlässigbar die Rolle *Afrikas*, das lediglich in Singapur die 1%-Marke überspringen kann.

---

[13] Objektiverweise muß allerdings eingeschränkt werden, daß Grenzübertritte von ASEAN-Staatsbürgern der bürokratischen Einfachheit halber zwar meist der Kategorie 'Tourismus' zugeordnet werden, mit westlichen Tourismusmustern jedoch wenig gemeinsam haben. Landesintern unterschiedliche Bewertungsmuster und Kategorisierungen lassen nur verzerrte und wenig repräsentative Interpretationsansätze zu; eine Tatsache, die für jede Tourismusstatistik ihre Gültigkeit hat.

[14] Vgl. Teil 2/V.II./2.2.

Abb.6: Touristische Herkunftsstruktur nach Großregionen 1989 (Anteile in %)

Quelle: WTO 1989a,b; Eigendarstellung

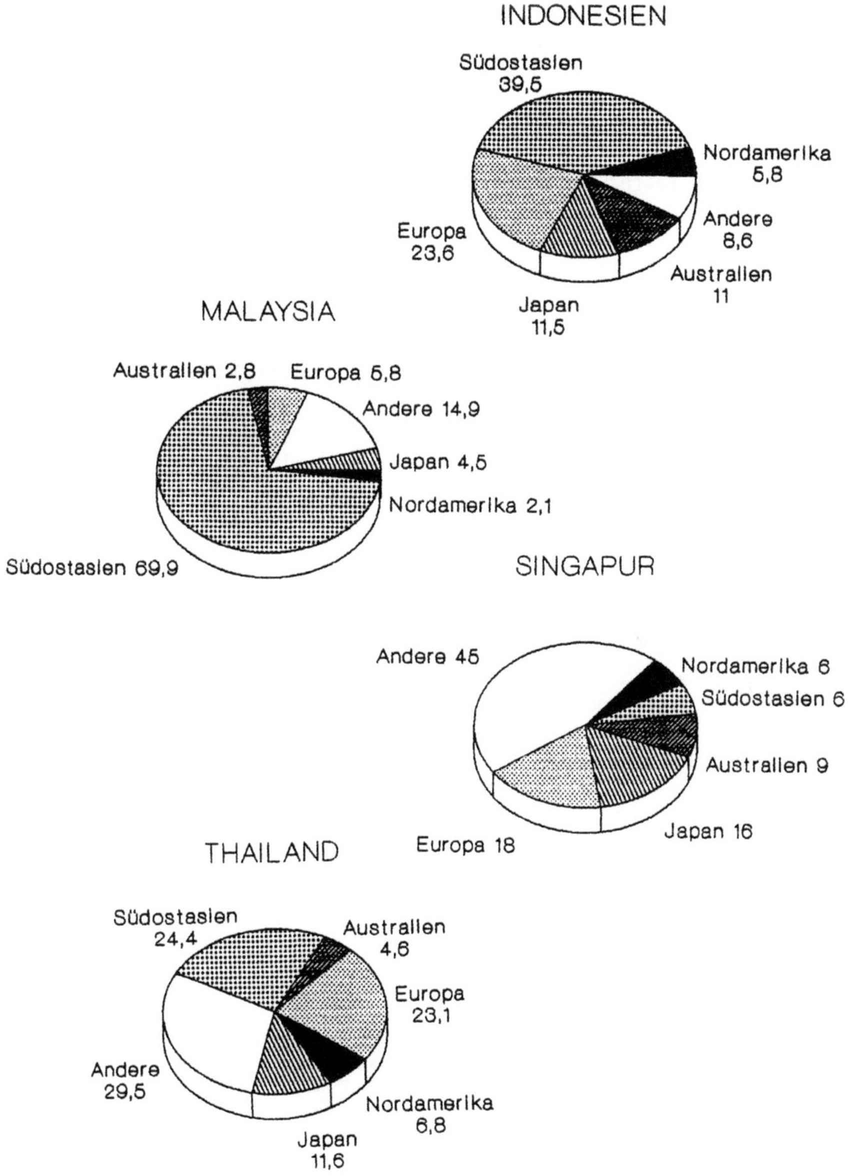

2.2.1.3.2. Regionale Marktanteile 1981 und 1989

Eine Analyse der länderspezifischen Rangauflistung verdeutlicht die klare Vormachtstellung *Japans* im internationalen Tourismus aller vier behandelten ASEAN-Staaten. Die distanziellen Lagevorteile der ostasiatischen 'Tiger' (Ausnahme: Indonesien) dokumentieren sich weiters in hohen Anteilen *Taiwans* und *Hongkongs*, ein Aspekt, der auch die touristisch hohe Bedeutung *Indiens*[15] - nach WTO-Definition das einzige Entwicklungsland unter den Top 8 - für Südostasien verständlich macht.

Tab.6: Touristische Herkunftsstruktur nach Einzelstaaten (1989)[16]

	Zielländer							
Rang	INDONESIEN		MALAYSIA		SINGAPUR		THAILAND	
1.	JAP	186.521	JAP	177.532	JAP	841.371	JAP	555.638
2.	AUS	178.456	GB	119.636	AUS	450.235	TAI	399.704
3.	USA	80.196	AUS	109.468	GB	281.280	USA	266.735
4.	GB	74.617	USA	65.957	USA	247.996	D	222.148
5.	D	70.362	HKG	58.458	TAI	223.806	AUS	218.856
6.	NL	70.224	IND	44.215	IND	194.068	GB	200.347
7.	F	45.277	TAI	41.675	HKG	147.480	F	186.960
8.	TAI	39.840	D	35.742	D	140.604	IND	120.032

Quelle: WTO 1990a (Eigenberechnung)

Nach der Großregion Ostasien (Spitzenreiter Japan) nimmt der angloamerikanische Sprach- und Kulturraum (*USA/Kanada, Australien/Neuseeland, Großbritannien*) die Sekundärposition ein, was neben niedrigen Entfernungsparametern (Australien) in Zusammenhang mit dem historisch hohen (kolonialen) Interesse von USA und Großbritannien im Raum Südostasien zu sehen ist - ein Ansatz, durch den auch der unverhältnismäßig hohe Niederländeranteil in Indonesien und Frankreichs starke touristische Präsenz in Thailand erklärbar ist[17].
Deutschland, in Europa synonym für Reisefreudigkeit schlechthin, belegt im ASEAN-Bereich des Untersuchungsgebietes Rang 6 und erreicht summiert etwa zwei Drittel der Touristenzahlen des regionalen Europaleaders Großbritannien.

[15] Nach Beobachtungen des Autors handelt es sich bei indischen 'Touristen' in der Regel um Geschäftsleute und Arbeitskräfte, die sich aus Gründen problemloser und unbürokratischer Einreise in die ASEAN-Staaten als Touristen deklarieren.

[16] ASEAN-Binnentouristen bleiben in dieser Rangliste unberücksichtigt.

[17] Thailand ist in der Regel das Sprungbrett für Reisen in das ehemals französisch-dominierte Indochina, für das jedoch keine Detailanalysen vorliegen.

Tab.7: Touristische Hauptquelländer der ASEAN-Staaten des Untersuchungsraumes

Quelle: WTO, Eigendarstellung

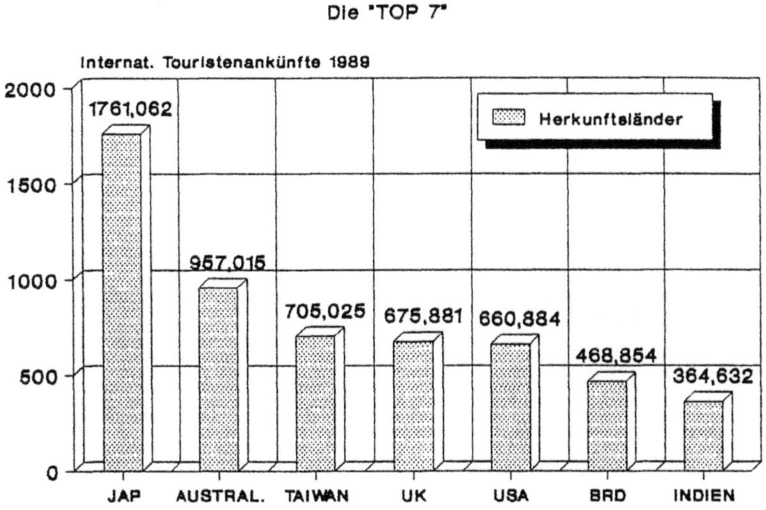

ASEAN-Binnentouristen bleiben in obiger Darstellung unberücksichtigt.

Touristenankünfte im ASEAN-Untersuchungsraum (1989): Ausgewählte Quellstaaten

Rang	*Quellstaat*	*Touristenankünfte*
1	Japan	1.761.062
2	Australien	957.015
3	Taiwan	705.015
4	Großbritannien	675.881
5	USA	660.884
6	BRD	468.854
7	Indien	364.632
...	Niederlande	215.073
	Italien	192.013
	Schweiz	173.594
	Kanada	153.259
	Österreich	76.945
	Dänemark	58.339
	Belgien	52.182
	Spanien	51.007
...		

2.2.1.4. Aufenthaltsdauer im Land

Die durchschnittliche Aufenthaltsdauer in den Vergleichsländern zeigt in der Zeitreihe 1985-89 einen kontinuierlichen Anstieg in Thailand[18] und weitgehende Stagnation in Malaysia; mit nur mehr 3,32 Aufenthaltstagen (1989) und absteigender Tendenz rangiert Singapur an letzter Stelle und erreicht trotz gleichfalls sinkender Werte lediglich ein Viertel (28,8%) der durchschnittlichen Aufenthaltstage Indonesiens, das die Reihung klar anführt - eine Tatsache, die keine direkte Relation zur Tourismuseinnahmenbilanz erkennen läßt, die Thailand vor Singapur voran sieht.

Tab.8: Touristische Aufenthaltsdauer im ASEAN-Vergleich: Die 80er Jahre

	1985	1986	1987	1988	1989
INDONESIEN	12,71	12,70	12,70	11,55	k.A.
MALAYSIA	4,50	4,50	4,50	4,50	4,60
SINGAPUR[19]	3,50	3,50	3,40	3,40	3,32
THAILAND	5,60	5,90	6,10	7,36	7,63

Quelle: WTO 1990b

Die Gründe für die krass divergierende Aufenthaltsdauer der vier Staaten sind vielfältig, lassen sich aber auf einige wenige Basisparameter subsumieren: Wesentlich hiebei sind die zugrundeliegenden Hauptreisemotive. *Thailand* und *Indonesien* (mit Bali als touristischem Kernstück) gelten aus westlicher Sicht als 'Urlaubsländer' (-> Erholungsfunktion) mit entsprechender pauschaltouristischer Angebotsstruktur: Kulturreisen mit Verlängerungsoptionen an "*tropischen Traumstränden*" (Werbetext) zu Niedrigstpreisen machen die höhere Aufenthaltsdauer verständlich.

Anders die Situation in *Singapur*: Shopping ist naturgemäß auf wenige Tage begrenzt, der Stadtstaat dient vielfach lediglich als Stopover zum eigentlichen Urlaubsziel. Die Situation *Malaysias* wiederum wird aus statistischer Sicht verständlich: Der Anteil westlicher Touristen ist minimal[20], die Statistik prägen Kurzurlauber und Geschäftsleute aus *Singapur* und *Thailand.*

---

18 Stagnation und Regression im Tourismus Thailands der frühen 90er Jahre bleiben in den internationalen WTO-Statistiken aufgrund mangelnder Aktualität unberücksichtigt. Nach teils gigantischen Zuwächsen seit Beginn der 80er Jahre ist nach einem Höchststand von 5,2 MIO Touristenankünften (1990) erstmals Negativwachstum feststellbar, das sich auch in gesunkener Durchschnittsaufenthaltsdauer niederschlägt, die nur mehr 7,25 Tage beträgt (BANGKOK POST, 8.6.1992, 19; 11.6.1992, 1). Verantwortlich für den Rückgang werden Imageprobleme gemacht, die (indirekte) Förderung des Prostitutionstourismus soll in weiterer Zukunft unterbleiben.

19 Die Angaben verstehen sich unter Ausschluß malaysischer Staatsbürger, die überland einreisen.

20 Vgl. Teil 1/II/2.2.1.3.1

2.2.2. Die INDOCHINA-Gruppe

Statistisches Datenmaterial ist für die Region in Tourismusbelangen unzureichend und kaum verfügbar; auch die offiziellen Statistiken sind wenig aussagekräftig und gehen selten über die grundlegendsten Basisdaten hinaus[21] - die Befassung mit Tourismusphänomenen der Gegenwart ist weitgehend neu und ein Produkt der frühen 90er Jahre, wenngleich die Existenz von Reiseführerliteratur schon in den 30er Jahren (vgl. GUIDE TOURISTIQUE GENERAL DE L'INDOCHINE 1937) ein volumsmäßig großes koloniales Interesse[22] an Routen und Reisen erkennen läßt.

Die Indochinakriege der 60er und 70er Jahre bewirkten ein nachhaltiges Erlahmen touristischen Interesses, trugen indirekt jedoch zum Boomen des Prostitutionstourismus im benachbarten Thailand bei, das zur "rest and recreation (R & R) base for war-weary soldiers" (RICHTER 1989, 85)[23] wurde.

In *Kambodscha* existiert erst seit 1988 eine staatliche Tourismusleitstelle - im Fünf-Jahresplan von 1990 rechnet man bis 1995 mit 500.000 (!) Touristen (STATISTISCHES BUNDESAMT WIESBADEN 1991) -, *Laos* wiederum war für westliche Individualtouristen bis dahin gänzlich Sperrgebiet: Lag 1988 die Touristenquote an Einreisevisas noch bei 1.000 (nur 600 davon wurden tatsächlich in Anspruch genommen), war eine Vervierfachung auf 4.000 Visa pro Jahr für 1990 geplant (THE FAR EAST AND AUSTRALASIA 1991).

Die vergleichsweise geringen Touristenzahlen stehen, abgesehen vom politischen Hintergrundgeschehen, in engem Zusammenhang mit der Ineffizienz der staatlichen Tourismusorganisationen zum einen und dem deutlich höheren touristischen Preisniveau zum anderen, liegen aber auch in der geringen Reichweite der nationalen Fluggesellschaften begründet: So werden von den *Vietnam Airlines*, der umsatzmäßig bedeutendsten Fluglinie Indochinas, nur zwei europäische Destinationen angeflogen (Frankfurt, Paris), auch die Flugverbindungsfrequenz zu südostasiatischen Nachbarstaaten ist vergleichsweise niedrig - eine Folge der (teils freiwilligen) politischen Isolation bis Ende der 80er Jahre, heute bedingt durch extrem veralteten Fahrzeugpark sowjetischer Bauart.[24]

Quantitative Analysen sind für sämtliche Indochinastaaten aufgrund der dürftigen Datenlage kaum durchführbar - die existierenden Statistiken sind (nicht nur im Tourismusbereich) großteils veraltet, spiegeln somit keine postkommunistischen Trends wider und sind in ihrer Analyse daher nur von begrenztem Interesse.

---

21 Vgl. KIM 1992

22 Von den 122.000 Einwohnern *Saigons* (heute: *Ho Chi Minh-City*) war 1933 beinahe jeder zehnte europäischer Abstammung (GUIDE TOURISTIQUE GENERAL DE L'INDOCHINE 1937).

23 Vgl. auch TRUONG 1990, 99; LIPKA 1989, 68

24 Der kometenhafte Aufstieg des Landes dokumentiert sich auch in rapider Modernisierung des Flugverkehrs: Die Umstellung von antiquierten sowjetischen *Tupolev*-Modellen auf *Airbus* ist Ende 1994 bereits in vollem Gange (Ergänzung des Autors)

Weitgehend einheitlich und widerspruchsfrei[25] gestaltet sich in den analysierten internationalen Tourismusstatistiken die Frage nach der Zahl der Touristenankünfte. Wesentlich unbefriedigender wird die Datenlage im Bereich von Detaildaten (Aufenthaltsdauer, Tourismuseinnahmen, Touristen-Stromanalysen, etc.), die in den alljährlichen WTO-Statistiken lediglich für *Vietnam* partiell aufgelistet werden; für *Laos* sind bloß Grobdaten (internationale Touristenankünfte) verfügbar, *Kambodscha* bleibt in WTO-Detailanalysen zur Gänze unberücksichtigt.

Tab.9: Tourismus in Indochina: Das vergangene Jahrzehnt (Touristenankünfte in 1.000)

	1981	1982	1983	1984	1985	1986	1987	1988
KAMBODSCHA	21	21	21	-	-	0,4	0,8	3,5
LAOS	29	29	29	29	29	25	25	25
VIETNAM	-	-	-	-	-	127	139	148
THAILAND	1.979	2.181	2.154	2.347	2.438	2.818	3.453	4.231

Quellen: WTO 1989,90
Statistisches Bundesamt Wiesbaden, Länderbände
The Far East and Australasia 1990

Mit einer durchschnittlichen Aufenthaltsdauer von 5,3 - 5,4 Tagen (Untersuchungszeitraum 1985-89) liegt Vietnam nur unwesentlich hinter dem Regionsriesen *Thailand*, der eine Spannweite von 5,6 - 7,6 Tage aufweist. Gravierend erweisen sich jedoch die Disparitäten im Bereich Tourismuseinnahmen: 1989 stehen 59 Mio US-$ auf Seiten *Vietnams* (1986: 26) 3.754 Mio US-$ auf Seiten Thailands (1986: 1421) gegenüber (WTO COMPENDIUM 1991) - der monetäre Vorbildeffekt Thailands wird angesichts dieser exemplarischen Werte verständlich ...

Herkunftsspezifische Marktanalysen fehlen für die gesamte Region Indochina völlig, womit tiefergreifende statistische Untersuchungen zur Zeit unterbleiben müssen.

[25] Basis ist die WTO-Statistik; unter Berücksichtigung landesintern unterschiedlicher Erhebungsmethoden und -zeiträume ist die Vergleichbarkeit von Tourismusdaten jedoch grundsätzlich problematisch.

Abb.7: Internationaler Tourismus im Untersuchungsgebiet

Bezugsjahr 1989: ASEAN-Staaten
Bezugsjahr 1988: INDOCHINA-Staaten

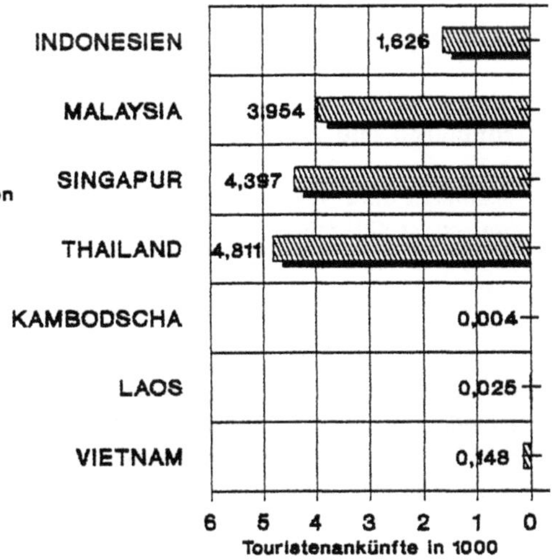

Quelle:
eigene Darstellung

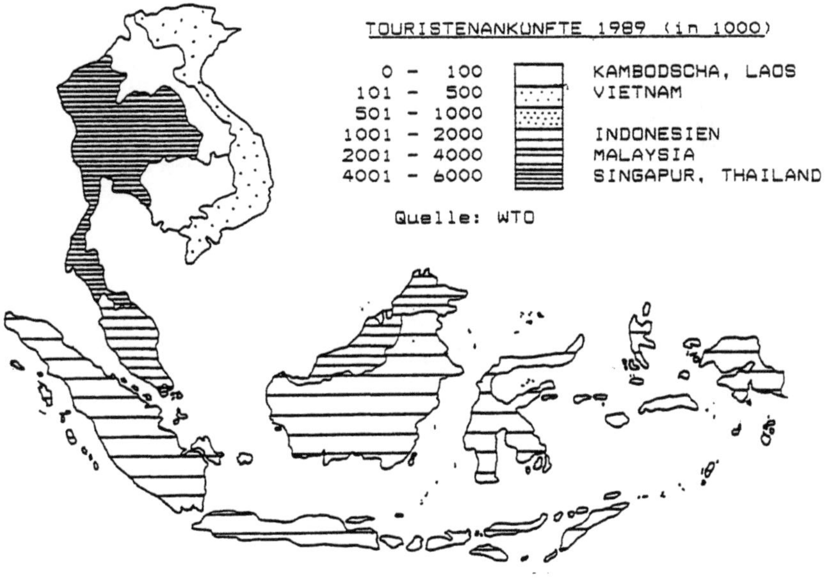

III. Aspekte der Tourismuspolitik

1. Die Theorie

1.1. Wissenschaftstheoretischer Einstieg: Grundlagen und Ziele der Tourismuspolitik[26]

1967 proklamierte die UNO auf Anregung der *UIOOT (IUOTO)*,[27] der '*Union Internationale des Organizations Offiziels de Tourisme*', das "***Jahr des Welttourismus***" - eine erste Würdigung des beginnenden Tourismusbooms, dessen heutige Ausprägungen auf ökonomischer, ökologischer und soziokultureller Ebene vor einem Vierteljahrhundert allerdings weder quantitativ noch qualitativ abzuschätzen waren.

Unter dem idealisierten Motto "*Tourismus - ein Weg zum Frieden*" (PEPPELENBOSCH/TEMPELMAN 1989, 24) sollte das Konfliktende zwischen Erster und Dritter Welt (Industrieländer und Entwicklungsländer) beschleunigt und die Disparitäten verringert werden; ein hehres Ziel, das die Nachfolgeorganisation *WTO ('World Tourism Organization')*, 1974 ins Leben gerufen, nicht mehr explizit verfolgt.

Tourismus steht im Brennpunkt des (vorwiegend ökonomischen) Interesses in den Zielländern des internationalen Reisegeschehens. Auf staatspolitischer Entscheidungsebene sind wirtschaftliche Komponenten klar dominant, ökologische und soziokulturelle Überlegungen werden nur langsam Bestandteil tourismuspolitischen Denkens:

> To governments, tourism may mean sources of employment, economic activities, per capita expenditure, multiplier effects to the industry sectors, it suggests arrivals, length of stay, receipts, marketing; while to religious groups, it brings to mind pilgrimage, spiritual search, universal brotherhood ... To anthropologists, tourism represents host/ guest contacts, culture change, commoditization of heritage ... Finally, to the host residents, tourism means ... inflation, intrusion; yet to the pursuits, rest and relaxation, education ... (JAFARI 1989, 17)

HOLLOWAY (1986, 226f) konkretisiert die Rolle des Staates im Tourismusgeschehen folgendermaßen:

> The state plays an important role in controlling and supervising tourism, as well as facilitating it. This is necessary to restrain indesirable growth, to maintain quality standards, to help match supply and demand ...

---

[26] Der Begriff "*Tourismuspolitik*" findet im deutschen Sprachraum seit Ende der 80er Jahre vermehrte Anwendung und ersetzt zunehmend den vormals gängigen Terminus "*Fremdenverkehrspolitik*"; in vorliegender Arbeit werden beide Begriffe synonym verwendet.

[27] Zur terminologischen Abgrenzung zwischen IUOTO ("*International Union of Official Tourism Organizations*") und UIOOT siehe GENSEL 1987, 1ff.

1.2. Definitorische Ansätze: Beispiel mitteleuropäische Theorie

FREYER und KASPAR, zwei führende Tourismustheoretiker des mitteleuropäischen Forschungsraumes, betonen unisono die Bedeutung staatspolitischer Intervention im Tourismusbereich:

> Unter Fremdenverkehrspolitik verstehen wir bewußte Förderung und Gestaltung des Fremdenverkehrs durch Einflußnahme auf die touristisch relevanten Gegebenheiten seitens von Gemeinschaften. (KASPAR 1991, 139)

Gemeinschaften differenziert KASPAR in öffentlich-rechtliche Körperschaften (Staat, Gemeinde, etc.), privatrechtliche Institutionen (Beispiel: WTO) und lose verbundene Interessensgruppen (Beispiel: Aktionsgemeinschaften). Analog dazu definiert FREYER Tourismuspolitik als

> das Resultat eines politischen Prozesses der Interessensartikulation, an dem neben staatlichen Entscheidungsträgern auch private Interessensgruppen und Einzelpersonen teilnehmen (können). (FREYER 1991, 275)

Tourismuspolitik ist unbestritten integrierender Bestandteil der Wirtschaftspolitik; FREYER spricht vom "*Primat der Ökonomie*" (1991, 277), wenngleich Gesellschafts- und Umweltpolitik, zumindest theoretisch, gleichberechtigt Betrachtung erforderten; dieser Ansatz kontrastiert KASPARs Zugang, der ökonomierergänzende Überlegungen in den Hintergrund drängt (1991, 146).

Neben der grundsätzlichen Übereinstimmung in der Frage tourismuspolitischer Intervention, bleiben auch die konzeptionell-definitorischen Unterschiede weitgehend unbestritten: FREYER (1991, 277ff) wie KASPAR (1991, 148ff) differenzieren generell zwischen **pragmatischer** und **konzeptionell-dogmatischer Tourismuspolitik:**[28]
Ist erstere "*gekennzeichnet durch gewisse Konzeptionslosigkeit, durch elastische Anpassung an die jeweils herrschenden Verhältnisse*", *so wird letztere "von einer gewissen Konzeption mit mehr oder weniger zwingendem Charakter getragen*" (KASPAR 1991, 148).

2. Praxis Dritte Welt: Fallbeispiel Südostasien

Wie in nahezu allen Staaten der Dritten Welt ist das Ausmaß tourismuspolitischer Intervention - im Sinne der vorhin definierten konzeptionell-dogmatischen Ebene - auch im Untersuchungsraum generell hoch: "*The government, generally at the federal or central level, took the initiative in promoting tourism ...*" (CHIB 1980, 293).

Die hierarchisch gegliederte staatliche Einflußnahme ist weitgehend dominant und drängt Privatinitiativen in Sekundärpositionen; staatliche Trägerorganisationen dominieren die Vermarktungsebene im allgemeinen und Transportsektoren (vgl. "*state railway*", "*national airline*") im

---

[28] Für eine Diskussion sekundärpolitischer Konzepte (Ordnungspolitik, Strukturpolitik) vgl. FREYER 1991, 277ff; KASPAR 1991, 150ff

speziellen, womit jede Chancengleichheit in Sachen Promotion von vornherein ausgeschaltet bleiben muß.

Der Grad der Einflußnahme ist abhängig von Staats- und Wirtschaftsform (horizontale Ebene), stellt anderenfalls aber auch kein zeitresistentes Kontinuum dar und ist somit durchaus veränderbar (vertikale Ebene).

Der Untersuchungsraum Südostasien ist politisch wie wirtschaftlich dreigeteilt (UHLIG 1988, 16f): Auf der einen Seite die prosperierenden *ASEAN*-Staaten, auf der anderen die (post)kommunistischen *Indochina*-Länder (Kambodscha, Laos, Vietnam) sowie Myanmar, deren politische Instabilität[29] auch tiefgreifende Auswirkungen auf die jeweilige Landestourismuspolitik erkennen lassen.
"Should governments play the game or only make the rules?" CHIBs (1980, 294) Frage wird im Untersuchungsraum unterschiedlich beantwortet ...

2.1. Südostasien 1: Die ASEAN-Staaten

Die ***ASEAN***, die *'Association of Southeast-Asian Nations'* ist ein Verband zur regionalen Zusammenarbeit unter den sechs Mitgliedsstaaten *Brunei Darussalam, Indonesien, Malaysia, Philippinen, Singapur und Thailand*[30] und gilt heute als *"most successful third world regional organization"* (THE INDONESIA TIMES, 10.8.1992, 1).

Am 8.8.1967 auf Initiative Thailands gegründet, beinhaltet die *"Deklaration von Bangkok"* zunächst nur Absichtserklärungen ohne Nennung konkreter Handlungsschritte und ist anfangs keineswegs unumstritten; noch Mitte der 70er Jahre wird die Effizienz der ASEAN weitgehend in Frage gestellt (CHUTIKUL 1982, 12-14), stellt sie doch zunächst lediglich einen pro-amerikanischen Staatenblock zur Isolierung der kommunistisch dominierten Indochina-Staaten dar.[31]
In der Anfangsphase ist die politisch-strategische US-Einflußnahme[32] eindeutig dominant (DIXON 1991, 4ff), ökonomische Ziele des ASEAN sind noch nicht explizit-handlungsorientiert formuliert und befinden sich in der Projektionsphase - *"one of the most vibrant regions in the world"* (DEVAN 1987, 159) zeigt demzufolge auch in der wirtschaftlichen Subkategorie Tourismus vorerst kein einheitliches Gesicht.

---

29 RICHTER (1992, 35) betont die Bedeutung (oberflächlicher) innenpolitischer Ruhe für den Tourismusbereich, stellt aber resignierend fest: *"... nations which are veritable hellholes for most of their citizens are sold as 'unspoiled paradises' to outsiders"*.

30 *Brunei* und *Philippinen* werden in vorliegender Arbeit - thematisch begründet - aus tiefergehenden Analysen ausgeklammert.

31 Vgl. auch KLEIN 1993

32 Der unverändert hohe Stellenwert Südostasiens für die USA findet auf der ASEAN-Außenministerkonferenz im Juli 1992 (Manila) ihren Niederschlag, auf der US-Außenminister James Baker wiederholt das *"Interesse"* und die *"Verpflichtung für die Sicherheit der ASEAN"* betont (zit.nach KOTTE 1992, 42).

Erst in der sogenannten "*Intensivierungsphase*" ab 1976, nach Abzug der US-Truppen aus Indochina, erfolgte eine Präzisierung der ASEAN-Ziele, die über das ursprünglich gebrauchte Schlagwort der 'wirtschaftlichen Zusammenarbeit' hinausging (RUST 1985, 18ff).

Tourismusrelevant ist folgender Passus aus dem Gründungsdokument 1967, in dem die ASEAN-Staaten die Absicht bekunden,

> zur besseren Nutzung ihrer Landwirtschaft und Industrie, zur Ausweitung ihres Handels, einschließlich des Bemühens um die Probleme des internationalen Handels, zur Verbesserung ihres Transportwesens und ihrer Kommunikationsmittel sowie zur Hebung des Lebensstandards ihrer Völker wirkungsvoller zusammenzuarbeiten.
>
> (i3W-AKTUELL 8/87, 8)

Grundsätzlich steht der Verband allen Staaten der Region zur Beteiligung offen; *Brunei Darussalams* Einstieg 1984 soll in näherer Zukunft auch eine Annäherung der Indochina-Staaten folgen, deren grundsätzliches Interesse zur Teilnahme an der wirtschaftlich weltweit stärksten Wachstumsregion (THE STRAITS TIMES, 10.8.1992, 10) unverkennbar ist:
Im Juli 1992 unterzeichnen LAOS und VIETNAM den *Treaty of Amity and Co-operation* [33], der die friedliche Lösung von Streitfällen in der Großregion Südostasien vorsieht (THE STRAITS TIMES, 10.8.92, 18). KOTTE (1992,41) interpretiert diesen Schritt als formalen Wechsel ins kapitalistische Weltwirtschaftssystem.

Die für 1.1.1993 geplante Schaffung einer ASEAN-Freihandelszone (*AFTA*) hat das Fernziel eines ASEAN-internen Zollabbaus binnen 15 Jahren (WELTBANK 1992, 128) und stellt einen weiteren Schritt in Richtung verstärkte Kooperation dar, in der die Indochinastaaten mittelfristig durchaus ihren Platz haben[34].

Die gemeinsamen Bestrebungen im Tourismusbereich gipfeln in der Proklamation länderspezifischer Tourismusjahre: *"Visit Thailand Year 1987"*[35], *"Visit Malaysia Year 1990"*[36], *"Visit Indonesia Year 1991"*. Das *"Visit ASEAN Year 1992"* stellt den bisherigen Höhepunkt in der touristischen Zusammenarbeit dar, die seit Anfang der 90er Jahre durch eine gemeinsam durchstrukturierte Werbe- und Marketinglinie[37] (Beispiel: *"ASEAN Festival Calendar 1992"*) geprägt ist.

---

33 Dieser "*Vertrag zur Freundschaft und Zusammenarbeit*" der ASEAN-Staaten wurde 1978 während der Expansion Vietnams nach Laos und Kambodscha auf Bali als Bollwerk gegen den Kommunismus geschlossen (KOTTE 1992, 41).

34 KOTTE (1992, 41ff) analysiert vergleichend AFTA und EG-Binnenmarkt und prognostiziert die Rolle der Indochina Billiglohnländer als "*Flohmarkt*" für den Absatz von Massenkonsumgütern aus Singapur, Malaysia und Thailand.

35 Nach COHEN (1988, 479) bewirkten die PR-Aktivitäten rund um das *"Visit Thailand Year 1987"* eine Erhöhung der Touristenankünfte um 20%.

36 Noch durchschlagender erwies sich der Erfolg des *"Visit Malaysia Year 1990"*: Die Zahl der Touristenankünfte stieg gegenüber dem Vorjahreswert 1989 (4,8 MIO) um 53,3% auf 7,4 MIO (BANGKOK POST, 1.6.1992, 29).

37 Im Zuge des *"Visit ASEAN Year 1992"* wurden mitgliederweit 20-40% Ermäßigung auf 'domestic flights' gewährt (TOURIST AUSTRIA INTERNATIONAL, Nr.989, 9.2.1990, 3).

Bereits im Anfangsquartal 1992 stiegen die Besucherzahlen um 14,7 % im Vergleich zu den Werten des vorjährigen Vergleichszeitraumes; ein erfolgreicher Start des ersten gemeinsamen länderübergreifenden Tourismus-Projektes, das die von Abdullah JONID, stellvertretender Direktor des "*ASEAN Tourism Information Centre*", prognostizierten 22 Mio Touristenankünfte für 1992 Realität lassen werden soll: Die Zuwächse der ersten 3 Kalendermonate bewegen sich von 0,14 % (Malaysia) bis zu 29,2% (Indonesien), die kumulierte Zahl der Touristenankünfte beträgt im Untersuchungszeitraum 4.552.518 (THE SINGAPORE CHANGI INTERNATIONAL AIRPORT MAGAZINE 9/92, 8).

2.1.1. Interventions- und Steuerinstrumente: Staatliche Fluglinien und Tourismusorganisationen

Das steigende Tourismusbewußtsein der letzten drei Jahrzehnte wird durch die Gründung zahlreicher staatlich geführter Tourismusorganisationen dokumentiert, die die Tourismusbilanzen binnen weniger Jahre schlagartig zu vervielfältigen wußten.

So bewirkte die Installierung der malaysischen *TDC (TOURIST DEVELOPMENT CORPORATION)* 1972 einen Anstieg der Touristenankünfte um 260 % innerhalb nur eines Jahres (241.283 -> 869.559), 1974 wurde die Millionengrenze erstmals überschritten (SAICHE 1977, 67).

Bereits acht Jahre früher, 1964, resultierte die Einrichtung des *STPB (SINGAPORE TOURIST PROMOTION BOARD)* in einem ähnlich gelagerten Wachstumsschub mit jährlichen Steigerungsraten von 10 % in der Beobachtungsperiode 1963-77 (HENG/LOW 1990, 251).

In Thailand, dem touristischen Zugpferd der Region, setzte die staatliche Planung weitere vier Jahre früher ein: Die Marketingtätigkeit der *TOT (TOURISM ORGANIZATION OF THAILAND)*, der 1960 gegründeten Vorgängerorganisation der *TAT (TOURISM AUTHORITY OF THAILAND)*,[38] bewirkte innerhalb eines Jahrzehnts fast eine Verachtfachung der statistisch erfaßbaren Touristenzahl - von 81.340 (1960) auf 628.671 (1971) (TAT, ANNUAL REPORT 1987).

In Verbindung mit den annähernd gleichzeitig gegründeten "*national carriers*", den staatlichen Fluggesellschaften, kommt dem Staat eine tragende Rolle im nationalen Tourismus zu.[39] Die Primärziele sind durchwegs ökonomischer Art, Tourismusförderung zur Devisenmaximierung ist erklärtes Ziel.
Im Gegensatz zu Indochina ist der staatliche Interventionsgrad im ASEAN-Bereich grundsätzlich geringer; graduelle Unterschiede sind jedoch offenkundig, die - abhängig von Regierungsform und der Akzeptanz privater Initiativen - divergierende Ausprägung erfahren.

---

[38] Für das Tourismusprogramm der *TAT* vgl. SPREITZHOFER 1994a, 91

[39] Beispiel Singapur: Der *Singapore Changi International Airport*, 1981 eröffnet, verbindet Singapur mit 110 Destinationen in 54 Staaten (Stand 2/92) und erbrachte 1991 ein Passagieraufkommen von 16,3 MIO (SINGAPORE CHANGI INTERNATIONAL AIRPORT, March 1992).

Von den drei exemplarisch genannten ASEAN-Staaten etwa verzeichnet Thailand die geringste staatliche Einflußnahme: "... *the government encourages a free enterprise system, relatively unregulated compared with countries like Singapore*" (RICHTER 1989, 83).

Der Grad erwünschter Einflußnahme: eine kontroversielle Frage, die auch von Tourismustheoretikern[40] nicht zufriedenstellend behandelt wurde, selten über quantitative Analysen hinausgeht und qualitativ-wertende Aspekte weitgehend unberücksichtigt läßt. Insgesamt scheint die Entwicklung des vergangenen Jahrzehnts eher zu einer globalen Betrachtung des Tourismusphänomens geführt zu haben: Die ausschließlich ökonomisch-devisenorientierte Sichtweise wird zunehmend um gesellschafts- und umweltpolitische Variablen ergänzt, die in den Anfängen der Tourismuseuphorie völlig vernachlässigt blieben.

Werden die letztgenannten nicht-ökonomischen Aspekte in staatliche Planung und Regulierung einbezogen, scheint staatliche Einflußnahme weitgehend akzeptiert und sogar erwünscht. Das Beispiel Thailand zeigt die Geringschätzung allzu freizügiger ungesteuerter Entwicklung[41]: *"Environmentalists and church and women's groups have shown an increased inclination to criticize the laissez-faire development of tourism in the period from 1960 to 1980"* (RICHTER 1989, 91) - ein Aspekt, der nach DIN (1989, 200) auch auf die Tourismuspolitik Malaysias zutrifft.

Dennoch: Allgemeingültige Grundsätze und Leitbilder existieren nicht, zu sehr muß die landesspezifische Staats-, Gesellschafts- und auch Tourismusstruktur berücksichtigt werden, wie RICHTER (1989, 180) hervorstreicht:

> Tourism policy cannot be compartmentalized, adopted and implemented in a vaccuum. It is too critically dependent on the acceptance by the host population, internal political stability, and the fickle tastes of outsiders. Therefore it is imperative that these actual preconditions be thoroughly understood before development proceeds or expands ...

2.2. Südostasien 2: Die INDOCHINA-Staaten. *"Doi Moi"* und politischer Wandel?

"Je ärmer ein Land ist, desto gieriger greift es nach dem Wundermittel Tourismus". MAYRs (1988, 4) Feststellung hat auch im Untersuchungsraum bedingungslos Gültigkeit. Die Tourismuspolitik der Indochinastaaten *Kambodscha, Laos und Vietnam* ist systemgemäß weit restriktiver als im ASEAN-Bereich, in dem Tourismus als Devisenbringer seit gut zwanzig Jahren voll etabliert ist.

---

40 Vgl. FREYER, KASPAR, KRIPPENDORF

41 Daß die staatliche Intervention in Tourismusfragen vielerorts gefordert wird, illustriert KRELL (1991, 26ff) in einer Analyse der Großbesitzsituation in *Phuket* (Thailand): Strohmänner Schweizer Investoren kaufen Privatland an der Ostküste der Insel an, die Umsiedlung heimischer Dorfbevölkerung zur Schaffung einer weiteren Luxustourismusdestination scheint beschlossene Sache - "... *a reflection of the ... appraisal of the region by investors*" (DIXON 1991, 4).

Die allmähliche, zaghafte Öffnung dieser Staatengruppe fand ihren ersten Niederschlag in der Proklamation eines *"Visit Vietnam Year 1990"*, das erstmals die ökonomisch-positive Bewertung von nicht-touristischem Touristenklientel beweist: Durch verstärkte Angebotsserien[42] und Marketingstrategien sollte das Touristenaufkommen von 40.000 (1988) auf das Vierfache gepusht werden (THE FAR EAST AND AUSTRALASIA 1990); verschwindend geringe Quantitäten, etwa die Hälfte des Touristenpotentials *Thailands* 1960, noch vor Beginn planmäßiger Förderung durch die *TOT*.

Hauptverantwortlich für die (zaghafte) Öffnung (SCHMIDJELL 1990, 30) und Tourismuspropagierung war neben der offiziellen Beendigung des Indochinakonfliktes mit der zumindest oberflächlichen Friedens- und Stabilitätssituation in der Länderbeziehung *Kambodscha/Vietnam* vor allem der Devisenbedarf für Wiederaufbau und Adaptierung der Basisinfrastruktur. Der weltweite Zerfall des kommunistischen Regierungssystems, zu dem sich sämtliche drei Staaten ursächlich bekannten, trug schließlich das seine zur touristischen *"Perestroika"* bei: *"... the travel industry is being touted as one of the major saviours of its crippled economy"* (WHEAT 1993, 37).

Auch in den wenigen verbleibenden Kommunismusbastionen wird die ökonomisch unabdingbare Neuorientierung an westlichen Wert- und Wirtschaftssystemen zögernd bewußt; dennoch, ein Touristenboom vom quantitativen Ausmaß der ASEAN-Highlights *Thailand* und *Malaysia* ist in diesem Jahrtausend wohl nicht mehr zu erwarten, wenngleich die Resignationsphase allmählicher kommunistischer Endzeit vorüber scheint:

> Solange außerdem noch die bürokratischen Hindernisse bestehen bleiben und von einer touristischen Infrastruktur nicht die Rede sein kann, dürften ausländische Touristen eher die Ausnahme als die Regel sein, ungeachtet der Frage ob Vietnam überhaupt ein Tourismusland werden möchte. (STATISTISCHES BUNDESAMT WIESBADEN, LÄNDERBERICHT VIETNAM 1988, 90)

Die Vietnam-Medien sind voll der Lobeshymnen über grenzübergreifende Zusammenarbeit mit Nachbarstaaten (Beispiel: VIETNAM NEWS)[43], die Euphorie einer *"peaceful co-existence"* scheint nicht zu bremsen - zumindest das (wirtschaftliche) Indochina-Flaggschiff *Vietnam* bekennt sich nunmehr einschränkungslos zum Wirtschafts- und Kulturraum Südostasien, *"the place where the interests of almost all big countries are concentrated"* (VIETNAM COURIER, May 1992, 3).

Tourismus staatlicher Intention ist der Package-Tourismus kommunistischen Zuschnitts: Totale Kontrolle über Reiseroute und -ziele ist erklärtes Regierungsziel. Individualtourismus ist seit 1989 zwar offiziell toleriert, aber zahlreichen Restriktionen unterworfen und in keiner Weise mit westlich orientierten Nachbarstaaten vergleichbar.

> As it integrates into the world community, Vietnam has become an attractive tourism centre ... The Vietnamese government has concentrated on building infrastructure,

---

[42] Vgl. Reisebeilagen österreichischer Tageszeitungen

[43] *"Vietnam News"* ist eine seit 1991 erscheinende englischsprachige vietnamesische Wochenzeitung.

that is modern and comfortable facilities, international standard hotels ... and road systems, prerequisites to attracting foreigners.
(VIETNAM INVESTMENT REVIEW, 17.5.1992, 21)

Eine quantitativ beschränkte Zahl von Package-Touristen ist in den gesellschaftlich und politisch labilen Indochinastaaten in ihrem Wahrnehmungs- und Aktionsraum einfach kontrollierbar und aufgrund der Exklusivität derartiger Touren auch begehrter Devisenbringer. Die Tourismuseinnahmen Vietnams beliefen sich 1991 auf etwa 1,5 MIO US-$.
Diese Tourismusphilosophie der staatlichen Tourismusorganisationen SAIGON TOURIST und VIETNAM TOURIST, die im übrigen sämtliche Leistungen nicht mehr in der inflationären Landeswährung *'Dong'* sondern in westlichen Devisen verrechnen, bringt auch Ta CA, stellvertretender Minister für Handel und Tourismus, deutlich zum Ausdruck: "*... the tendency towards exclusiveness and loose management is not acceptable*" (VIETNAM INVESTMENT REVIEW, 17.5.1992, 21) - die deutliche Bremsung einer Entwicklung, die in den Jahren 1990-91 durch die Aufweichung des touristischen Staatsmonopols zu einem Boom von Klein- und Kleinstanbietern geführt hat[44], die - in Graumarktmanier - die beiden staatlichen Großanbieter preislich zu unterminieren vermochten.

Peter SCHMIDT (1990, 33) hinterfragt die vietnamesische Perestroika (*"Doi Moi"*) in Sachen Tourismus kritisch und nimmt vor allem Anstoß an der 'Entwicklungshilfe' westlicher *"Wirtschaftsexperten"* aus der Touristikbranche, die die Entwicklung zur vieldiskutierten Auslandsabhängigkeit vorwegnimmt. Die Eröffnung des ersten *****Hotels des Landes im Mai 1992, des *"Century Saigon"* der *Hongkong-Century* Gruppe ist ein vielbejubelter erster Schritt in diese Richtung, der im Nachbarland *Kambodscha* mit der Eröffnung des *"Cambodiana"*, einer weiteren Hongkong-Investition, bereits 1990 gesetzt worden ist (STATISTISCHES BUNDESAMT WIESBADEN 1991).

Die Tourismuseuphorie der ersten Stunden scheint zumindest auf höchster politischer Entscheidungsebene ungebremst, erste kritische Stimmen sind jedoch unüberhörbar; die bedingungslose, unreflektierte Tourismusorientierung am touristischen Vorbild *Thailand* findet nicht nur Befürworter - ein aufkeimendes Unbehagen, das Bui Le HA, Dekan der Fakultät für Internationalen Handel und Tourismus in *Ho Chi Minh City*, auf den Punkt bringt:

> *"I realize that Thailand has many problems with tourism, such as sex tours and environmental problems, and I can see the same happening in Vietnam. I don't know how we will prevent it." (Zit.nach WHEAT 1993, 37)*

Während in *Vietnam* zumindest die grundsätzliche Entscheidung *pro* Tourismus gefallen zu sein scheint, ist die Situation in den politisch unstabilen Nachbarstaaten *Laos* und *Kambodscha* undurchschaubar: Wenn schon Tourismus, dann exzessiv teuren Package-Tourismus, selektiv beschränkt auf touristische Highlights wie *Luang Prabang* (Laos) oder *Angkor Wat* (Kambodscha) - so das Motto der krisengeschüttelten Regierungen, deren Hauptaugenmerk nicht auf

44 Die Bestimmungen zur Errichtung von touristischer Infrastruktur lauten wie folgt: "*Vietnamese citizens of 18 or more and economic institutions that have sufficient conditions, including capital, necessary facilities and professional knowledge, are permitted to establish tourism organizations*" (VIETNAM INVESTMENT REVIEW, 17.5.1992, 21).

Tourismusforcierung liegen kann, solange nicht einmal grundlegendste Sicherheitsgarantien gewährleistet werden können. Die "*Khmer Rouge*" in Kambodscha, wie diverse Guerilla-Gruppen im ruralen Laos, stehen einer weiterführenden Tourismuspropagierung nachhaltig entgegen ...

Daß die politisch gespannte Situation der beiden östlichen Nachbarstaaten Thailands nicht als unveränderbar betrachtet wird, beweist die Forcierung von thailändischen Großprojekten[45] im Grenzbereich: Der Bau internationaler Großhotels im touristisch peripheren Nordost-Thailand, das Mekong-Brückenprojekt als Bindeglied zur laotischen Hauptstadt *Vientiane*[46] oder auch die projektierte Fertigstellung des Pan Asia Highways (auf Thai-Seite) bis zur burmesischen Grenze, reflektieren die langfristige Vision eines touristischen Großraumes Südostasien.

2.3. Individualtourismus in Südostasien: Das ungeliebte Kind

So politisch vielfältig punkto Staatsform und Regierungsstil sich das Untersuchungsgebiet Südostasien auch präsentiert, eine Gemeinsamkeit geht über weltanschauliche Grenzen hinaus und verbindet die Regionsnachbarn: Die weitgehende Ablehnung des Individualtourismus, die graduell jedoch eindeutige Abstufungen erkennen läßt und auch in ihrer tourismuspolitischen Realisierung verschiedene Ausprägung erfährt.

Während in der INDOCHINA-Ländergruppe Individualtourismus bis vor wenigen Jahren gänzlich unmöglich war und auch 1992 durch restriktive Visabestimmungen zusätzlich erschwert ist, äußerst sich die vorsichtig-zurückhaltende Position der ASEAN-Staaten auf subtilere Weise: Die Hippie-Jagd der späten 60er in *Laos*, *Singapur* und *Thailand* ist zwar vorüber (TURNER/ASH 1975, 258), doch noch vor einem Jahrzehnt konnte etwa männlichen Personen ausschließlich aufgrund beanstandeter Haarlänge die Einreise nach *Malaysia* oder *Singapur* verwehrt werden, nach WOOD (1984, 363) Maßnahmen "*to limit alternative forms of tourism which would offer more entrepreneurial opportunities to less elite groups*".

> Few governments, however, have sought the low-budget tourists, perhaps because they offer less in economic and certainly in political terms to the ruling elite. Some governments have also feared that low-budget tourists have a more pernicious effect on social values ... (RICHTER 1989, 96)

Dieser Ansatz beinhaltet die Hauptargumente gegen (alternativtouristischen) Individualtourismus: Geringere Prestigewirkung durch die Nichtinanspruchnahme von touristischen 'Prunkprojekten' und damit verbunden quantitativ geringere Einnahmen[47] sind die ökonomischen Hauptgründe der Ablehnung, die gemeinsam mit sozio-kulturellen Überlegungen offen ins Treffen geführt werden; weniger offenkundig sind systemstabilisierende politische Aspekte, die

---

[45] Quelle: Österreichische Botschaft Bangkok, 30.4.1992

[46] Wirtschaftliche Annäherung ist auch das Ziel der laotischen Regierung, die das Touristenpotential Thailands durch entschärfte Visabestimmungen (Beispiel Airport-Visaerteilung) nach Laos umpolen will (BANGKOK POST, 20.3.1992, 37).

[47] Vgl. Teil 2/IV/3.4.

jeder Tourismuspolitik zugrundeliegen. Die unkontrollierbare Ausbreitung von individuellem Billigtourismus etwa in *Bali*/Indonesien mit der dadurch verbundenen verstärkten Tiefenwirkung - erhöhte Aufenthaltsdauer, Nutzung lokaler Infrastruktur - bewirkte Ende der 70er Jahre Alarmstimmung auf offizieller Seite, die dringend von der Benutzung traditioneller Unterkünfte abriet (DRESS 1979, 95ff).

> Government policy-makers were generally hostile to this form of 'hippy tourism' as it was referred to partly because it was unplanned, and partly because the authorities feared the adverse cultural impact of what seemed to be a degraded western form of living. (McTAGGART 1980, 460)

Die Penetration in (massen)touristisches Neuland ist spezifisch individualtouristisch, die Konfrontation mit ethnischen Minderheiten (Beispiele: *Hill-Tribes* in Nordthailand; *Dayak* auf Borneo) und politischen Oppositionsgruppen mit Separationstendenzen (Beispiel: Region *Aceh* in Sumatra/Indonesien) somit unabdingbar - kein Wunschzustand für politisch latent labile Drittwelt-Länder ...
Planmäßig gesteuerter Tourismus dient zur Stützung von politischen Systemen (vgl. MÄDER 1987), ungesteuerter Individualtourismus dagegen vermag, in letzter Konsequenz, den Übergang zu demokratischen Strukturen zu beschleunigen.

WOOD (1984) betont die totale Orientierung aller südostasiatischen Staaten an (massenhaften) Pauschaltourismus, der ausländische Abhängigkeit im Transportwesen (-> Charterflüge) und ausländischen Kapitalzufluß (-> internationale Hotelketten) bewirkt.

Durch massive Unterstützungsmaßnahmen der Weltbank genießen *"large-scale resort projects"* (Beispiel: Nusa Dua/Bali-Indonesien) oder die Schaffung von 'Clubdörfern' (Beispiel: Club *Med*, Cherating/Malaysia) absoluten Vorrang vor kleinmaßstäbigem Tourismus ohne westliche Unterstützung und Einflußnahme.[48]

"*All the capitalist countries of Southeast Asia ... are actively encouraging the growth of their tourism industries ...*" (WOOD 1984, 355); wenn schon aus Devisenmaximierungsgründen nicht gefördert, dann zumindest akzeptiert und toleriert - das scheint die politische Linie bezüglich (Billig-)Individualtourismus im ASEAN-Bereich zu sein, die ansatzweise auch vom postkommunistischen INDOCHINA der nächsten Jahre übernommen werden könnte.

---

48 Nach DADUK ZAINI, Vorsitzender des *State Tourism Comitee Malaysia*, ist die malaysische Inselgruppe *Langkawi* die schnellstwachsende Fernreisedestination Südostasiens (THE STAR, 30.6.1992, 8): 1991 wurden 1,8 MIO Touristen gezählt.

IV. Tourismus und Entwicklungsländer: Pro und Contra

Nach VORLAUFER (1989, 607) ist die Bewertung der Vor- und Nachteile von Ferntourismus streng lagergebunden und eine Reflexion der jeweiligen Entwicklungsländertheorie.

Die Vertreter der **Dualismus- und Modernisierungstheorien** betonen die positive Entwicklung der Gesellschaft in den Zielräumen; bei einer geplanten, 'angepaßten' Entfaltung des Tourismus überwiegen demnach die Vorteile über die durchaus erkannten Nachteile.

Die Anhänger der **Dependenz- und Imperialismustheorien** wiederum stellen ausschließlich negative Auswirkungen des Tourismus in den Mittelpunkt ihrer Betrachtungen; einzelne Negativeffekte werden pauschal auf alle Kulturen, Zeiten und Gesellschaftsformen übertragen.

Die Betrachtung des Drittwelt-Tourismus variiert im Lauf der letzten Jahrzehnte beträchtlich, was in engem Zusammenhang mit der zunehmend negativen Bewertung von Entwicklungshilfe zu sehen ist. Dominierte noch in den 60er Jahren die Euphorie über die vermeintlichen wirtschaftlichen Vorteile des Wundermittels Tourismus, folgte in der ersten Hälfte der 70er Jahre eine erste Ernüchterung - die Auswirkungen des Ferntourismus in den ersten Überseedestinationen (Ostafrika, Maghrebstaaten) wurden allmählich erkannt und führten zu vermehrter kritischer Betrachtung (vgl. MÄDER 1982, RUF 1978).

> ... tourism and leisure policies in the developing countries are investment policies intended to capture some of the flow of the tourism market from industrial countries. However, ... there has been a high degree of external influence on the formulation and implementation of tourism and leisure policies. (TRUONG 1990, 99)

Die positive Rolle des Tourismus als ökonomischer wie sozio-kultureller Entwicklungshelfer entspricht nicht mehr dem heutigen Diskussionsstand, die Betonung zeitgenössischer Tourismuskritik liegt eindeutig auf der Fülle negativer Konsequenzen auf allen Ebenen.

Dennoch: Die Zuordnung in 'pro' und 'contra' Argumente ist allgemein willkürlich und ein Spiegelbild gesellschaftlich-persönlicher Einstellungskonstrukte. Tourismus ist nicht reduzierbar auf ausschließlich positive oder negative Effekte; die folgende Evaluierung von Drittwelttourismus ist eine exemplarische Reflexion der tourismuskritischen Diskussion und dient der Veranschaulichung der Problemkomplexität, die durch einseitig subjektive Darstellungsmuster nicht erfaßbar ist.

Dargestellt werden in der Folge lediglich südostasienrelevante Gesichtspunkte vor dem Hintergrund drittwelttouristischer Diskussion. Zahlreiche Aspekte bleiben lediglich skizzenhaft beleuchtet, andere wiederum nur gestreift. Der folgende Abschnitt versteht sich als Einstieg und keineswegs als erschöpfende Präsentation der Entwicklungsländerforschung.

1. Ökonomische Aspekte

Präsentierte sich der ökonomische Sektor - die einzige Betrachtungsebene der (massen)touristischen Anfangszeit - zunächst noch weitgehend unumstritten in seinen durchwegs positiv dargestellten Auswirkungen, so sieht sich dieser Bereich seit gut einem Jahrzehnt mit massiver Kritik konfrontiert. Der wirtschaftliche Nutzen mag auf nationaler Ebene[49] enorm sein, der Profit der direkt Tourismusbetroffenen bleibt aber vergleichsweise gering.

In der Tourismusliteratur meistgenannt sind diesbezüglich Beschäftigungseffekte, Zahlungsbilanzgewinne und Einkommenseffekte, die einer detaillierten Kosten-Nutzen Rechnung unterzogen werden sollen. Die kritische Hinterfragung des Tourismus als *"a means of transfer of wealth from richer to poorer countries"* (CHIB 1980, 289) ist Mittelpunkt des folgenden Abschnitts.

1.1. Beschäftigung

Allgemein unbestritten ist der hohe Bedarf an Arbeitskräften in der Tourismusbranche; unterschieden wird zwischen **primären (direkten) Effekten** (Arbeitsplätze im Tourismus selbst) und **sekundären (indirekten) Effekten** in vorgelagerten Sektoren (VORLAUFER 1989, 621), die intersektorale Verflechtungen auf lokaler/regionaler Ebene erkennen lassen[50]. Nach VORLAUFER (1984, 98) kommen nur letztere Effekte auch der ansässigen Bevölkerung zugute, die von Einrichtungen des Gesundheitswesens, von Transportunternehmen und Restaurants (theoretisch) genauso Gebrauch machen können wie Touristen.

Die Schätzungen über den effektiven Arbeitskräftebedarf variieren beträchtlich und sind abhängig von den jeweiligen Berechnungsarten zum einen und unterschiedlichem Einbeziehungsgrad zum anderen. MARR (1982, 144) errechnet 1,2 bis 4,5 Arbeitsplätze/Hotelbett für die Region *Malaysia/Singapur*, VORLAUFER (1989, 623) ergänzt die Diskussion um eine Korrelationssetzung zu primärem und sekundärem Bereich: In einer Gesamtbetrachtung der Entwicklungsländer ergeben sich demzufolge 0,8 bis 2,0 Arbeitsplätze/Hotelbett in ersterer, 0,5 bis 1,5 in zweiter Ebene. Arbeitsplätze im Tourismus - ob direkt oder indirekt - haben zudem eine Multiplikatorwirkung, die für einen Tourismusarbeitsplatz theoretisch bis zu fünf zusätzliche Arbeitsplätze in anderen Wirtschaftszweigen ermöglicht (FREYER 1991, 347).

In einer rein quantitativen Analyse scheinen die Vorteile klar zu überwiegen. Bereits Ende der 70er Jahre zählt *Malaysia* 35.000 Tourismusbeschäftigte, Singapur sogar die doppelte Zahl (MARR 1982, 144); nach einer Studie des *National Institute of Development Administration* sind 1987 in *Thailand* 458.825 Personen direkt in der Tourismusbranche tätig, davon 31% in der Hauptstadt Bangkok - das entspricht 1,7% der Gesamterwerbstätigen (SÜDOSTASIEN-INFORMATIONEN 1988, 27).

---

49 Vgl. Teil 2/V.II./1.1.4.

50 WAHNSCHAFFTs (1984) Untersuchung des thailändischen Klein- und Mittelgewerbes bestätigt diesen Ansatz.

Unter Einbeziehung der Tatsache, daß von deren Einkommen meist Großfamilien abhängig sind, erscheint die volkswirtschaftliche Bedeutung von Tourismusbeschäftigung somit noch um einiges höher ...

Doch Arbeitsplatz ist nicht gleich Arbeitsplatz: nur 2,6% aller Arbeitsplätze im Drittwelttourismus setzen Qualifikation voraus (MÄDER 1987, 74), unqualifizierte (junge) Arbeitskräfte[51] in Anlernberufen (Koch, Zimmermädchen) sind gefragt[52]. Dazu kommt noch eine unbestimmbare Zahl im informellen Umfeld von Tourismuseinrichtungen: *"The locals leave their fields and fishing boats and become touts, flunkeys or donkey-guides"* (HONG 1985, 29).

VORLAUFER (1984, 109) gewinnt dieser Tatsache auch positive Aspekte ab und betont die Möglichkeit von "*learning by doing*": In der Tourismusbranche seien Ausbildungsdefizite leichter abfangbar als in der Industrie, da weniger technisches Verständnis erforderlich ist.

Von Untersuchungen bisher weitgehend ausgeklammert blieb der Stellenwert von Sozialprestige in Tourismusberufen. Die lockende Chance bewirkt eine ausgeprägte Flucht aus der Peripherie in die Touristenzentren, die Hoffnung auf - meist saisonal begrenzte - Arbeit erweist sich jedoch oft als trügerisch:

> Diese ... touristischen Agglomerationen üben nun einen Anreiz auf die (nicht nur investitionsmäßig) vernachlässigte Landbevölkerung aus. Und so sind es oft eher junge und halbwegs qualifizierte Arbeitskräfte, die das Land verlassen. Verständlicherweise in der Hoffnung, ... im Tourismus Beschäftigung zu finden. Das aber gelingt nur wenigen. Bei den anderen zerschlägt sich der Traum vom 'großen Geld' zumeist tragisch ... (MÄDER 1982, 43)

Zu viele suchen Arbeit in der Hoffnungsbranche Tourismus, das hohe Angebot von beliebig austauschbaren Arbeitskräften zieht die Lohnschraube stetig fester an und bewirkt dennoch keine Verringerung des Ansturms. Selbst höher qualifizierte Einheimische drängen sich um Anlernberufe im Tourismussektor, der als mittelfristiges Sprungbrett zu Selbständigkeit und Sozialprestige erachtet wird und - quasi nebenbei - durch ständigen Kontakt mit Touristen Praxis in der touristischen Verkehrssprache (Englisch) vermitteln kann; der hohe Akademikeranteil unter den 10.000 Bewerbern für 200 offene Stellen in einem Luxushotel auf *Bali*/Indonesien spricht eine deutliche Sprache ...

Arbeitsplätze sind teuer: Die Schaffung von (direkten) touristischen Arbeitsplätzen erweist sich als extrem kapitalintensiv. Ein Arbeitsplatz in der Hotellerie erfordert, hochgerechnet, eine Investition von umgerechnet etwa 400.000 AS (MÄDER 1987, 74), etwa gleich viel wie in der verarbeitenden Industrie, aber fünfzigmal (!) mehr als in der Landwirtschaft (1982, 44).

---

[51] Mangelnde Qualifikation der Tourismus-Arbeitskräfte ist charakteristisches Merkmal aller Entwicklungsländer: So weisen beispielsweise 25% der in *Tunesien* touristisch Beschäftigten keine Berufsausbildung auf (RUF 1978).

[52] Die *Regent Four Season*-Hotelkette beschäftigt durchschnittlich vier Angestellte pro Hotelgast. (GERSTMEYER 1993, 36)

Arbeitsplätze sind nachfragespezifischen Schwankungen unterworfen: Die Regenzeit im tropischen Untersuchungsraum bewirkt Jahr für Jahr eine drastische Reduzierung der Arbeitskräfte (VORLAUFER 1984, 149), zudem können politische (Bürgerkrieg, Putsch) oder ökologisch-naturräumliche Krisen (Vulkanausbruch, Taifun) bislang florierende Tourismusgebiete zumindest von der pauschaltouristischen Landkarte streichen - zeitlich begrenzt oder auf immer. Die totale Orientierung an touristischen Arbeitsmöglichkeiten erweist sich somit als Bumerang, soziale Spannungen durch vermehrte Arbeitslosigkeit sind vorprogrammiert:[53]

> Da diese Arbeitskräfte zu einer kontinuierlichen Tätigkeit in anderen Wirtschaftsbereichen des Landes nicht mehr in der Lage sind, läßt sich sogar die Behauptung aufstellen, daß auf diese Weise ein gewisses Maß an saisonaler Unterbeschäftigung verfestigt wird. (BLÄTTER DES iz3W 1980, Nr.84, 29)

1.2. Zahlungsbilanz

Tourismus als Devisenquelle: 1989 belaufen sich die durchschnittlichen Einnahmen/Tourist in der Region Südostasien auf 642 US-$[54], weltweit auf 505 US-$; der Südostasienanteil (209.416 MIO US-$) an den touristischen Welteinnahmen beträgt 1989 5,1%. (WTO 1990a, 40,68).

Diese Globalzahlen vermögen - unreflektiert - zunächst zu beeindrucken, erweisen sich jedoch bei genauerer Betrachtung als trügerisch, da bestenfalls die Ausgaben für die Amortisation des ausländischen Kapitals in der Tourismusindustrie abgezogen werden. Von der Betrachtung in der Regel ausgeschlossen bleibt die Belastung der Außenhandelsbilanz durch folgende Faktoren (vgl. RUF 1978, 108):

(a) Gewinntransfers der ausländischen Gesellschaften, die in der Tourismusbranche eines Landes investiert haben

(b) Die Devisenkosten für Investitionsgüter der Tourismusindustrie: Baumaterialien, sanitäre Einrichtungen, Möbel, Küchenausrüstungen, Klimaanlagen, Flugzeuge und Kraftfahrzeuge

(c) Die Einfuhr von Konsumgütern für die Touristen[55]: Von Kaffee bis Whisky, von Frühstücksbutter bis Mineralwasser, von Fleisch und Getreide bis zu im Land nicht produzierten Früchten, ganz zu schweigen von Coca-Cola und deutschem Bier ...

(d) Die Devisenausgaben für Tourismuswerbung in den Herkunftsländern der Touristen

(e) Die (Spitzen-)Gehälter der ausländischen 'Führungskräfte' in der Tourismusbranche (Reisebegleiter, Verwaltungspersonal, Küchenchefs, etc.)

---

53 ... oder sein wollen (Anm. des Autors)

54 Die touristischen Durchschnittsausgaben/Tag belaufen sich in Thailand auf 113,5 US-$ (BANGKOK POST, 11.6.1992, 1).

55 Allein für *Tunesien* wird der Anteil dieser Kosten auf etwa 14% der Bruttoeinnahmen aus dem Tourismus geschätzt (RUF 1978, 48).

Nach VORLAUFER (1989, 613ff) beträgt die 'Sickerrate' bis zu 70%, nur ein vergleichsweise geringer Anteil der Tourismusgewinne bleibt dem Land selbst: südostasienweit weniger als 50% (WOOD 1980, 6). Der Großteil geht an die ausländischen Kapitalgeber, die die Hauptgewinne abschöpfen. Die Tourismuseinnahmen von Pauschalreisen betragen durch die Inanspruchnahme verschiedenster hochrangiger Infrastruktureinrichtungen ein Vielfaches der alternativtouristischen Billigreisevariante: Während organisierter Gruppentourismus auf der Existenz internationaler Hotelketten[56] mit standardisiertem Niveau beruht, kommen die - beträchtlich geringeren - Ausgaben von Rucksacktouristen durch die vermehrte Nutzung lokaler/regionaler Infrastruktur eher dem Land zugute.

(1)

'Das Land' als Pauschalbegriff: Von den verbleibenden Tourismussummen profitieren nicht alle gleich - und sollen es auch nicht ...
Die Allianz herrschender politischer Klassen mit multinationalen Tourismuskonzernen ist etwa in Südostasien gängige Praxis und dient als Druckmittel gegen ökonomisch starke ethnische Minderheiten:

> ... This is likely to be a factor in countries like Malaysia, Indonesia and Thailand, where alliance with the multinationals avoids the necessity of doing business with the Chinese commercial classes. This ethnic-class competition may in fact bias tourist

56 Mitte der 80er Jahre finden sich in Malaysia internationale Hotels folgender multinationaler Ketten: *Hilton, Holiday Inn, Hyatt, Ramada, Faber Merlin, Equatorial, Shangri-La* (vgl. HONG 1985, 39).

policy towards luxury tourism, since a tourism based on the expansion of the existing accomodation system would favour the Chinese already in control of it[57] ...
(WOOD 1979, 283)

Trotz aller genannten Abflüsse machen die Deviseneinnahmen der Dritten Welt aus dem Tourismus etwa 20% der gesamten Exporteinnahmen (Deutschland: 2,8%) aus und unterstreichen somit die verzweifelte Abhängigkeit vom internationalen Tourismus (FREYER 1991, 361).

1.3. Einkommen

Das Einkommensniveau in der Dritten Welt wird durch die Nachfrage nach inländischen touristischen Gütern und Dienstleistungen zweifellos erhöht, die Löhne und Verdienstmöglichkeiten in den Zielgebieten des Tourismus sind unbestreitbar höher als in touristisch unberührten Periphergebieten.

> Aber noch schneller als die Löhne stiegen die Preise, und mit steigendem Einkommen nahm der Abstand zwischen arm und reich nicht ab, sondern zu.
> (ARMANSKI 1986, 57)

Zunehmenden sozialen Spannungen stehen somit nicht unbedingt abnehmende regionale Disparitäten gegenüber: Tourismus erfaßt mehr und mehr auch abgelegenste Gebiete, davon profitieren können jedoch nur direkt Tourismusbeschäftigte (Guides, Souvenirverkäufer, etc.), nicht aber - ausgenommen sind punktuelle Travellerzentren - die überwältigende Mehrheit von Nicht-Involvierten. Von einer von SZEVERA (1991, 23) postulierten regionalen Einkommensnivellierung als *"nicht wegzudenkender positiver Faktor"* kann nach Überzeugung des Autors zumindest für den Bereich Südostasien keine Rede sein.

Mit höherem Einkommen steigen die Bedürfnisse, die allerdings erst durch touristische Vorbildwirkung manifest werden. Vormalige Luxusgüter werden mehr und mehr frei verfügbar und zum sozialen Statussymbol (Bier, Kaugummi, etc.) - der eindimensionale Ansatz vom ausschließlich positiven Einkommenseffekt wird dadurch relativiert.[58]

2. Planungsaspekte

Bereits oben angeklungen sind die Streitpunkte Infrastruktur und Regionalentwicklung - ergeben sich aus touristischer Entwicklung positive Synergieeffekte auf touristisch unerschlossene Periphergebiete?

---

[57] Speziell in Malaysia ist das lokale Beherbergungswesen, vor allem der unteren und mittleren Kategorie, fest in chinesischer Hand.
[58] Vgl. Teil 2/IV/2.3.

VORLAUFER (1984, 160) betont die Möglichkeit der Abschwächung disparitärer Raumentwicklung durch die Nutzung natürlicher, touristisch attraktiver Standortvorteile: "*Auf Grundlage räumlicher Ordnungsmuster und ihrer Standortansprüche eignet sich die Tourismuswirtschaft in besonderem Maße zur Inwertsetzung peripherer ... nicht oder kaum nutzbarer Standorte.*"

Die touristische Erschließung von Peripherregionen setzt entsprechende Infrastruktureinrichtungen voraus: Die Schaffung und Verbesserung von Energieversorgung, Wassernutzung oder Straßenprojekten mag zwar primär touristisch motiviert sein, nützt aber auch der ansässigen Bevölkerung - zumindest in der Theorie: Dient die Renommierstraße vom *Soekarno-Hatta-Airport* in das Stadtzentrum *Jakartas* (Indonesien) tatsächlich 'dem Volk'?
Kostenintensive Prestigeprojekte werden oft gegen den Willen der Bevölkerung durchgezogen[59], die volkswirtschaftliche Sinnhaftigkeit zahlreicher Projekte unter dem Deckmäntelchen der Infrastrukturverbesserung ist umstritten: Das Gesamtbudget Malaysias zum Ausbau von Wasser- und Stromversorgung im ruralen Raum betrug Anfang der 80er Jahre nur ein Drittel des Betrages, der zur Förderung internationaler Tourismusprojekte vorgesehen war (HONG 1985, 43)!

> The people of Asia ... have to content themselves with whatever benefit, if there is any, that accrues to them from government programmes such as the tourist industry.
> (ROEKAERTS/SAVAT 1989, 57)

SCHERRER (1986, 158) streicht die weitgehende Kostenübernahme und/oder Finanzierungshilfe durch ausländische Investoren heraus, ohne die der Aufbau kapitalträchtiger (Tourismus-) Infrastrukur nur beschränkt möglich wäre - in Gebieten allerdings, die der Kapitalgeber bestimmt ...

Die Entwicklung der landeseigenen Infrastruktur bleibt somit ein Nebenprodukt des Tourismus, wird nicht flächendeckend und selten konzeptionell-geplant etabliert und ist vom Gutdünken eines Entscheidungskonsortiums aus landeseigener Macht und ausländischer Kapitalkraft abhängig. Infrastrukturentwicklung scheint also konzentriert auf touristisch attraktive Gebiete, den Bedürfnissen und Nachfrageebenen der Touristen wird vorrangig Rechnung getragen: "*... the foreign tourist is taught to be accepted as the saving grace of the country*" (ROEKAERTS/ SAVAT 1989, 53).

3. Soziokulturelle Aspekte

Die soziokulturelle Ebene von Ferntourismus in Drittweltländer wurde erst vergleichsweise spät, Mitte der 70er Jahre, Gegenstand tourismuskritischer Betrachtung und ist im Gegensatz zu ökonomischen Effekten kaum quantifizierbar. Umso schwieriger gestaltet sich eine Bewertung dieses Bereiches, der, objektiver Darstellung entzogen, vermehrt zur ideologischen Spiel-

---

[59] Vgl. JUNG 1986

wiese aller Lager wird; Ausmaß und Relevanz positiver wie negativer Wirkungen sind insgesamt umstritten, die Tendenz zu weitgehend negativer Sichtweise ist jedoch offenkundig.

Untersuchungen erfolgen meist aufgrund von 'common-sense' Theorien (VAN DOORN 1989, 71ff). Das Ausmaß soziokultureller Beeinflussung ist allgemein abhängig von Ausmaß, Art und Häufigkeit der Kontakte zwischen Reisenden und Bereisten sowie von der jeweiligen Tourismusdichte und Regionalstruktur im speziellen: je abgeschlossener ein Raum, desto eher ist die Eignung für einschlägige Untersuchungen gegeben.

Analog zur ökonomischen Ebene ist auch die Evaluierung soziokultureller Wandelerscheinungen subjektiv präjudiziert: *"... visitors ... coming from a more affluent and permissive society ... no doubt introduce new lifestyles, more expensive habits, and a free and easy way of life; but they also stimulate fresh thinking and a less inhabited outlook"* (CHIB 1980, 291).

Die folgende Analyse versucht eine möglichst objektive Problemdarstellung fernab von der gebräuchlichen eindimensionalen Schwarz-Weiß-Malerei. Soziokulturelle Veränderung in Entwicklungsländern mag in der Mehrzahl der Fälle negativ bewertet werden, Tourismus trägt zweifellos auch seinen Teil dazu bei - aber nicht mehr: Die zugeschriebene Rolle als 'Sündenbock' für jeglichen gesellschaftlichen, kulturellen und sozialen Wandel ist nach heutigem Diskussionsstand nicht mehr haltbar.

Abb.8: Die soziokulturelle Ebene: Folgeerträge und Folgekosten

Bereich:	*Folgeerträge:*	*Folgekosten:*
Akkulturation	Fortschritt durch Kulturaustausch	Verwestlichung Verlust kultureller Werte
Konsum (Demonstration)	Bessere Versorgung	Konsum westlicher Güter Devisenabfluß und Werte
Sitte und Moral	Liberalisierung	Sittenverfall
Kultur und Tradition	Neue Arbeitsplätze Kultureller Fortschritt Neue Architektur	Kommerzialisierung, Verkitschung Verbetonisierung
Sozialstruktur	Emanzipation	Zerstörung von Familienstrukturen und sozialer Hierarchien, Abwanderung
Umwelt	Ressourcennutzung Landschaftserhaltung	Landschaftszerstörung
Verständigung	Mehr Verständnis Weg zum Frieden	Festschreibung von Vorurteilen

Quelle: FREYER 1991, 390

Voraussetzung sämtlicher Wandelprozesse ist interkulturelle Kommunikation, die ihrerseits auf Begegnung und Konfrontation basiert; ohne Berührung von Kulturkreisen wird gegenseitige Beinflussung unmöglich.

3.1. Schlüsselbegriffe der Diskussion: Anmerkungen zum Stand der Forschung

3.1.1. Reiseziel Dritte Welt: Andere Motive?

Ein allgemeingültiges Muster für Fernreisen scheint nicht existent. Reiseart und Touristentyp prägen das Nachfrageverhalten in einer Weise, daß fundierte Globalaussagen zum Motivationsverhalten[60] unmöglich werden. Generell ist das KASPARsche Motivationsschema - Motive sind *"das Verhalten auslösende Zielvorstellungen"* (1991, 40) - auch auf Fernreisen, eine quantitativ vernachlässigbaren Untergruppe des Gesamttourismusgeschehens, anwendbar.

Weitgehend unumstritten ist der enge Zusammenhang zwischen den Kategorien 'Motiv' und 'Zeit'. Motive widerspiegeln den herrschenden Zeitgeist und geben Einblick in die dominierenden Präferenz- und Bewertungsmuster bestimmter Epochen, wie WINTER (1990, 208) zusammenfassend formuliert: *"Individuell adaptiert und verinnerlicht als Einstellungen, Sehnsüchte und Träume, bilden sie gleichsam den Humus, auf dem die in Repräsentationsbefragungen abrufbaren Urlaubsmotive und konkreten Erwartungen gedeihen."*

Die latent vorhandenen Wünsche nach 'Erholung' oder 'Bildung' werden lediglich regional umgeleitet. Zunehmend verstärkt durch positiv gefärbte Medienberichte, verbunden mit sozialen und kulturellen Zerfallserscheinungen in den westlichen Herkunftsländern, ist die Fernreise in erster Linie die Konsequenz radikal verbilligter Transportmöglichkeiten.

Der Preiskampf der Tourismusindustrie mit seiner Fülle an 'Sonderangeboten' und 'Supersspartarifen' trägt wesentlich zum gesteigerten Interesse an Dritte-Welt Destinationen bei.

Wenn *"unspoilt tropical paradises"* (Werbetext) einfacher erreichbar und zudem zunehmend billiger angeboten werden, spricht für den Erholungssuchenden (-> **physische Motivation**) wenig für einen Urlaub an verschmutzten und übervölkerten europäischen Stränden. Der Bereich 'Erholung/Entspannung' gilt als Hauptreisemotiv, der *"Sigma Trend"* (SMERAL 1990a, b) ist auch in Entwicklungsländern unübersehbar. Lorine TEVI, ein Vertreter des 'World Council of Churches', teilt diesen Denkansatz einschränkungslos:

> One reason, why Third World countries hold greater attraction for people who have the time and the means to spend on travel is that many tourist resorts in industrialised countries are becoming spoilt because of pollution, saturation or over-promotion ... There are many attractive features: blue waters, sand, sun and surf, wildlife, women and many others. (ECTWT + TEN 1986, 103)

---

60 Für eine ausführliche Diskussion der Motivforschung vgl. SPREITZHOFER 1994a, 32-40

Escapismus-Phänomenen der Flucht aus dem Alltag (-> **psychische Motivation**) als insgesamt zweitwichtigstes Motivbündel kommen im Geschäft mit dem Fernweh entscheidende Bedeutung zu - nicht zuletzt aufgrund massiver Werbung auf breiter Basis, die Tourismuskritiker aller Lager als bedürfnisfördernd, wenn nicht -erweckend erachten: Motive als *"Reflex geheimer Verführung und Steuerung"* (BEUTEL 1980, 220).

> The industrial man will prefer to flee to an environment that one has convinced him is in every way opposed to that in which he has the habit of living, a sort of earthly paradise in comparison to the hell within which he has the impression of being stuck during so many months. (ECTWT + TEN 1986, 104)

Lorine TEVI betont in diesem Zusammenhang den enormen Prestigewert von Fernreisen, eine Komponente, die empirisch kaum faßbar ist und auch von der Reiseanalyse nicht erfaßt wird: *"In industrial nations, where life is fast and cluttered, people seek prestige and respect from others to make them feel more than just a cog in the system"* (ECTWT + TEN 1986, 104). Angezeigt scheint eine Differenzierung des erlangten Prestige: Zum einen vor Ort, in den Ländern der Dritten Welt, oder nach der Rückkehr, im Freundes- und Bekanntenkreis.[61]

> Ego-enhancement ... derives from the level of personal needs, people need to be recognized ... At home, one already has a social position, but away from home one can pretend ... especially in developing countries. The tourist can 'escape' into a world of fantasy and indulge. (WITT/WRIGHT 1992, 38f)

Insgesamt gilt in der kritischen Dritte-Welt-Literatur die Kategorie 'Freiheitsdrang' als übergeordnetes Motiv, dem empirisch erfragbare Motive wie Erlebnis- oder Bildungshunger zugrundeliegen (AKTION DRITTE WELT 1986, 80f).

3.1.2. Informationsverhalten und Reiseentscheidung

Komplexe Untersuchungen zum Reise- und Informationsverhalten sind seit den 70er Jahren Arbeitsschwerpunkte des *Starnberger Studienkreis für Tourismus*[62]: DATZERs grundlegende Studie (1983) ist in ihren Kernaussagen auch ein Jahrzehnt später noch weitgehend gültig, BRAUN/LOHMANN modifizieren und ergänzen die Analyse 1989.

Die Bedeutung der Informationssuche für die letztendliche Reiseentscheidung ist unbestritten. Ökonomische Ansätze interpretieren die Informationsneigung des Konsumenten als Motivation, *"über einen als konsumptiv relevant perzipierten Sachverhalt etwas zu erfahren, mit dem Ziel, Entscheidungen (ex ante und ex post) zu stabilisieren"* (WISWEDE 1975, 221).

DATZER (1983, 285) unterscheidet fünf Informationstypen, die, abhängig von Reiseart und -zielen, unterschiedliche Informationsverhalten an den Tag legen: *Budget Travellers, Adventurers, Homebodies, Vacationers und Moderates.*

---

61 Vgl. auch MILL/MORRISON 1985, 2

62 Vgl. auch HAHN/HARTMANN 1973, WOHLMANN 1981

Auffallend ist hier vor allem die gesteigerte Informationsneigung von Typ 1, dem billigreisenden 'Budget Traveller', die in der überwiegenden Mehrzahl der erfragten Informationsmuster überdurchschnittlich stark zum Ausdruck kommt; Gebrauch wird dabei gleichermaßen von formellen wie informellen Informationsquellen gemacht.
BRAUN/LOHMANN (1989) ergänzen die Informationsforschung um eine zeitliche Komponente, indem sie Informations- und Entscheidungsprozesse in ein Vier-Phasen-Schema einbinden. Als Kernaussage ergibt sich folgender Schluß: In einer ersten, allgemeinen Anregungsphase dominieren *"breite Informationsquellen"* (Erzählungen von Bekannten, etc.), die in der endgültigen Entscheidungsphase zunehmend von *"spezifischen Informationsquellen"* (über Anreise, Unterkunft, etc.) abgelöst werden; dominierend in dieser Phase ist der Informationsbedarf zu den Preisen, wie BRAUN/LOHMANN (1989, 60) empirisch feststellen konnten.

Eine vergleichende Betrachtung der Ergebnisse der jährlichen *Reiseanalysen* des *Starnberger Studienkreises für Tourismus* macht die unverändert führende Position von "*sozialen Informationsquellen*" - etwa persönliche Gespräche - deutlich, die jedoch Anfang der 80er Jahre noch wesentlich ausgeprägter war; wie übrigens die Nutzung aller anderen Informationsquellen auch, die im letzten Jahrzehnt deutlich zurückgegangen ist. Ein Vergleich der Nutzungsintensität ergibt allerdings die Beibehaltung der Relationen untereinander:

Nach DATZER (1983, 219) steigt die Intensität der Informationssuche mit zunehmendem Alter, höherer Schulbildung, wachsender Reisezielentfernung, zunehmendem Organisationsgrad der Reise, steigender Intensität der Mediennutzung und abnehmender Gebietstreue; Erkenntnisse, die nach heutigem Forschungsstand unbestritten sind.

KLINGENBERG/ASCHENBRENNER (1991, 69) schränken jedoch ein, daß eine Reisevorbereitung über technische Erkundigungen hinaus (Anfahrtsweg, Preise, Klima, Verpflegung, etc.) selten stattfindet, "*und das nicht nur aus Zeitmangel*". Die Ursachen werden nicht näher spezifiziert, wie sich der gesamte Themenbereich empirischen Ansätzen weitgehend entzieht.

BRAUN/LOHMANN (1989, 61) weisen auf die gravierenden Forschungslücken hin, denen sich die gegenwärtige Informationsforschung gegenübersieht: "*Welche Kleingruppenprozesse ablaufen, damit Informationen transportiert werden, ist unklar. Es ist auch nicht deutlich, welche Motivation hinter der Kommunikation im Urlaub steckt.*" Und weiter: "*In zukünftigen Untersuchungen müßte ... geklärt werden, unter welchen Bedingungen Leute über den Urlaub reden, wer Ratschläge zum Urlaub gibt und warum, wer die Ratschläge befolgt und wer sie nicht befolgt.*"
Die anglo-amerikanische Forschung sieht sich mit ähnlichen Problemen konfrontiert: *"... the psychological study of tourism is an 'undermanned' field"* (PEARCE/STRINGER 1991, 143).

Ist die Nutzung von Informationsquellen zumindest quantitativ empirisch faßbar, so entzieht sich die darauf basierende Reiseentscheidung einer Analyse nach rationalen Gesichtspunkten. Neuere Forschungsergebnisse betonen die Undeutlichkeit der Urlauberwünsche als prägend für den Entscheidungsprozeß.

BRAUN/LOHMANN (1989, 104) fassen die aus dem Jahre 1973 stammende, erste grundlegende Untersuchung von HAHN/HARTMANN zusammen, in der mit

> mehreren psychologischen Studien festgestellt worden ist, daß die Reisenden von Anfang an nur ein einziges Ziel im Auge hatten, das sich nach und nach klarer herauskristallisierte. Das hat mit einer rationalen Entscheidung nichts zu tun, vielmehr handelt es sich wohl um das Heranreifen eines Entschlusses. Schließlich weisen die Autoren daurauf hin, daß die Entscheidung nicht aufgrund der streng rationellen Gegenüberstellung von Vor und Nachteilen fällt, sondern daß man sich eher vom Gefühl leiten läßt, das Richtige gefunden zu haben.

Rationalität[63] wird dem Prozeß der Entscheidungsfindung nicht gänzlich abgesprochen, sie ist nur nicht die Hauptdeterminante. Diese These findet auch in der neueren anglo-amerikanischen Literatur ihren Niederschlag, wenn SMITH (1991, 92) die Diskussion zweier Hauptmodelle des Konsumentenwahlverhaltens[64] folgendermaßen zusammenfaßt: *"Both models are based on the assumption that the choice process is rational ..., but the objective modelling of rationality still poses some unique challenges for tourism analysts"*.

Der Zeitpunkt der endgültigen Entscheidungsfindung ist mit dem Abschluß der Informationsphase nicht direkt gekoppelt. Auch nach der definitiven Entscheidung geht die Informationssuche weiter, um positive Gründe für die gewählte Alternative und negative Gründe für die verworfenen Alternativen zu finden (BRAUN/LOHMANN 1989, 69).
Die insgesamt unbefriedigende Forschungslage in den Bereichen Motivation, Informationsverhalten und Reiseentscheidung läßt sich auf einen gemeinsamen Nenner zusammenfassen: *"The correlation between what people say and what they do is notoriously low"* (SMITH 1991, 93).

3.1.3. Image und Einstellung

Der Diskussion der Imagewerbung[65] kommt in der kritischen Tourismusliteratur seit Mitte der 70er Jahre vermehrte Bedeutung zu, wie Studien zum Bereich 'manipulative Tourismuswerbung' insgesamt beweisen (BEUTEL 1980, 216-223). Jedes Land und jede Reiseform benötigen ein Image, ein Vorstellungsbild, das stellvertretend (*'pars pro toto'*) zur Anwendung kommt.

> Images bezeichnen schematisierte Vorstellungen von hohem Prägnanzniveau, die der emotionalen und pseudorationalen Bewältigung ... zugänglich sind.
> (MAZANEC 1978, 60)

> Einstellungen sind ... langfristig erworbene, geordnete, mentale Strukturen, die das Gesamt der lebenswichtigen Erfahrungen eines Menschen bündeln, verdichten, in eine für die Selbstakzeptierung ... erfolgversprechende Form bringen.
> (WINTER 1991, 148)

---

63 KLINGENBERG/ASCHENBRENNER (1991, 73) bezweifeln, ob die erfragten Ergebnisse der Reiseanalysen auch nur einen Tag später dieselben wären.

64 SMITH (1991, 75ff) unterscheidet zwischen *"expectancy-value model"* und *"conjoint measurement model"*.

65 Für eine Beschreibung anderer Werbeformen vgl. SCHWARZER 1989, 71-80

DROSG (1990, 8) konstatiert, daß die Themenbereiche **Image** und **Einstellung** in der Fachliteratur nicht klar voneinander abgegrenzt sind und synonym verwendet werden. Eine Untergliederung in eindimensionale (Skala: gut <-> schlecht) und mehrdimensionale Einstellungskonstrukte (affektive und kognitive Aspekte) ist dagegen allgemein akzeptierte Praxis.

Aus der Verbindung von Grundbedürfnis (z.B.'Erholung') und Image einer touristischen Zielgegend (z.B.'Sonne und Sand') ergibt sich die Destinationspräferenz, die ihrerseits abhängig von der Kaufkraft ist - die Haupterkenntnis einer neuen grundlegenden Studie[66] über Verbindungen zwischen Landesimage und Tourismus.

Images per se sind keine direkten Kommunikationsbarrieren; sie werden jedoch unweigerlich dazu, wenn sie durch Stereotypen und Vorurteile angereichert sind. LÖSCHNER (1978) und HÜBNER (1989, 70) weisen in diesem Zusammenhang darauf hin, daß der Begriff 'Stereotypen' im deutschsprachigen Raum kaum empirisch belegt ist. Was ist 'positiv', was 'negativ', welche Merkmalskombinationen treten auf?

3.1.4. Stereotypen und Vorurteile

3.1.4.1. Die Theorie

BARRES (1978) definiert **Vorurteile** als negativ besetzte Einstellungen, während Stereotypen bestimmte Formen eines sozialen Vorurteils darstellen. Nach TAJFEL (1982, 43) erfüllen **Stereotypen** eine soziale Funktion - die Schaffung und Erhaltung von Gruppenideologien - wie auch eine individuelle Funktion: Stereotypen als Werkzeug zur Bestätigung individueller Wertsysteme. BRISLIN (1986, 263f) ergänzt die Diskussion durch seine Funktionszuteilung von Vorurteilen:

* *utalitarian or adjustment function*
* *ego-defensive function*
* *value expressive function*
* *knowledge function*

Sowohl Stereotypen als auch Vorurteile entstehen durch ein Kombinationsbündel aus einseitiger Information, Ignoranz, Zensur und speziellen Gruppeninteressen: eine der Haupterkenntnisse in der Untersuchung HÜBNERs (1989, 26), die eine Analyse von Reisebeilagen mit Blickrichtung interkultureller Kommunikation vornimmt.

Informationsmaterial für Fernreisen wird nach ökonomischen Gesichtspunkten produziert und reflektiert daher die latenten Wünsche der Touristen: Sonne und Glück, Ursprünglichkeit und Menschlichkeit - all die Dinge also, die es in der westlichen Welt nicht mehr zu geben scheint (geben darf?).

66 Vgl. DROSG 1990

> Reisekataloge sind Bestseller. Sie werden von alt und jung gelesen, auch von Menschen, die keine Ferien planen. Wer blättert nicht gerne in einem dieser farbigen Hochglanzhefte. Sie vermitteln uns einen Hauch Freiheit. Lauter Paradiese - Sand, Sonne, Sex und Meer. (MÄDER 1987, 60)

Der objektive Informationsgehalt der Tourismuswerbung ist auf ein nützliches Minimum reduziert, was zur Schaffung und Festigung von Stereotypen aller Art einen entscheidenden Teil beiträgt (HÖMBERG 1977).

Die hehre These der Völkerverständigung, des gegenseitigen Kennenlernens und Näherkommens konträrer Kulturen, kann angesichts gravierender Fehleinschätzungen auf beiden Seiten kaum gehalten werden: "*Die trübe Brille der Vorurteile bleibt aufgesetzt*" (KRIPPENDORF 1984, 119). Reisen in fremde Kulturkreise bringen häufig keinen Abbau, sondern eine Bestätigung, oft sogar eine Verstärkung von Vorurteilen (SCHERRER 1986, 137; BUGNICOURT 1978, 52-55):

> Die anderen sind arm, aber glücklich. Sorglos, unbeschwert und gastfreundlich. Aber eben, etwas unordentlich, nicht so sauber, ja schmutzig und unhygienisch, unzuverlässig auf alle Fälle, faul doch auch und halt nicht so intelligent. Ja, genau das hatte man ja erwartet, das ist keine Überraschung... (KRIPPENDORF 1984, 119)

Tourismuskritiker verweisen auf die enorme Bedeutung von Stereotypen zur Stützung oder Schaffung eines kulturdominierten Eurozentrismus. Kulturelle Überheblichkeit ist herausragendes Merkmal aller Stereotypen, in die die *"Eingeborenen"* der Dritte-Welt-Staaten eingegliedert werden[67]. SCHERRER (1986, 12f) spricht dem Ferntouristen jeglichen Zugang zur Realität ab und folgert: *"Nie identifiziert er sich mehr mit 'seiner' Kultur, mit der Größe und Überlegenheit der westlichen Zivilisationen, als in der Fremde."*

Touristen sind allein durch ihre physische Präsenz Werbeträger für den westlichen 'way-of-life' und stehen als direkter und praktisch-realer Beweis für die Vitalität einer Zivilisation, die allen anderen überlegen scheint: Tourismus sozusagen als *"Schokoladenseite westlichen Lebens"* (SCHERRER 1986, 14).

Das 'Mißverständnis' ist jedoch beiderseitig und bei weitem nicht nur eindimensional: Daß alle Touristen unermeßlich reich sind und nie arbeiten müssen, ist die Konträrposition aus der Sicht der Bereisten, die genauso vorurteilsbehaftet ist wie die eurozentristische. Die Folgen sind Desorientierung und Haltlosigkeit; Gefühle der Unterwürfigkeit und Unterlegenheit (was die Bereiche 'know-how' und finanziellen Background anbelangt) gegenüber dem scheinbar übermächtigen Fremden sind die unmittelbaren Konsequenzen und verstärken das Vorurteil vom überlegenen ausländischen Verhalten: Ein Teufelskreis, eine zusätzliche Komponente, die zeigt, *"wie einseitiger Kulturkontakt das Selbstvertrauen Ortsverwurzelter eher anknackst als fördert"* (MÄDER 1987, 78).

---

[67] Vgl. EULER 1990 und FOHRBECK/WIESAND 1983: In beiden Studien ist der Terminus "*Eingeborene*" als kritisches Signal bereits im Titel enthalten.

3.1.4.2. Die Praxis: Dritte Welt-Klischees am Fallbeispiel Südostasien

3.1.4.2.1. Die Menschen: Eine historische Perspektive

Das von DE SADE 1621 kreierte Klischeebild des "*hedonistischen, edlen Wilden*", die Inkarnation des Natürlichen, erfuhr im 18.Jahrhundert eine gewaltige Bedeutungsaufwertung. Der Mythos des "*einfachen, aber glücklichen Menschen*" war Grundlage erster Zivilisationskritik im Dunstkreis Jean Jacques ROUSSEAUs, die Idee des Gleichen unter Gleichen war revolutionär: "'*Noble savages' were idealized for their simplistic lifestyles*" (SAVAGE 1984, 327)[68]. Das Zeitalter der Aufklärung drängte das christliche Paradigma der Nächstenliebe in den Hintergrund:

> Europäischer Rassismus wurzelte in jenen intellektuellen Strömungen, die im 18. Jahrhundert sowohl in West- als auch in Mitteleuropa ihre Spuren hinterließen: In den neuen Wissenschaften der Aufklärung und in der pietistischen Wiedererweckung des Christentums. Rassismus war eine Weltanschauung, eine Synthese aus Altem und Neuem - eine weltliche Religion, die es unternahm, alles zu vereinnahmen, nach dem die Menschheit strebte. (MOSSE 1990, 27)

Die Darstellung des Fremden war fortan nicht mehr *"gottlos, teuflisch oder ungläubig"*, sondern vielmehr *"faul, verlogen und ausschweifend"*, auch *"intellektuell zurückgeblieben"*, aber gleichzeitig *"herzlich"*, *"großzügig"* und *"arm"* (M'BEDY 1977, 102ff) - nicht unbedingt positive Eigenschaften also, die nichteuropäischen Kulturen da zugeschrieben wurden. Ein gewaltiger Unterschied zu heute ...?

SCHERRER betont die Bedeutung der Armut in der ROUSSEAU-geprägten Theorie der Natürlichkeit: "*Bis heute glaubt der tolerante Bildungsbürger, das Schlichte und Echte am ehesten bei den unteren Gesellschaftsschichten zu finden*" (SCHERRER 1986, 95).

Der vergleichsweise niedrige Lebensstandard gilt allerdings als selbstverschuldet und Teil asiatischer Charakterschwäche, wie die folgende Aussage aus dem *Batavia*[69] von 1802 schließen läßt: "*The Javanese was too lazy and too sluggish to acquire more than he required for subsistence*" (ALATAS 1977, 65).

Rassistische Untertöne sind um die Jahrhundertwende unüberhörbar, die primäre Betonung der Andersartigkeit ist Kernpunkt von unterhaltsamen Reiseberichten genauso wie Inhalt völkerkundlich-(pseudo)wissenschaftlicher Abhandlungen:

> ... je weiter der Reisende dem Äquator zufährt, desto häufiger fallen ihm die im Freien umherlungernden Männer auf und immer häufiger fragt er sich: wann arbeiten diese Leute? ... Diese Leute arbeiten nicht, sie unterhalten sich. (DILLINGER'S REISE- UND FREMDENZEITUNG, Nr.4, 1.2.1900; In: PAULHART 1990, 141)

---

68 Romantisierende Darstellungen der tropischen Lebenswelt durch namhafte Schriftsteller (Joseph Conrad, Rudyard Kipling, Somerset Maugham) trugen das ihre zur Heranbildung imagegerecht-asientypischer Eigenschaften und Verhaltensmuster bei. (vgl. auch SAVAGE 1984, 17)

69 *Batavia*, das heutige *Jakarta*, liegt auf Java und ist Hauptstadt von Indonesien.

Die Völker Südostasiens sind nicht nur faul, sondern auch verräterisch und dumm, wie Untersuchungen unter dem Deckmantel der Wissenschaft zu ergeben scheinen:

> Je weiter die Gehirntätigkeit entwickelt ist, desto weniger Schlaf hat man nötig. Gewisse wilde Völker, wie die Papuas oder die Buschmänner, schlafen sobald sie sich unterbeschäftigt sehen ... 12 bis 15 Stunden von den täglich 24 Stunden verschlafen sie. Soviel verschlafen sonst nur Idioten oder Cretins. (DILLINGER'S REISE- UND FREMDENZEITUNG, Nr.29, 10.10.1897; In: PAULHART 1990, 147)

Die eigene Kultur als Bewertungsmaßstab fremder Lebensformen ist Grundlage der ausnahmslos eurozentristischen Sichtweise, die auch vordergründig toleranten Berichten zugrundeliegt. Zur Abgrenzung wird der Begriff 'Zivilisation' herangezogen; durch ihn sucht die *"abendländische Gesellschaft zu charakterisieren, was ihre Eigenart ausmacht und worauf sie stolz ist"* (ELIAS 1976, 1).

Nicht alle Darstellungen asiatischer *"Eingeborener"* - ein Begriff, den Tourismuskritiker moderner Prägung vehement als rassistisch ablehnen - sind ausschließlich negativ. Positiv gefärbte Darstellungen sind selten und selbst dann meist nicht frei von rassistischen Randbemerkungen. F.A.SWETTENHAM[70] weiß über das Wesen des wahren Malaien folgendes zu berichten:

> The Malay is a brown man, rather short of stature, thickset and strong, capable of great endurance ... His courage is as good as most men's, and there is an absence of servility, which is unusual in the East. (Zit.nach ALATAS 1977, 43)

3.1.4.2.2. Die Klischees der Gegenwart

Mit Ende des Zweiten Weltkriegs, der in weiterer Folge zur Unabhängigkeit zahlreicher Staaten der Region führt, erfolgt eine Ausweitung der stereotypen Betrachtungsweise auf Entwicklungshilfeprojekte: Die klassischen Attribute des Asiaten waren immer schon nicht nur *"sexually virile"*, sondern auch *"lazy"*, *"undisciplined"* und *"uncivilized"* (ROEKARTS/SAVAT 1989, 39), womit Entwicklung und Fortschritt ohne Unterstützung der ehemaligen Mutterländer undenkbar scheinen.

> The image of the indolent, dull, backward and treacherous native has changed into that of a dependent native requiring assistance to climb the ladder of progress.
> (ALATAS 1977, 8)

Mit Aufkommen des Massentourismus tritt ein weiteres Klischeebild zunehmend in den Vordergrund: Die *"willige, unterwürfige Asiatin"*, die zum Symbol und Werbeträger einer (Ab)art des Asientourismus geworden ist. Das Klischee der Asiatin wird konstruiert, indem kulturelle Andersartigkeiten isoliert aufgegriffen, aus den sozialen Zusammenhängen herausgerissen und verzerrt, verfälscht oder auch ungerechtfertigt verallgemeinernd wiedergegeben werden. Die Tätigkeitsbereiche der Frauen werden reduziert auf Dienstleistungsfunktionen für Männer, die

---

70 Vgl. SWETTENHAM, F.A. (1907): The Real Malay. John Lane, London/New York

Darstellungen weiblicher 'Vorzüge' reduzieren sich in der Regel auf Äußerlichkeiten, häusliche Fähigkeiten und sexuelle Attraktivitäten (LIPKA 1989, 30).
Das Klischee des asiatischen Mannes ist dagegen unverändert, das Bild des "*rückständigen, primitiven Wilden*" wird auch heute noch aufrechterhalten. "*Er verdient seine Frau eben nicht*", schließt LIPKA sarkastisch, "*deshalb müssen die Europäer kommen*" - die landläufige Rechtfertigung und Legitimation für Sextourismus und Heiratshandel[71].

In krassem Gegensatz zu den genannten Stereotypen stehen die Eigenschaften, die die Fülle an Reiseliteratur verheißt: Von gastfreundlich und unschuldig bis hin zu romantisch und exotisch reichen die Attribute in Reisekatalogen und Reiseführern - wie sind sie nun wirklich, die Einwohner Südostasiens?!

Der scheinbare Widerspruch läßt sich auf ökonomische Beweggründe reduzieren, die mit massentouristischen Phänomenen in kausalem Zusamenhang stehen. Reiseveranstalter, die touristischen Hauptanbieter, benötigen zugkräftige Aufhänger, um die Reisemaschinerie in bestimmte Regionen in Gang zu setzen: Zu "*freundlichen Menschen*" fährt der zivilisationsmüde Fernreisende immer gern, wenn sie "*primitiv*", vielleicht sogar "*steinzeitlich*" sind, steigt zusätzlich das eigene Selbstwertgefühl - Motto: 'So gut geht es uns daheim!'

> Ganz gleich, wohin man als Fremder auch kommt. Man hat immer das Gefühl willkommen zu sein. (Werbeslogan KARTHAGO REISEN 1990)

'Landeskenner' wie Werner PLONER, ein "*Indonesienkenner, der vieles über Land und Leute weiß*" (Werbetext von JUMBO TOURISTIK) tun das ihrige, um das uneingeschränkte Positivbild der Tourismuswerbung zu stützen; in seiner Kolumne "*Werner Ploner's Reisesplitter aus fernen Ländern*" weiß der selbsternannte Experte folgendes über die Bewohner *Süd-Sulawesis* zu berichten:

> Die Toraja sind hilfsbereite, höfliche und unverdorbene Menschen, die sehr bescheiden leben. Jeder gehört zu einer der unendlichen verästelten Großfamilien - sogar der weiße Fremdling. (TOURIST AUSTRIA INTERNATIONAL, Nr.987, 26.1.90, 26)

Das Interesse an vorindustriell lebenden Menschen beinhaltet meist unbewußte Kritik am rasant empfundenen Fortschritt (PAULHART 1990, 124). Klischeebilder von "*primitiven*" aber "*glücklichen*" Menschen in "*noch ursprünglichen Gebieten*" entsprechen dem Wunschbild des potentiellen Touristen, erleichtern die Reiseentscheidung und bringen den Bewahrern und Konstrukteuren der 'Traumbilder' - den Reiseveranstaltern - Gewinn. Dennoch, so zweckmäßig und gewinnbringend die Schematisierung auch sein mag, Verlierer sind die "*friedlichen Eingeborenen*":

> People are taught to sell their smiles, their traditions, their history, their values, and their dignity. It must be indeed debasing for the people in the Third World to commercialize their hospitality ...; to advertise their traditional customs, pictured as primitive ...; and their art, more often than not made for tourists ...; In short, the whole cultural pattern changes in no time in order to conform to the expectations of the tourist industry. (ROEKARTS/SAVAT 1989, 40f)

---

71 Vgl. auch Teil 2/IV/3.3.

Die Aufrechterhaltung von Klischeebildern der Marke *"letztes Paradies"* reflektiert die Suche nach einer heilen, unberührten Welt und stützt die These vom Fluchtphänomen Tourismus. Die Werbung suggeriert Endzeitstimmung und spekuliert mit Torschlußpanik, ein Effekt, der - laut AL IMFELD - durch die Mystifizierung fremder Kulturen noch Verstärkung erfährt (EULER 1991, 16): *"Eingeborene ausgebucht"* (Buchtitel)[72] liegt als unausgesprochene Drohung in der Luft, unmittelbare Folge ist der Wettlauf zur *"Weltpremiere unbekannter Stämme"* (LUGER/PILZ/TÜTING 1989, 5), solange sie noch ursprünglich sind (SCHERRER 1986, 9).

Die klischeehaft präsentierte Fremde erzeugt oberflächlich Bewunderung und Faszination, muß aber letztlich unverstanden bleiben; denn "*... wir nehmen ohnedies nur jene Eindrücke wahr, die in unserer Gedankenwelt bereits einen Platz haben*" (WAGNER 1991, 19).

Reisen als Völkerverständigung, zur Horizonterweiterung, erweist sich somit als Utopie - keine völlig neue Erkenntnis, die CHATEAUBRIAND[73] folgendermaßen formulierte:

> Jeder Mensch trägt eine Welt in sich, zusammengesetzt aus all dem, was er je gesehen und geliebt hat, und in die er immer wieder zurückkehrt, auch wenn er meint, eine fremde Welt zu durchstreifen und zu bewohnen ... (Zit.in SCHERRER 1986, 9)

3.1.4.2.3. Die Landschaft

Das Klischee des Unberührten und Natürlichen tritt auch in Landschaftsbeschreibungen klar zutage; seit der Romantik dienen Reisen zur Erfüllung der Sehnsucht nach einer glücklichen Existenz an einem fremden Ort, "*als ein mögliches Zuhause ..., wo noch niemand war*" (PAULHART 1990, 108).

Die latente Sehnsucht und Suche nach dem Unverfälschten und Wahren ist demzufolge kein direktes Produkt des Massentourismus und damit der modernen Industriegesellschaft, sondern seit jeher tragendes Element und Bewußtseinskategorie, die die kommerzialisierte Tourismuswirtschaft zu einem Leitbild erhoben hat: Schon im ersten Leitartikel in DILLINGER'S REISE- UND FREMDENZEITUNG[74] vom 1.5. 1890 wurde die Aufgabe und Zielsetzung dieser Reisezeitschrift damit definiert, "*verborgene Paradiese aufzuspüren*" (zit.in PAULHART 1990, 109).

"Landschaft ist ... ein Erzeugnis des menschlichen Geistes. Dem auf dem Land lebenden Menschen ist sie fremd" (RITTER 1963, 113).
Die Hochglanzprospekte der Reiseveranstaltungsmultis überschlagen sich geradezu mit begeisterten Attributen für die Tropenlandschaft Südostasiens. Thailands Strände sind "*Traumziele für Badefreaks*", Singapur ist die "*sauberste Stadt Asiens*". In Malaysia finden Naturliebhaber

---

72 Vgl. EULER 1989

73 Francois Renè Chateaubriand (*1768, +1848) war französischer Schriftsteller und Politiker.

74 DILLINGER'S REISE- UND FREMDENZEITUNG, die "*billigste, reichhaltigst illustrierte Unterhaltungszeitschrift der Monarchie*" (Selbstcharakterisierung: in Nr.3, 20.1.1901) erschien um die Jahrhundertwende dreimal monatlich in Wien und erreichte eine Auflagenhöhe von 5.000 Exemplaren (PAULHART 1990, 7f).

"*kilometerlange, unberührte, traumhaft weite, weiße Sandstrände*" vor; Penang, die "Perle Malaysias", fasziniert seine Besucher durch "*üppige tropische Landschaft*" (BELMONDO FERNREISEN)[75].

Daß der dort ansässigen Bevölkerung - im Sinne der obigen Landschaftsdefinition RITTERs - der Blick für ihre Alltagsumgebung fehlt, daß etwa die Strände, für sie Arbeitsplatz und nicht Vergnügungsort, bei weitem nicht (mehr) so paradiesisch und unberührt wie in (farbig) brillanten Werbetexten verheißen sind, kommt im den Gedichten Cecil RAJENDRAs[76], malaysische Anwältin und Poetin, deutlich zum Ausdruck.

MERIDIAN verspricht "*zauberhafte und malerische Landschaft*" im burmesischen Shan-Hochland, ROTEL TOURS kündigen Dörfer mit "*seltsamen Batakerhäusern*" in Sumatra an und stellen eine "*wilde Landschaft*" in Ostjava in Aussicht.
Insgesamt gilt Südostasien als "*wunderschön*" (GOLDEN HOLIDAYS), der Eindruck eines "*endlosen, weißen Sandstrands*" drängt sich angesichts der farbenprächtigen Darstellungen geradezu auf. Gefahr droht höchstens im Landesinneren, Fahrten zum Goldenen Dreieck in "*entlegenste Gebiete bis an die laotische und burmesische Grenze*" (DELPHIN) gelten bereits als wagemutige Unternehmen, die man alleine besser unterläßt.

3.1.5. Die interkulturelle Kommunikation

Kultur und Kommunikation: Zwei Ebenen, die einander interdependent bedingen. O'GRADY (1982, 36) zufolge ist Kultur definierbar als der *"Rahmen, in dem menschliche Entwicklung stattfindet"*.

Zusammenfassend läßt sich die terminologische Kulturdiskussion auf einen Nenner bringen: Kulturen heben sich voneinander durch gemeinsame Merkmale wie Wertorientierungen und Verhaltensmuster ab; sie entstehen und bestehen durch Kommunikation und sind beeinflußt von kulturellem Milieu und Erbe der Teilnehmer (vgl. HÜBNER 1989, 6).

Die Subkategorie **'Interkulturelle Kommunikation'** stellt somit eine Verschmelzung der beiden Konzepte dar und indiziert Kontakt und Konfrontation mit geistig fremden Kulturen:

> Intercultural Communication refers to the communication in which participants, different in cultural backgrounds, come into direct or indirect contact with one another.
> (YUN 1984, 16)

Der Begriff beinhaltet nicht nur Elemente des Sprachgebrauchs, sondern ist in weiterem Sinne auch auf Verhaltensmuster adaptierbar.

---

75 BELMONDO ist eine Untergruppe des Reiseveranstaltungsmulti ITAS, MERIDIAN eine Tochtergesellschaft von TOUROPA.
76 CECIL RAJENDRA wird in der Tourismusliteratur stets als Anwalt und Dichter präsentiert; die Recherchen des Autors vor Ort ergaben jedoch, daß es sich um eine Tourismuskritiker*in* handelt.

CONDON/YOUSEF (1975, 2) sprechen von *"Verhalten, das von Menschen einer anderen Kultur wahrgenommen oder interpretiert wird, egal ob dieses Verhalten nun beabsichtigt oder ungewollt, gesprochen oder nicht, oder bewußt oder unbewußt ist"*.

Theoretisches Ziel jeder interkulturellen Kommunikation ist es, Verständnis und Toleranz für andere Kulturen zu entwickeln und zum Abbau von Vorurteilen beizutragen. Die Erreichung dieser *"interkulturellen Kommunikationskompetenz"* (GREVERUS 1978, 35) scheint jedoch Utopie, denn die Mehrzahl der Touristen verfügt *"noch nicht über jene geistige und ideologische Reife ..., die für Reisen in andere, fremde Kulturbereiche unablässig wäre"* (RESCH 1977, 99); dazu kommen noch Angst und Unsicherheit, die allgemein als größte Kommunikationsbarrieren gelten (GUDYKUNST 1988).

Die Authentizität der Kontakte ist auch bei beiderseitigem Bemühen Illusion - dies verhindern die Kürze der Zeit, die Verschiedenheit der wahrgenommenen Bilder, die weit auseinanderliegenden kulturellen Repertoires sowie die jeweilige Nichtbeherrschung der verbalen und nonverbalen Codes (KIEVELITZ 1989, 34; VÖGELE 1987).

3.1.6. Ethnotourismus

Ethnotourismus ist eine Form der interkulturellen Begegnung und beschreibt den Teil des Tourismus, der zielgerichtet die Reise zu 'fremden' und 'ursprünglichen' Kulturen im klassischen völkerkundlichen Verständnis propagiert:

> Unter Ethnotourismus versteht man jede spezielle Form der freizeitbezogenen Ortsveränderung über einen begrenzten Zeitraum hinweg, deren Ziel der Aufenthalt bei einer fremden ethnischen Gruppe ... ist. (KIEVELITZ 1989, 29)

Diese Gruppen haben oft tribalen Charakter und sind meist in politisch und ökonomisch marginalen Rückzugsräumen lokalisiert (Regenwälder, Inseln). Kernpunkt des touristischen Anreizes sind die Fremdheit des Alltagslebens, dem in verstärktem Maße Unberührtheit und Unverdorbenheit zugeschrieben wird. Charakteristische Elemente umfassen

(a) die vergleichsweise geringe Zahl von Reisenden

(b) die Konzentration auf Exotik und fremdartig befremdende Kulturen

(c) die Intensität der einseitigen Begegnung innerhalb kurzer Berührungszeitspannen: Einblicksmöglichkeiten bestehen bestenfalls für Touristen, nicht aber umgekehrt für die Bereisten.

WOOD (1984, 361) hält definitorisch die direkte Konzentration auf betroffene Ethnogruppen für angezeigt; demzufolge liegt das Hauptaugenmerk auf kultureller Vermarktung von *"people living out a cultural identity whose uniqueness is being marketed for tourists"*.

Abb.9: Die Intensität interkultureller Kontaktformen

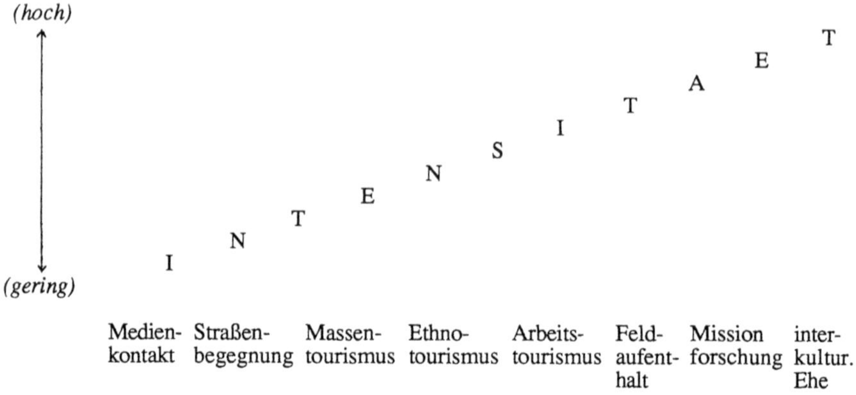

Quelle: KIEVELITZ 1989, 33

Für den engeren Untersuchungsraum der vorliegenden Arbeit vorrangig relevant und empirisch in unterschiedlicher Intensität bereits erfaßt sind die Kulturen *Balis*, der Toraja (*Sulawesi*) und der Batak (*Sumatra*) für Indonesien, die Langhausgesellschaften der Iban und Dayak auf *Borneo* (Ost-Malaysia) und die Hilltribe-Kulturen *Nordthailands* und *Indochinas*, die Zielgebiete für *"primary ethnic tourism"* [77] darstellen.

Je größer die Kluft zwischen 'Host' und 'Guest', desto höher das Ausmaß gegenseitiger Beeinflussung. Beiderseitiger Kulturschock ist unausweichlich, ungesteuerte wie unsteuerbare kulturelle Wandelprozesse sind die Folge.

3.1.7. Culture Shock, Kulturwandel und Akkulturation

Vor einer tiefgreifenden Diskussion soziokultureller Folgeerscheinungen von Alternativtourismus scheint eine terminologische Abklärung der verwendeten Termini angezeigt - Kulturschock, Kulturwandel und Akkulturation sind Begriffe, die eine Vielzahl divergierender Konnotationen zulassen und ohne definitorische Näherung eine große Bandbreite an Interpretationsmöglichkeiten bewirken.

Das Konzept des Kulturschocks geht auf den Anthropologen OBERG (1960) zurück, der kennzeichnend Angstzustände als Folge des Verlustes von vertrauter Umgebung und Verhaltensformen anführt. FURNHAM (1984, 45) subsumiert OBERGs Ansatz auf vier Hauptaspekte:

---

[77] Für eine definitorische Abgrenzung zwischen *ethnic tourism* und *cultural tourism* vgl. WOOD (1984, 361)

(a) *Psychologische Belastung*: durch Anpassungsversuche an neue Kulturen

(b) *Verlustwahrnehmung*: hinsichtlich Freundeskreis, beruflichen und sozialen Status

(c) *Gefühle der Ablehnung*: durch neue Kulturen, für neue Kulturen; Unsicherheit über eigene Rolle, Werte und Selbstverständnis

(d) *Ohnmächtigkeit*: durch Unfähigkeit, neue Kulturen zu verstehen

Abb.10: Kulturschock: Symptome und Betroffene

SYMPTOMS

Severe Psychiatric Symptoms — **Mental Health and Migration**

Psychosomatic Illness

Depression — **Sojourner Adjustment**

Unhappiness

Shock Surprise — **Psychology of Tourism**

Tourists	Business	Students	Diplomats	Immigrants
(< 1 month)	(1-6 months)	(12-36 months)	(>36 months)	(Indefinite)

LENGTH OF STAY

Quelle: FURNHAM 1984, 43

FURNHAM/BOCHNER (1989, 47ff) charakterisieren **Kulturschock** kurz als *"shock of the new"* und betonen die zunehmende Bedeutung von Angstzuständen durch Erscheinungen der Industriegesellschaft, die von sozialer Isolation und Mangel an Selbstvertrauen bis zur Sinnfrage des Lebens führen.

> The culture shock 'hypothesis' ... implies that the experience of a new culture is an unpleasant surprise or shock, partly because it is unexpected and partly because it may lead to a negative evaluation of one's own culture. (1989, 47)

PEARCE/STRINGER (1991, 147) ergänzen die besondere Anfälligkeit von Gruppenreisenden für *"ingroup-outgroup"* Erscheinungen, die von Kommunikationsschwäche und Unfreundlichkeit bis zu offener Aggression und totaler Abkapselung führen können. Das Phänomen von *"culture bubbles"* (CRAIG 1987, 172) findet mit zunehmender Massenhaftigkeit alternativtouristischer Erscheinungen auch in den Travellerzentren Südostasiens seine unbestreitbare Ausformung.

Allgemeine Übereinstimmung besteht über die Erkenntnis, daß das Ausmaß kulturschockartiger Erscheinungen auf Touristenseite - die Einheimischenebene ist bislang empirisch unterrepräsentiert - in direkter Abhängigkeit zur sozialen Kluft zwischen Reisenden und Bereisten steht: Je stärker ausgeprägt die technologischen und sozialen Unterschiede sind, desto eher kommt genanntes Konzept zum Tragen.

CRAIG (1987, 168) bevorzugt den Terminus "*Culture Impact*", ihre Definition entspricht aber weitgehend dem terminologisch gängigeren Kulturschock-Ansatz:

> Culture impact is ... a state of stress and anxiety that results from disturbing impressions we get and the loss of equilibrium we feel when we lose all our familiar signs and symbols of social intercourse.

Die Existenz des diskutierten Konzeptes steht in der (psychologischen) Tourismusfachliteratur außer Zweifel, umstritten sind jedoch Aussagekraft und empirische Verifizierbarkeit: *"A term which in attempting to explain all essentially explains nothing"* (FURNHAM 1984, 45).

'Kulturschock' ist nicht zwangsläufig negativ behaftet, sondern "... in mild doses ... important for self-development and personal growth" (ADLER 1975, 22) - Erfahrungen also, die neue Einsichten und Werte vermitteln können.

Definitorisch ebenso wertfrei präsentiert sich das Konzept des Kulturwandels: "*Der Begriff selbst ist völlig neutral, die Richtung kann positiv oder negativ bewertet werden*" (WERNHART 1986, 100). Nach BEHRENDT (1968)[78] ist **Kulturwandel** definierbar als *"jene Veränderungen überlieferter Verhaltens- und Verfahrensweisen in irgendeinem Kulturbereich, sofern sie die Lebensform eines erheblichen Teiles der Mitglieder eines Sozialgebildes und dessen Struktur beeinflußt*", beinhaltet aber keine Wertung per se und stellt zunächst keine Störung des gesellschaftlichen Gleichgewichts dar - *"actually such an equilibrium would be highly abnormal"* (POSPISIL 1978, 96).

Allgemein akzeptiert ist das Zusammenspiel von endogenen (Veränderung aus der Gesellschaft selbst) und exogenen Kräften (Veränderung durch externe Auslöser, zum Beispiel Tourismus) für kulturelle Wandelerscheinungen, die WERNHART (1986, 325) unter dem Oberbegriff "*Ethnochange*" subsumiert: Der Begriff beschreibt "*den dynamischen Prozeß der Veränderung von Menschen (Ethnien, Gruppen) und deren kulturellen Manifestationen*" (115).

Akkulturation ist somit definitionsgemäß als hierarchisch untergeordnete Kategorie des Konzeptes 'Ethnochange' verständlich; hiebei handelt es sich um Phänomene, die *"sich aus direkten und länger dauernden Kontakten zwischen zwei verschiedenen Kulturen ergeben und welche durch die Änderung oder Umwandlung einer der beiden betroffenen Kulturtypen gekennzeichnet sind"* (PANOFF/PERRIN 1982).

Tempo und Intensität kultureller Wandelprozesse beruht weitgehend auf dem Ausprägungsgrad autochthoner Kultur - je schwächer die Kultur einwirkenden Prozessen gegenübersteht, desto schneller und intensiver erfolgen Veränderungserscheinungen. Die angesprochene Mischung aus endogenen und exogenen Kräften (ver)führte zu einer Überbetonung des Tourismus als

---

78 Vgl. BEHRENDT 1968. Zit.in: WERNHART 1986, 100

Änderungsmechanismus; ein Faktum, das in neueren Publikationen zunehmend relativiert dargestellt und wertfrei-neutral präsentiert wird. Die Rolle des Tourismus als exogener Faktor für kulturellen Wandel ist weiterhin voll akzeptiert, Tourismus gilt aber nicht mehr als alleinverantwortlicher Hauptauslöser (vgl. KNAUS 1991, 11).

3.2. Host und Guest: Die ungleiche Begegnung

Ferntourismus bewirkt Konfrontation - ob gesteuert oder ungesteuert, individuell oder gruppenreisend. Das Aufeinanderprallen von Kulturen ist unausbleiblich, die Gegensätze sind enorm, die Bedingungen für einen interkulturellen Dialog scheinen nahezu unerfüllbar: *"Wo uns gar nichts Gemeinsames verbindet, wo die Rollen derart verschieden sind, gibt es keine Basis für einen wirklichen Dialog"* (KRIPPENDORF 1984, 118).

Drittweltreisen bedeuten ein Aufeinandertreffen nicht nur verschiedener Kulturen, sondern auch verschiedener sozialer Klassen: *"Rich"* stößt auf *"Poor"* (SHOESMITH 1983, 17), *"Haves"* kommen zu den *"Have-Nots"* (KRIPPENDORF 1984, 118), *"Superior"* trifft *"Inferior"* (MURPHY 1985, 117). Die Begegnung bleibt in der Regel so einseitig wie einmalig und ist zeitlich wie räumlich beschränkt: Der Lebensraum der Besuchten ist der Freizeitraum der Besucher, die Gegenspieler sind stets die gleichen unter ungleichen Bedingungen.

So vielfältig sich die Kultur der Bereisten präsentieren mag, so einheitlich erweist sich die Kultur der Fernreisenden; trotz regionaler Modifikation sind westliche Verhaltensmuster und Einstellungskonstrukte Bindeglied und machen in autochthoner Betrachtung westliche Fernreisende zu einer gesichtslosen Masse.
Dieser Prozeß ist umkehrbar: Einheimische wie Touristen werden zu *"wandelnden Abziehbildern, platt und ohne Leben"* (ADLER 1988, 41).

(2)

Die Begegnung bleibt oberflächlich und kurz, aus zeitlichen und räumlichen Gründen: *"Hospitality business often becomes exploitative to take advantage of the situation"* (MURPHY 1985, 117), die Monetarisierung von Sozialbeziehungen (KIEVELITZ 1989, 35) wird unausweichlich.

Die multidimensionale Tourismusdiskussion ist auf zwei folgende Hauptaspekte der Veränderung subsumierbar, die - miteinander untrennbar verknüpft - aus diskussionstechnischen Gründen gesondert betrachtet werden: Wandel von Normen und Werten im allgemeinen, die konkreten Auswirkungen auf Familienstruktur und kulturelle Tradition im besonderen.

3.2.1. Normen und Werte

3.2.1.1. Demonstrationseffekt

Drittwelttouristen sind allein durch ihre physische Präsenz Werbeträger für den westlichen 'way-of-life': der praktisch-reale Beweis für die "*Vitalität einer Zivilisation, die allen anderen überlegen scheint*" (SCHERRER 1986, 14). Die Schokoladenseite westlichen Lebens auszukosten wird zum Animo und Imitationsanreiz der ansässigen Bevölkerung, die - gesteuert vom "*heimlichen Verführer Tourismus*" (AL IMFELD) - neue Bedürfnisse und Nachfragepräferenzen entwickelt.

> Tourists as a group also project a distorted image which can have destructive effects on the self-esteem of local people obliged by economic necessity to serve them. In societies already divided by wealth and class, free-spending or insensitive tourists can reinforce such divisions. The world of high-rise luxury accomodation, air-conditioned cars, conspicuous consumption ist brought into sharp contrast with the facts of poverty and deprivation ... (SHOESMITH 1983, 17)

Abb.11: Demonstrationseffekt und Akkulturation

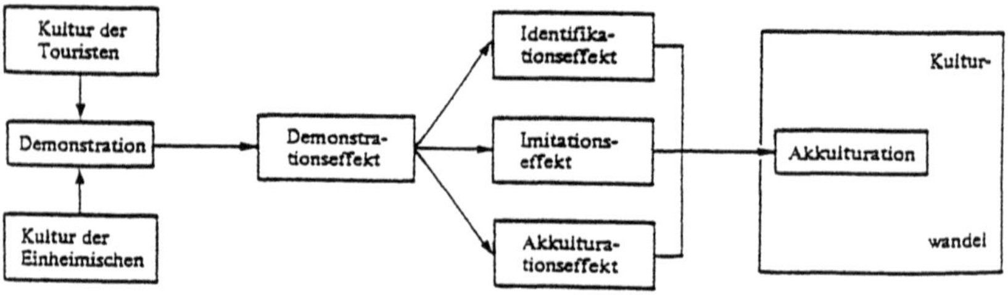

Quelle: FREYER 1991, 333

Der Demonstrationseffekt westlicher Lebensweise ist offenkundig; Drittwelttourismus bewirkt eine Neuorientierung des Wertsystems in den Zielländern, zunehmend 'lockere Moral' ist die Folge: Krankheiten (AIDS), Prostitution und Kriminalität gelten als unmittelbar verursacht oder verstärkt durch Erscheinungen des internationalen Tourismus, was O'GRADYs (1982, 41) vernichtenden Kommentar der "*Bastardisierung*" von autochthoner Kultur verständlich macht. Die zumeist auf wenige Urlaubswochen beschränkte Scheinwelt wird zum erstrebenswerten Lebensinhalt.

Abb.12: Ethnotourismus und seine Auswirkungen

REISENDE

Ökonomische Wirkungen

Entstehen/Stärkung einer Tourismusindustrie
Entstehen/Stärkung einer Freizeitindustrie
Devisenabfluß

Psychische Wirkungen	*Soziale Wirkungen*	*Kulturelle Wirkungen*
Stereotypen Bilder	Tourist als Meinungs- macher (Vorurteile)	

EINHEIMISCHE

Psychische Wirkungen	*Soziale Wirkungen*	*Kulturelle Wirkungen*
Geänderte Identität Normen- und Wertewandel Stereotypen Bilder	Abwanderung (Jugend) Käuflichkeit Kriminalität	Kulturwandel Veränderung des inter- kulturellen Umgangs "Tourist Art"

Ökonomische Wirkungen	*Ökologische Wirkungen*
Tourismusindustrie Tourismus als Monokultur Folgekosten (Infrastruktur) Verstärkung der Disparitäten Deviseneinkünfte punktuelle Kapitalinvestitionen	zunehmender Ressourcendruck Umweltverschmutzung Störung des Humanökosystems Ethnozid

Quelle: KIEVELITZ 1989, 36

3.2.1.2. Südostasien und Prostitution: Image oder Realität?

Von allen negativen soziokulturellen Folgen des Drittwelttourismus wird dem Prostitutionstourismus in der Tourismusliteratur der höchste Stellenwert eingeräumt. Die Darstellung konzentriert sich nahezu ausschließlich auf Ausmaß und Formen der Prostitution in *Thailand* (AWANOHARA 1975, LIPKA 1989, RENSCHLER 1988, TRUONG 1983, 1990, THIEMANN 1989, ZIVNY 1991), *Indonesien* (HUTTER 1988) und die *Philippinen* (O'GRADY 1982, YAP 1986) finden nur vereinzelt Erwähnung - dennoch, das Phänomen ist südostasienweit vertreten und keineswegs auf das Kernland *"Thighland"*[79] (RICHTER 1989, 83) beschränkt: Nach ZIVNY (1991, 3) verhindert bislang lediglich *Brunei Darussalam* erfolgreich das Aufkommen tourismusorientierter Prostitution.

[79] *'Thigh'*, engl., bedeutet 'Oberschenkel'

Weitgehende Übereinstimmung besteht über Ursachen und Entstehung von Sextourismus heutiger Ausprägung, der sich mittlerweile als selbständige Tourismusform etabliert hat. Prostitution basiert nicht - wie weithin als Rechtfertigung proklamiert - auf weitreichender Tradition (LIPKA 1989, 68), sondern steht in direktem Zusammenhang mit den Indochina-Kriegen der 60er und 70er Jahre.

> In East and Southeast Asia, ... tourism and leisure policies were initially aimed at capturing the "Rest & Recreation" market of the military personnel during the Indochina conflict, particularly in the case of Thailand ... (TRUONG 1990, 99)

Von 1964-76 waren auf sieben Hauptluftbasen amerikanischer Militärs etwa 50.000 US-Soldaten stationiert (THIEMANN 1990, 96f), dazu kamen 70.000 GIs auf "*R & R*" Fronturlaub, "*um die Moral der Truppe aufrechtzuerhalten*" (O'GRADY 1982, 45).

Große Nachfrage, großes Angebot: Die Ausgaben der Soldaten für ihre 'Erholung' wurden eine unverzichtbare Devisenquelle für Thailand, die auch nach Beendigung des Vietnam-Krieges und dem damit verbundenen Truppenrückzug gewahrt bleiben sollte. Die reibungslose Übernahme der vorhandenen einschlägigen Infrastruktur (Massagesalons, Striptease-Lokale, Bars) durch die Tourismusindustrie wurde mehr oder weniger offen propagiert und politisch gefordert; dennoch, "*... sexual services are produced on the edge of legal ambiguity*" (TRUONG 1990, 180). Die Haltung der thailändischen Regierung ist ambivalent, wird doch trotz offiziellem Verbot von Bordellen dem Sextourismus von höchster Seite Tür und Tor geöffnet.[80] Der Appell des Ende der 70er amtierenden thailändischen Vize-Premiers Boonchu RAJNASTHIEN läßt an Deutlichkeit nichts zu wünschen übrig:

> ... es sind vor allem die sexuellen Arten der Unterhaltung, die Touristen anziehen. Diese Arten der Unterhaltung sollten nicht verboten werden, nur weil wir hohe Moralvorstellungen haben ..., wir müssen an die Arbeitsmöglichkeiten denken, die dadurch für das Volk geschaffen werden.[81]

Arbeitsplätze werden zweifellos geschaffen: Schätzte man für das *Bangkok* der 50er Jahre noch 20.000 Prostituierte[82], so belaufen sich die Hochrechnungen Ende der 80er auf bis zu 300.000 allein für die thailändische Hauptstadt (HUTTER 1988, 26); landesweit schwanken die Schätzungen von 500.000 (LIPKA 1989, TRUONG 1990) über 1 Million (RICHTER 1989) bis hin zu 2,2 Millionen (ZIVNY 1991) - etwa 10% der weiblichen Bevölkerung Thailands wäre somit im 'ältesten Gewerbe der Welt' tätig.[83]

---

[80] Der Zusammenhang zwischen Prostitution und AIDS ist seit gut einem Jahrzehnt bekannt, die Negierung des Problems durch die thailändische Regierung jedoch Strategie bis Ende der 80er Jahre: Es gibt kein AIDS in Thailand... (COHEN 1988, 468ff). Erst die jüngsten Rückgänge der Touristenzahlen bewirkten einen Umdenkprozeß weg von der einseitigen Orientierung auf Sextourismus und eine Infragestellung des Landesimages (BANGKOK POST, 8.6.1992, 19).

[81] Zit. nach LIPKA 1989, 77

[82] Vergleichswert *Ho Chi Minh City*: Nach HORNBLOWER (1993,35) stieg die Zahl der Prostituierten seit Anfang der 90er von 10.000 auf etwa 50.000.

[83] Die Zahlenangaben über die Verbreitung der Prostitution sind allgemein spekulative Schätzungen, da Prostitution offiziell illegal ist und die Prostituierten nicht registriert werden; offiziell existieren keine Bordelle, an ihre Stelle treten Anfang der 80er in Bangkok 119 Massagesalons, 119 'Schönheitshäuser', 97 Nachtclubs, 248 verkappte Bordelle und 394 einschlägige Restaurants (LIPKA 1989,71).

Untrennbar verbunden mit dem Phänomen an sich ist die einschlägige Werbung, die das Image des Landes entscheidend prägte. Thailand und Sextourismus sind heute *ein* Begriff; Werbeaufmachung und Textgestaltung in Reiseprospekten und Reiseführern sind meist eindeutig zweideutig und vermitteln das gewünschte Bild: Frauen spielen die zentrale Rolle, vorrangig dargestellt werden die charakteristischen Merkmale (?) Sanftheit und Unterwürfigkeit (AKTION DRITTE WELT 1986, 42). Versehen mit einem kräftigen Schuß exotischer Erotik werden fremde Kulturen als kommerzielles Gut präsentiert, Frauen als Kultur- und Werbeträger scheinen frei verfügbar - jederzeit, für jedermann.

Asienwerbung beruht in hohem Maße auf sexistischen Zweideutigkeiten. Nacktheit und Barbusigkeit[84] erweisen sich als erfolgversprechende Lockmittel und bewirken ein stereotypes Frauenbild: käuflich oder primitiv oder beides ...

66% aller Thailand-Besucher sind männlich (STATISTICAL YEARBOOK THAILAND 1990, 92), gar 89% aller *Bangkok*-Reisenden (RICHTER 1989, 86); geschätzte 60% aller Touristen Thailands sind als Sextouristen[85] einstufbar (THIEMANN 1989, 91) - die Zahlen sprechen für sich, Prostitution und Sextourismus sind aus Tourismusanalysen Thailands nicht ausklammerbar und auch Anfang der 90er Jahre entscheidender Bestandteil des nationalen Tourismusaufkommens.[86]

3.2.2. Sozialstruktur und Tradition

3.2.2.1. Familienstruktur und Elitenbildung

Unverkennbare Auswirkungen zeitigt der Ferntourismus im Bereich der Sozialstrukturen. Traditionelle Sozialhierarchie wie Familienstruktur sind zunehmenden Wandel- und Auflösungserscheinungen unterworfen; verstärkte Migration in die Tourismuszentren wird nicht nur ökonomische Variable, sondern vermehrt auch soziokulturelle Komponente der Betrachtung. Durch neue Arbeitsaufgaben werden einerseits vorhandene Familienhierarchien beeinflußt, andererseits kommt es - auf regionaler Ebene - zur Heranbildung neuer Eliten: Tourismusinvolvierte contra Nichtinvolvierte.*"Einerseits werden traditionelle (Sozial-)Strukturen brüskiert, modernisiert, andererseits krampfhaft erhalten, und zwar nicht nach sozialen, von den Betroffenen bestimmten Kriterien, sondern solchen, die nach bestmöglicher Vermarktung trachten"* (MÄDER 1987, 85).

---

84 Interessant scheint diesbezüglich ein historischer Rückblick: Nacktheit ist in vielen Gebieten der Erde durch die vom Kolonialismus aufgezwungene Moralvorstellung verschwunden - eine neokolonialistische Trendwende ...? (vgl. auch GARCIA 1989)

85 Vgl.auch *"Tödliche Liebe"*. In: NEWS, 5.1.1994, 46-51

86 Der Sextourismus ist allerdings keineswegs nur auf männliche Besuchergruppen aus Industrieländern beschränkbar; die Entwicklung der Grenzstadt *Had Yai* in Südthailand basiert ausschließlich auf einschlägigen 'Wochenendausflügen' malaysischer Moslems. Nach HARRISON (1992, 25) sind nur 7% aller thailändischen Prostituierten zur Gänze vom Ferntourismus abhängig.

3.2.2.2. Tänze und Souvenirs: Garanten der Authentizität?

Tourismuskritische Analysen betonen unisono die zunehmende Kommerzialisierung und Trivialisierung kultureller Tradition, die vom Ausverkauf von Altertümern und pseudooriginaler Souvenirproduktion bis hin zur Entweihung religiöser Zeremonien geht.

Regionale Untersuchungsschwerpunkte sind *Bali* (DRESS 1979, KNAUS 1991, McTAGGART 1980, NORONHA 1979, RODENBURG 1978) und die Toraja *Sulawesis* (CRYSTAL 1978, KNAUS 1991, MAURER/ZEIGLER 1988), die als räumlich abgeschlossene oder ethnologisch konsistente Gebiete für soziokulturelle Studien prädestiniert sind. Kultur ist dynamisch und ständigen Wandelprozessen unterworfen - der touristische Beitrag hierbei ist unbestritten:

> Die ... Einheimischen ... sehen immer nur das eine Bild: Demnach sind wir reich, stinkreich, obwohl wir keinen Finger rühren. Solches erweckt natürlich Neid. Die Armen werden sich ihrer Armseligkeit erst bewußt, wenn sie beobachten, wie mit Leichtigkeit für alten und neuen Plunder Beträge ausgegeben werden, für die man selbst Wochen und Monate schuftet. (ADLER 1988, 28)

Der 'Plunder' bestand einst aus Produkten des traditionellen Kunsthandwerks, heute ist er degradiert zu Souvenirs, ausschließlich produziert nach Geschmack und Nachfrage des potentiellen westlichen Kundenkreises: *"Die Konzeption dessen, was das Kunstwerk 'echt balinesisch' macht, wird vom Ausländer und Tourist festgelegt und nicht vom balinesischen Künstler und vom balinesischen Volk"* (O'GRADY 1982, 39).

Die Art der Souvenirs bestimmt einerseits der freie Markt, andererseits wird gezielte Marktforschung mehr und mehr Bestandteil steuernder Tourismuspolitik: Die Regionalregierung von *Ost-Java* etwa veranstaltete ein Batik-Preisausschreiben[87], um auf diesem Wege die touristisch bestverkäuflichen Batik-Motivgruppen herauszufinden; eine internationale Jury nannte einhellig "*sunny beaches*", "*stoney hills*" und "*scenes in villages*" (PANORAMA, July 1992, 2) - eine Reflexion der gängigen Java-Klischees ...

Farbgebung, Motive und Design[88], selbst Format und Größe der zumeist in Massenproduktion verfertigten Objekte sind auf die touristischen Bedürfnisse abgestimmt, die ihrerseits klischeebedingte Erwartungshaltungen dokumentieren: Original-Speere (?) der 'Kopfjäger' *Borneos*, Dolche aus *Sumbawa*, Silberschmuck aus *Chiang Mai* - jede Region scheint reduzierbar auf typische 'handicraft' Produkte, die als Beweis der Anwesenheit vor Ort erstanden werden, ja werden müssen: Abhaken als Reisesinn?

Authentizität mag gefragt sein, ist aber letztendlich nicht essentiell; klein, handlich und 'typisch' soll es sein - je mehr Souvenirs, desto länger die Reise und größer die Reiseerfahrung, desto höher der Prestigewert. "*Airport Art*" wurde zum Schlagwort einer Souvenirgeneration, die

---

87 *Java* setzt verstärkte Anstrengungen in die Förderung des Landesimages als 'Batikland'.

88 Mythologische Motive haben nur geringen Marktwert, da sie ohne Erläuterung nicht unmittelbar verständlich sind; der Trend geht daher zur Herstellung profaner Motive (vgl. HÄRING 1984).

Funktionalität quasi als Nebeneffekt mitanbietet: Figuren in verschiedenen Stammestrachten als Salatbestecke und Cocktailspießchen, als Brieföffner und Nagelreiniger; Masken mit inkludierter Aufhängevorrichtung und bemalte Bambusrohre als Gewürzbehälter.

VORLAUFER (1989, 623f) gewinnt der kommerzialisierten Souvenirproduktion auch positive Aspekte ab, bietet dieser Erwerbszweig doch saisonal unabhängige Beschäftigungsmöglichkeit auch für Randgruppen (Alte, Kinder, Behinderte) und ermöglicht dadurch eine soziale und regionale Streuung der Einkommenseffekte.[89]

Profitieren von dieser Art der Kulturverfremdung zumindest die Produzenten und Händler[90], stellt der Ausverkauf tatsächlich authentischer Kulturwerte ein wesentlich größeres Problem dar: Die Profanisierung von Kultgegenständen aus Familienbesitz, verkauft an den Meistbieter, ist unzweifelhaft eine Form der Prostitution - ebenso wie die Pervertierung und Kommerzialisierung religiöser Riten und Zeremonien, die, aus dem eigentlichen Zusammenhang gerissen und oft vereinfacht und verkürzt, ganz auf den Geschmack des westlichen Zielpublikums ausgerichtet sind.

Bali gilt als Prototyp touristischer Vermarktung schlechthin, mehr oder weniger traditionelle Kulturvorführungen der Marke 'Heimatabend' finden mittlerweile in sämtlichen touristisch erschlossenen Ethno-Zentren Südostasiens statt - in unterschiedlicher Ausprägung und Kommerzialisierung: Vorsichtig zurückhaltend und sporadisch die *Orang Asli* Westmalaysias (HONG 1985, 68f), bereits einmal wöchentlich die *Toba-Batak* auf Samosir Island (Sumatra), mehrmals täglich auf Bali.

Die religiösen Inhalte der Tänze sind weitgehend verschwunden, die Vorführungen werden - teils sogar von ausländischen Choreographen - für Bühnenauftritte adaptiert; geschäftsfördernd ist die Entwicklung ständig neuer Variationen, um die kurze Aufmerksamkeitsspanne der Touristen zu befriedigen (O'GRADY 1982, 34f)[91].

Kulturentweihungen stehen auf der Tagesordnung, werden aber nach MÄDER (1982, 62) bestenfalls registriert und in vielen Fällen sogar durchaus positiv, als kulturelle 'Entwicklungshilfe', bewertet:

> Die 'Eingeborenen' müssen - für uns Sinnbild der eigenen, längst überwundenen Vergangenheit - als Gradmesser unserer Überlegenheit herhalten. Sie dienen in Zukunft, entweder in der erstarrten Haltung längst ausgerotteter Traditionen, oder als farbenfroh dekorierte Hopser ihres eigenen kulturellen Totentanzes, nur noch dem inszenierten Phototermin, je nackter, desto besser. Der gnadenlose Voyeurismus ... degra-

---

89 Für eine ausführlichere Diskussion siehe VORLAUFER 1984, 129ff

90 Nach POPELKA/LITRELL (1991, 393) erreicht die Nachfrage nach 'handicraft'-Produkten aus Drittweltstaaten 1985 ein Umsatzvolumen von 8,45 Billionen US-$.

91 Der *Kechak*-Tanz ist typisch für Bali und wurde ursprünglich nur selten, zu besonderen Anlässen, aufgeführt. Durch den Trance-Zustand der Teilnehmer würde sich die Aufführung über Stunden ziehen und wurde deshalb auf 15 Minuten reduziert. Der Tanz erfordert eine hohe Teilnehmerzahl (bis zu 200 Tänzer), meist ein ganzes Dorf, das aber nur in bescheidenem Maße profitiert: 1975, in den Anfangsjahren des Massentourismus, betrug das Entgelt pauschal etwa 20 US-$ pro Aufführung, von der Touristengruppe kassierte der Veranstalter jedoch 250 US-$!

diert die Einheimischen mehr und mehr zu Pflegefällen unseres Glaubens, die 'Zivilisation' verbreiten zu müssen. (EULER 1989, 13)

Die Schaffung von Freilichtmuseen ist ein aktueller Trend der späten 80er Jahre. *Toraja, Batak, Dayak* - nahezu jede ethnische Gruppierung verfügt bereits über ein oder mehrere Schaudörfer. Traditionelles Leben mit dörflicher Idylle der Unbeschwertheit und Sorglosigkeit wird gesucht - also wird es geboten. Es lebe die Scheinwelt: *"Third World peoples are ... encouraged to be 'interesting natives' and ... appeal to the quaint expectations that tourists paint in their minds"* (HONG 1985, 28).

Tourismus ist Wirtschaft und Wirtschaft ist Geld: Devisen, auf die Drittweltländer auch um den Preis der kulturellen Trivialisierung nicht mehr verzichten können. Soziokulturelle Korrosionserscheinungen sind einkalkulierte Nebenwirkungen ökonomisch-gewinnorientierter Tourismuspolitik.

3.3. Aspekte der gegenseitigen Wahrnehmung

Die gegenseitige Perzeption und Evaluierung von Verhaltensmustern durch 'Host' und 'Guest' ist abhängig von einem Faktorenbündel aus Einstellung und Bildung, zeigt aber dennoch spezifische Parallelen.

3.3.1. Die einheimische Bevölkerung: Von Euphorie zu Xenophobie

Resentment tends to be highest in 'touristic' magnetic areas, where tourism is the principal source of income to the community and all activities become oriented to accomodating tourist demand. (MATHIESON/WALL 1982, 142)

Abb.13: Die Stadien des Tourismus

Stadium	*Besucher*	*Kontakte*	*Infrastruktur*
ANFANGSPHASE	Forscher Alternativtouristen	gering	keine
ANPASSUNGSPHASE	Alternativtouristen (auch in Gruppenform)	häufiger	'Billiginfrastruktur' (privat)
ENTWICKLUNGSPHASE	Pauschaltouristen	intensiv	internationaler Standard (Staat/Multis)
STAGNATIONSPHASE	Pauschaltouristen	stabil	kein weiterer Ausbau

Quelle: FREYER 1987, 18

Die Wahrnehmung der einheimischen Bevölkerung erfolgt in der Regel parallel zur Entwicklung von Tourismusgebieten, die ihrerseits bestimmten Wachstumsmustern unterliegt. Mit stetig zunehmender Touristenzahl ändern sich durch Anpassungserscheinungen die bestehenden Sozialstrukturen, allmählicher Wandel in der Perzeption und Bewertung des Tourismusgeschehens ist die Folge: Nach der Phase der Adaption kommt es zur Institutionalisierung des Tourismus.
Nach MATHIESON/WALL (1982, 137ff) dominiert zunächst die Stufe der Euphorie, die sich schrittweise über Apathie und allmähliche Verärgerung bis hin zu totaler Opposition entwickelt. Der Grad des Perzeptionswandels ist einerseits abhängig vom Absorptionsvermögen des touristischen Raumes - größer in Städten, geringer in Periphergebieten -, andererseits von der Kluft zwischen den Kulturen: Die Einflüsse von Ferntourismus gelten in Regionen mit ausgeprägter kultureller Identität und Tradition als leichter auffangbar als in fragilen Stammesgesellschaften auf dem Stand der Subsistenzwirtschaft (VORLAUFER 1989, 611).

Abb.14: Tourismus in der Dritten Welt: Auswirkungen und Akzeptanz

	ACTIVE		*PASSIVE*
POSITIVE	**favourable** (aggressive promotion and support of tourist activity)	<-->	**favourable** (slight acceptance of and support for tourist activity)
		ATTITUDE BEHAVIOUR	
NEGATIVE	**unfavourable** (aggressive opposition to tourist activity)	<-->	**unfavourable** (silent acceptance of but opposition to tourist activity)

Quelle: MATHIESON/WALL 1982, 139

In fortgeschrittenem Stadium vermag allein die Präsenz von Touristen aggressionsfördernd zu sein (PEARCE/STRINGER 1991, 46), die Ausbildung des "*Ugly Tourist Syndrome*" (GROTTA/WIENER GROTTA 1992, 40)[92] ist nur eine Frage der Zeit - ein Aspekt, den DRESS (1979, 128) schon Mitte der 70er Jahre im touristisch lang etablierten *Bali* feststellen konnte.

Anfang der 90er Jahre scheint die Toleranzgrenze der balinesischen Bevölkerung bereits überschritten. Die Aussagen der beiden Tourismusbeschäftigten[93] können als repräsentativ für die negative Haltung weiter Bevölkerungskreise gelten, die Touristenhochburg *Kuta* steht im Mittelpunkt der Kritik:

---

[92] *Ugly Tourists* ("häßliche Touristen") sind definierbar als *"aggressive, selfish individuals, ... insensitive and ignorant of foreign cultures"*.
[93] Quelle: Eigenerhebung

"I couldn't stay there - it's too crowded, too noisy, too many people there. I like it only a little bit, because it's my place of work, but I prefer Klungkung."
(AYA, 22, Reisebüroangestellte)

"Eight years ago it was o.k. - a small village, a few losmen, quite cheap. Today it's very expensive for locals, too! There are too many salesmen, too many tourists. I don't like to go to Kuta Beach any more." (SRIWASETH, 21, Guide und Fahrer)

Empirischen Studien zufolge haben Ehrlichkeit, Höflichkeit und Gastfreundschaft in Touristenregionen stark abgenommen, Diebstahl, Alkoholmißbrauch und Prostitution dagegen einen enormen Aufschwung erlebt; von 'Host'-Seite positiv bewertet wird lediglich der ökonomische Wandel mit verstärktem Arbeitsplatz- und Konsumangebot, soziokulturelle Variablen sind durchwegs negativ assoziiert (vgl. BYSTRZANOWSKI 1989, 81f): Australier etwa gelten in Südostasien generell als *"uncouth, undisciplinized, lazy, materialistic and loud-mouthed"* mit latent rassistischen Verhaltenszügen (ASIAWEEK, July 31, 1992).

3.3.2. Die Touristen: Ethnozentrismus und Kolonialismus

> Bis heute glaubt der tolerante Bildungsbürger, das Schlichte und das Echte am ehesten bei den unteren Gesellschaftsschichten zu finden. (DUALA-M'BEDY 1977, 102f)

Dieser Ansatz liegt dem Wahrnehmungsmuster nicht nur von Pauschalreisenden, sondern auch der einst betont antibürgerlichen Alternativtouristen ursächlich zugrunde. Das Überlegenheitsgefühl der westlichen Lebensweise beherrscht die Reiseentscheidung im allgemeinen und den Kontaktwunsch im besonderen - einem zeitlich limitierten Kontakt allerdings: Verbindend ist die Kurzzeitigkeit des Aufenthaltes in einem Gastland, die Kurzzeitigkeit des Aufenthaltes an einem speziellen Ort und die Kurzzeitigkeit der Reise generell (ADLER 1988, 41).

Ethnozentrismus ist Grundlage und Ausgangspunkt jeder interkulturellen Begegnung, die eigene Sichtweise wird zum Maß der Dinge (BRISLIN 1986, 262). Kontakte auf Zeit sind gewünscht, der Kontaktwunsch erweist sich jedoch als ambivalent: 'Hautnähe' in überfüllten öffentlichen Verkehrsmitteln wird als unangenehm empfunden, Berührungsängste sind unübersehbar (vgl. BEEK/ORLOVIUS 1984, 56).

> Nie identifiziert er sich mehr mit 'seiner' Kultur, mit der Größe und Überlegenheit der westlichen Zivilisationen, als in der Fremde. (SCHERRER 1986, 12)

Die Wahrnehmungsfähigkeit ist somit beschränkt auf Elemente, die 'anders', 'neu' und 'exotisch' sind - und sein müssen, um dem Erwartungsdruck gerecht zu werden: Rassismus wird zum Selbstschutz vor der Nichtbewältigung von Unverständlichem. ADLER (1988, 69f) bringt Sprachlosigkeit (nicht nur auf verbaler Ebene), Berührungsangst und Selbstüberschätzung westlicher Touristen zynisch auf den Punkt:

> Einen Schweinestall, und so sieht es nach Meinung vieler Touristen in den Entwicklungsländern aus, betritt man selbstverständlich, ohne sich vorzustellen und zu fragen ... Mit derselben Unverfrorenheit tun dabei auch jene fleißig mit, die die armen Schweine wegen der entsetzlichen Lebensverhältnisse bedauern.

Einstellung und Wahrnehmung westlicher Ferntouristen zeigen vielfach koloniale Züge: Die Rolle des Ferntourismus als "*neo-colonial tool of further exploitation and enslavement*" (ROEKAERTS/SAVAT 1989, 36) ist schwer widerlegbar und läßt Vergleiche mit Verhaltensmustern der Kolonialzeit (Herr <-> Diener) durchaus zu. SCHERRER (1986, 38) spricht von Tourismus als "*höchster Form des Neokolonialismus*", der, medial gesteuert, Diskriminierung und Trivialisierung 'exotischer Eingeborener' und 'primitiver Kulturen' prägt.[94]

4. Völkerverständigung und Vorurteile: Kampf der Mythen?

Die Zahl einschlägiger Studien zur Auswirkung von Drittweltreisen auf persönliche Einstellungsmuster ist begrenzt (HÜBNER 1989, 38)[95], dennoch gilt die Verhärtung von Vorurteilen nach der Reiserückkehr insgesamt als erwiesen - Pauschalreisende wie Alternativtouristen entwickeln voreiliges Expertengefühl. Erkenntnisse aus 'erster Hand' tragen jedoch nicht zu Verringerung und Abbau stereotyper Betrachtungsweisen bei (SCHERRER 1986, 32); Ferntourismus wird somit zur *"Perfektion der Völkermißverständigung"* (LUGER 1990b, 13).

Die postulierte These der Völkerverständigung entspricht somit nicht dem letzten Diskussionsstand und erscheint überholt. Als Schlagwort und Parole ohne explizite Definition, galt dieser Begriff als Nonplusultra der Tourismusentwicklung: Touristen als Botschafter des Friedens.

> Völkerverständigung, ein vielgepriesenes Wort: Die Völker kommen einander näher, lernen sich kennen und verstehen ... Es lebe die Völkerverständigung. Zwischen reichen Touristen und Familien, die um ihr Existenzminimum ringen. (MÄDER 1982, 48f)

RUF (1978, 112f) geht noch einen Schritt weiter: Ferntourismus ist nicht nur kein Beitrag zur Völkerverständigung, sondern fördert vielmehr Rassismus und 'Dekulturierung' der betroffenen Gesellschaften. Drittwelttourismus bedeutet soziale Entwurzelung und Neuorientierung an westlichen Lebensweisen - oder vielmehr der Verhaltensaspekte, die Touristen auf Fernreisen an den Tag legen ...

5. Tourismus als Sündenbock?

Ungeachtet der Bewertung als positiv oder negativ, die soziokulturellen Einwirkungen von Drittwelttourismus gelten generell als tiefgreifender als die ökonomischen Folgen (VORLAUFER 1989, 606). Der sich beschleunigende soziale Wandel in Entwicklungsländern ist von

---

94 Der medial verbreitete Rassismus gegenüber 'anderen' Menschen beginnt mit den Reiseberichten der Entdecker, setzt sich fort in den Kinderbüchern des Kolonialismus, reicht herauf zu den Spielen und Liedern, mit denen heute noch - auf humorvolle Weise - Diskriminierung und Alltagsrassismus eintrainiert werden und ist präsent in Mythen und Comics. (vgl. auch LUGER 1990b, 12)

95 Vgl. auch HARTMANN 1978

tourismusbedingten Veränderungen nicht isoliert betrachtbar, beide Ebenen sind interdependent.

Der 'Fortschritt' macht auch vor Peripherregionen nicht halt: Ostasiatische Kassettenrecorder und europäische Popmusik erfreuen sich in thailändischen Hilltribe-Dörfern lautstarker Beliebtheit, US-amerikanische 'Soap-Operas' (Dallas, Dynasty) überrollen auch das rurale *Kambodscha*, die Satelliten-Übertragungen britischer Fußballspiele haben nicht nur in *Bali* jahrelange Tradition, und mit der PS-Leistung modernster Schnellboote in den Regenwäldern *Sarawaks* (Ostmalaysia) können wohl nur wenige westliche Schiffahrtsunternehmen konkurrieren - auch ohne Touristen! Die weißen Flecken auf der Landkarte verschwinden so schnell wie die ersehnte 'Ursprünglichkeit' und 'Primitivität'; der wirtschaftliche Aufschwung der Region Südostasien ist - zumindest in technologischer Hinsicht - nicht mehr gänzlich auf den urbanen Raum beschränkt.

> The frequent charge that tourism contributes to a degeneration appears to be an exaggeration ... To be authentic, arts and crafts must be rooted both in historical tradition and in present-day life; thus authenticity cannot be achieved by conservation alone, since that leads to stultification. (DE KADT 1979, 175)

Die Forderung nach totaler Bewahrung von Tradition und Kultur scheint somit ambivalent: gerade tourismuskritische Stimmen fordern eigenständige Entwicklung in sozialer und technologischer Hinsicht, treten aber gleichzeitig für die strikte Beibehaltung des 'Natürlichen' ein - ein Widerspruch, der die nicht immer klare Linie der Tourismuskritik hervorzustreichen vermag.

Tourismus hat unbestritten seinen Platz als exogener Faktor im kulturellen Wandel, die Position als alleinverantwortlicher Hauptauslöser ist jedoch überholt. Die allmähliche Annäherung der Kulturen zum *"Horrorbild künftiger einheitlicher westlich-konsumorientierter Welt-Kultur"* ist keineswegs mehr utopische Zukunftsvision, sondern drohende Realität:

> Die uniforme Weltgesellschaft, in der Nigerianer, Thailänder, Peruaner und Eskimos in Schlips und Kragen, mit Plastiktüte, Kofferradio und Aktenmappe bestückt zwischen Hochhäusern herumlaufen, ist ... weltweite Wirklichkeit.
>
> (FOHRBECK/WIESAND 1983, 270)

V. Aspekte der Tourismuskritik

Die Positionen der einzelnen Interessensgruppen gegenüber dem Phänomen Tourismus sind zwiespältig und reflektieren die jeweilige Interessenslage: Ungeteilte Zustimmung und Förderung seitens der Reiseveranstalter und vieler Regierungen, zunehmende Kritik auf Seiten unmittelbar Betroffener (Bereiste, teilweise auch Reisende) und der Tourismusforschung.

1. Die Konträrpositionen: Befürworter und Gegner

Jafar JAFARI (1989) zählt zur Palette der bedingungslosen Befürworter, der *"advocacy platform"*, vor allem Reisebüros sowie Verwaltungs- und Regierungseinrichtungen, die aus ökonomischen Gründen tourismuspositiv handeln. Wirtschaftliche Motive sind wesentlich für diese Position, jedoch nicht alleine ausschlaggebend:

> ... the advocacy platform also emphasizes the non-economic attributes of tourism; that tourism is interested in preserving the natural and built environments; that it can revive traditions of the past; that it actively promotes cultural performances; and the like ... (JAFARI 1989, 21)

Der Kreis der Vertreter der Gegenposition, der *"cautionary platform"* ist dagegen weiter gesteckt und umfaßt Soziologen und Psychologen[96] genauso wie Vertreter von Umweltschutzorganisationen:

> ... the message of the Cautionary Platform has not been limited to economics, but includes all touristic influences: that tourism generates mostly seasonal and unskilled jobs; that it benefits only the tourism firms and big corporations; that it destroys nature and scenic formations; that it commoditizes peoples and cultures; that it disrupts the structure of the host society ... (JAFARI 1989, 22)

Die *"adaptancy platform"*, ein Kompromiß dieser beiden polarisierten Positionen, steht in engem Zusammenhang mit alternativen Ansätzen der Tourismusentwicklung: "*... this platform emerged by favoring those forms of tourism which are responsive to the host communities and their sociocultural, built and natural environments at the same time that they provide tourists with new choices ...*" (JAFARI 1989, 23).

Ein vierter Ansatz, die *"knowledge-based platform"*, liegt Studien zugrunde, die das Wissen um die Widersprüchlichkeit des Tourismus zum Kern ihrer Analysen machen: Hauptziel ist dabei die "*formation of a scientific body of knowledge on tourism*" (JAFARI 1989, 24).

---

[96] Vgl. auch BYSTRZANOWSKI 1989, 22

2. Phasen und Formen der Kritik[97]

2.1. Die elitäre Tourismuskritik

Diese Strömung wird auch als *"schwarze"* oder *"traditionelle"* (KRIPPENDORF/KRAMER/-MÜLLER 1987, 153f) Kulturkritik bezeichnet. OPASCHOWSKI (1989, 47f) spricht von der *"Kritik der Privilegierten"*, die sich vor allem gegen den Tourismus breiter Bevölkerungsschichten (Massentourismus) wendet[98]. Einer der ersten prominenten Vertreter dieser Strömung war Theodor FONTANE[99], der schon im 19.Jahrhundert die Kritik auf den Punkt brachte: *"Sonst reisten bevorzugte Individuen, jetzt reist jeder und jede"* - Kritik aller Art bestand also schon lange vor Einsetzen des Massentourismus moderner Prägung, der landläufig als heutiges Hauptübel gilt.

Die Kritik stellte sich damit scheinbar auf die Seite der 'ursprünglichen Kultur' in den Gastgeberländern, die vom "*alles gleichmachenden Konsum neugieriger und ungebildeter Kleinbürger ferngehalten werden sollte*" (NEBEL 1950, zit.in ASCHENBRENNER 1991, 21)[100].
Die Klage über die zunehmende 'Touristifizierung' ehemals paradiesischer (und wenigen Privilegierten vorbehaltener) Reisegegenden ist somit nicht nur unverzichtbarer Gegenstand heutiger Reiseberichte, sondern fand schon in der unmittelbaren Nachkriegszeit ihren Niederschlag:

> Der abendländische Tourismus ist eine der großen nihilistischen Bewegungen, eine der großen westlichen Seuchen, die an bösartiger Wirksamkeit kaum hinter den Epidemien der Mitte und des Ostens zurückbleiben, sie aber an lautloser Heimtücke übertreffen. Die Schwärme dieser Riesenbakterien, Reisende genannt, überziehen die verschiedensten Substanzen mit dem gleichförmig schillernden Thomas-Cook-Schleim, so daß man schließlich zwischen Kairo und Honolulu, zwischen Taormina und Colombo nicht mehr recht unterscheiden kann ... Ein Land, das touristisch erschlossen wurde, verbirgt sich metaphysisch - es bietet eine Kulisse, aber nicht mehr seine dämonische Kraft dar. (NEBEL 1950, zit.in ASCHENBRENNER 1991, 21)

Diese kulturkritische Strömung - laut OPASCHOWSKI (1989, 48) die erste Phase der Tourismuskritik - ist stark mit Mythen verbunden: KRIPPENDORF/KRAMER/MÜLLER (1987, 156) betonen die Bedeutung des "*Insel-Mythos*" (Heile Welt) und des "*Gast-Gastgeber-Mythos*" (Freundschaft, Völkerverständigung) als aktuelle Reisedeterminanten.

Gut vierzig Jahre nach NEBELs Kritikansätzen ist die Argumentationslinie nach wie vor unverändert; der Tourismus der Massen mache alles gleich, das 'letzte Unberührte' solle nur Minderheiten verfügbar sein, denn: "*Der Einfall touristischer Horden führt zur Ausrottung des Schönen*"[101]. Andre HELLERs beredt-sarkastische Beschreibungen der Folgen des Massentourismus ähneln frappant den ersten nachkriegszeitlichen Ergüssen NEBELs:

---

97 Vgl. auch BLEISTEIN 1987

98 Vgl. auch STOHRBECK, D. (1990): *"Der moderne Tourismus als Gegenstand interdisziplinärer Forschung"*. In: STOHRBECK 1990: 11-38

99 FONTANE, T. (1894): Wanderungen durch die Mark Brandenburg. Zit.in: OPASCHOWSKI 1989, 48

100 NEBEL, G. (1950): Unter Kreuzrittern und Partisanen. Zit.in: ASCHENBRENNER 1991

101 Vgl. HELLER 1990

> Das freie Reisen gehört zwar zu den großen Errungenschaften der Demokratie, aber die demokratischen Grundrechte verlieren ihre Priorität, wo sie zur Zuhälterei des Weltuntergangs ausarten. Ebensowenig wie ein Rosenstrauch von der Schöpfung dafür eingerichtet wurde, einer rabiaten Heuschreckenplage als Kost und Quartier zu dienen, wurden die Kontinente und Meere von ihrer ökologischen und soziologischen Statik als Bedürfnisanstalt für die gröhlende Ausflugsnotdurft einer Menschheit geschaffen, deren philosophisches Idol seit langem der Elefant im Porzellanladen ist.
> (Andre HELLER, In: LUDWIG/HAS/NEUER 1990, 158)

HELLERs Vorschlag der Schaffung eines "*Replika-Territoriums*" von der dreifachen Größe der Schweiz ist "*nur zur Hälfte ironisch gemeint*", wie er selbst eingesteht und folgendermaßen beschreibt:

> Eine Musterkollektion von kaleidoskopartig wechselnden Eindrücken mit klimatischen Zonen aller Geschmacksrichtungen. Eiswüsten neben zaghaft aktiven Vulkanen, elektronisch gesteuerte Atlantik-Brandung neben provenzalischen Lavendelfeldern, lawinensichere Tiefschneeabfahrten neben tahitianischen Transvestitenbordellen. Eine Mischung aus Disneyland, Zisterzienserkloster und Club Mediterranée, Vatikan und Kreml, McDonalds und Gault Millau. Kurzum, die sonst über alle Kontinente und Meere verteilten Einrichtungen, Aussichten und Absichten ...
>
> (Andre HELLER, In: LUDWIG/HAS/NEUER 1990, 161)

In Verbindung mit der angeregten Reifeprüfung und dem damit erwerblichen 'allgemeinen Reisepatent' - sozusagen für den Rest der Welt - ergibt sich ein höchst elitärer Ansatz, der NEBELs Kritik um nichts nachsteht und seinerseits Kritik hervorruft. "*Es ist unerträglich, daß ausgerechnet Leute, die sich politisch für besonders fortschrittlich erachten, die Demokratisierung des Reisens verteufeln*", meint etwa Claus EULER und ergänzt: "*... die heile Welt ist kaputt, nicht allein bei uns. Keimfreie Zonen gibt es im Illusionstheater der Weltverbesserer und nur noch bedingt in der Antarktis*" (Claus EULER, zit.nach ARMANSKI 1986, 142).

2.2. Die ideologische Tourismuskritik

Die ideologische Kritik betrifft Alltagswelt und Tourismus gleichermaßen und wird ihres gesellschaftskritischen Ansatzes wegen auch als *"rote"* oder *"rot-grüne"* Kritik bezeichnet (KRIPPENDORF/KRAMER/MÜLLER 1987: 156). Als Ahnherr dieser Strömung gilt H.M.ENZENSBERGER mit seiner 1958 verfaßten *"Theorie des Tourismus"*, die die Fragwürdigkeit der Kritik am Massentourismus herausstreicht. Er kritisiert das Fehlen jeglichen gesellschaftlichen Hintergrundes im Ansatz NEBELs, womit die Ursachen der touristischen Massenflucht unberücksichtigt blieben, und bringt seine Hauptkritik auf den Punkt:

> Bezeichnend ist in erster Linie, daß sie von einem eingefleischten Touristen herrührt. Implizit verlangen sie (die Nicht-Massen-Touristen), das Reisen solle exklusiv sein, ihnen und ihresgleichen vorbehalten bleiben.
> (ENZENSBERGER 1962, 183; zit.in ASCHENBRENNER 1991, 22)[102]

Das Massenphänomen Tourismus weist all die Merkmale auf, die für die Entwicklung einer Industrie großen Stils unentbehrlich sind: "Normierung, Montage, Serienfertigung" (OPA-

[102] In: KLINGENBERG/TRENSKY/WINTER 1991, 21-35

SCHOWSKI 1989, 48). Diese Grundstrukturen wurden Ausgangspunkt eigener ideologischer Interpretationen; 'Freiheit als Massenbetrug' wird zum Schlagwort ideologisch linker Gesellschaftskritiker, STOHRBECK (1990, 23ff) spricht in diesem Zusammenhang vom *"Tourismus als Herrschaftsinstrument"* und ergänzt die ideologische Tourismuskritik um die *"Repressions-These"*. Tourismus als Gesellschaftsflucht erfährt in den 80er Jahren einen Bedeutungsaufschwung als theoretischer Unterbau einer Reihe ideologiekritischer Publikationen[103], die ENZENSBERGERs Grundgedanken weiter thematisieren und mit Fallbeispielen belegen.

Da sich *"die Befreiung von der industriellen Welt selber als Industrie etabliert hat, die Reise aus der Warenwelt ihrerseits zur Ware geworden ist"* (ENZENSBERGER 1962, 196), wird die Flucht aus der Wirklichkeit ins suggerierte Glück zu einem Gang in die Unfreiheit; der moderne Tourismus ist selbst nur ein Abbild der industriegesellschaftlichen Möglichkeiten und Zwänge: *"Der Tourismus ist ein Spiegelbild der Gesellschaft, von der er sich abstößt"* (ENZENSBERGER 1962, 199).

2.3. Die Kritik am Ferntourismus

Im Rahmen der gesamten Dritte-Welt-Problematik hat sich in den 70er Jahren auch die Kritik am Ferntourismus, der Reisen der Reichen in die Länder der Armen, manifestiert.
SCHERRER (1986, 38) betont die Weiterentwicklung vom *"rückwärtsgewandten Kulturpessimismus"* zu einer *"eigentlichen Zivilisationskritik"*; Die Ferntourismuskritik schaffte sich vor etwa fünfzehn Jahren ihre ersten organisatorischen und institutionellen Rahmen.

In Deutschland befaßte sich der bereits 1961 gegründete (und 1994 aufgelöste) ***"Starnberger Studienkreis für Tourismus"*** in größerem Rahmen erstmals 1973 mit der Entwicklungsländerproblematik, als das neu eingerichtete Referat Ferntourismus mit dem Politologen Armin VIELHABER besetzt wurde. VIELHABER/ADERHOLDs *"Tourismus in Entwicklungsländern"*[104], eine 1981 veröffentlichte kritische Sammlung von Aufsätzen und Fallstudien, fand 1984 mit *"Tourismus in Entwicklungsländer II"* eine Fortsetzung. Der Forderung nach besserer Vorinformation der Reisenden kommt der Starnberger Studienkreis ab 1974 mit der regelmäßigen Veröffentlichung von länderweisen *Sympathiemagazinen* nach.[105]

Die Fachstelle 'Ferntourismus' des Stuttgarter ***"Zentrums für Entwicklungsbezogene Bildung"*** **(ZEB)** wurde 1975 von Pastor Georg Friedrich PFÄFFLIN[106] ins Leben gerufen und ist Teil des Kirchlichen Entwicklungsdienstes der Evangelischen Kirche in Deutschland.

---

103 Vgl. MÄDER 1982, 1985,1987; BEUTEL 1980; AKTION DRITTE WELT 1986
104 VIELHABER, A., ADERHOLD, P. (1981): Tourismus in Entwicklungsländern. BMZ-Materialien Nr.67, Bonn
105 VIELHABER/ADERHOLD (1981, 113) beklagen den fehlenden Bildungseffekt von Dritte-Welt-Reisen, da Fernreisende *"üblicherweise nach dem Besuch in einem Land der Dritten Welt dieses nicht erneut aufsuchen"*.
106 Vgl. PFÄFFLIN 1983, 1984

Das Stuttgarter ***"Institut für Auslandsbeziehungen"*** ist seit 1978 Herausgeber der '*Zeitschrift für Kulturaustausch*', die sich richtungs- und disziplinenübergreifend aus wissenschaftlichen Beiträgen zusammensetzt.

Der 'Arbeitskreis Tourismus' des ***"Informationszentrums Dritte Welt"*** **(iz3w)** mit Sitz in Freiburg veröffentlichte 1983 eine Untersuchung über Struktur und Funktion des deutschen Tourismusgeschäftes mit der Dritten Welt und formulierte auch eine fundierte Kritik am Alternativtourismus[107]; Tätigkeitsberichte werden regelmäßig in den '*blättern des iz3w*' veröffentlicht.

Die 1978 gegründete ***"Gruppe Neues Reisen"***[108] mit Sitz in München ist seit 1983 eingetragener Verein und beschäftigt sich vor allem mit Erwachsenenbildung (KRIPPENDORF/-ZIMMER/GLAUBER 1988, 175ff).

Die Berliner Arbeitsgruppe ***"Dritte Welt - Hier"*** ergänzt die Liste deutscher Drittwelt-Kritiker, die ohne die Erwähnung des Stuttgarter ***"Evangelischen Arbeitskreises für Freizeit, Erholung und Tourismus in der EKD"*** unvollständig bleiben müßte; gerade letzterer brachte unter der redaktionellen Leitung KLINGENBERGs die Ferntourismusdiskussion 1991 auf den letzten Stand[109] und setzte die von PFÄFFLIN eingeleitete Tradition kirchlicher Diskussion und Intervention fort.

In der Schweiz wurde 1978, auf Initiative der entwicklungspolitischen Organisation ***"Erklärung von Bern"***[110] - Regula RENSCHLER[111] war hiebei federführend -, der Arbeitskreis ***"Tourismus und Entwicklung"*** gegründet, der sich mit den verschiedenen Auswirkungen des Drittwelttourismus und seinen vielfältigen Erscheinungsformen aus entwicklungspolitischer Sicht kritisch auseinandersetzt; Solidarität mit benachteiligten Bevölkerungsgruppen sowie der Dialog mit Tourismusarbeitern gilt als vorrangiges Ziel (SCHERRER 1986, 304).

KRIPPENDORF/KRAMER/MÜLLER (1987, 157) kommen in einer Analyse der Tätigkeit des Arbeitskreises zu dem Schluß, daß die Optik der Kritik am Reisen Wandelprozesse durchgeht: Dominierte anfänglich die wenig realistische Null-Tourismus-Position, so setzte sich im Arbeitskreis in den 80er Jahren eine positive Grundeinstellung zum Ferntourismus durch - Reisen nicht nur als Flucht, sondern auch als Chance der Begegnung. Gänzlicher Reiseverzicht wird nicht mehr propagiert, das Hauptaugenmerk liegt vielmehr auf dem Versuch einer Qualifizie-

---

107 AKTION DRITTE WELT, Hrsg. (1983): "Klar, schön war's, aber ..." Tourismus und Dritte Welt, Freiburg/Breisgau

108 Der Verhaltensforscher Christian ADLER präsentierte 1978 im Rahmen einer Tagung sein aufsehenerregendes Buch "ACHTUNG TOURISTEN", dessen unbestrittene Aktualität ihren Niederschlag in der bereits dritten Auflage zeigt. (vgl. ADLER 1988)

109 KLINGENBERG, et al. (1991): Wende im Tourismus. Vom Umweltbewußtsein zu einer neuen Reisekultur. Stuttgart

110 Die "*Erklärung von Bern*" befaßt sich schwerpunktmäßig mit Kulturvermittlung und ist ursprünglich ein von 11.000 Personen unterzeichnetes Manifest, das 1967 auf Initiative protestantischer Theologen zur Solidarität mit der Dritten Welt aufrief.

111 Vgl. RENSCHLER 1982, 1988

rung von Drittweltreisen; der Arbeitskreis versteht sich heute als Koordinations-, Beratungs- und Informationsstelle für Dritt-Welt-Tourismus.

Das Genfer ***"Zentrum Europa - Dritte Welt"*** **(CETIM)** ist eine weitere Schweizer Institution, die gemeinsam mit dem Berner ***"Forschungsinstitut für Fremdenverkehr"*** oder dem ***"Informationsdienst Dritte Welt"*** **(i3w)** die touristischen Belange von Drittweltländern kritisch hinterfragen und der Öffentlichkeit bewußt zu machen versuchen.

In Österreich nimmt sich die ***"Forschungsstiftung für Entwicklungshilfe"*** **(ÖFSE)** in Wien der Belange der kritischen Ferntourismusforschung und -dokumentation an, in der Zeitschrift '*Südwind*' - vormals '*Entwicklungspolitische Nachrichten*' *(EPN)* - werden themenspezifische Berichte und Resultate von Arbeitsgruppen monatlich veröffentlicht.

Neuere Arbeiten österreichischer Provenienz gehen vor allem auf das ***"European Coordination Centre for Research and Documentation in Social Sciences"*** (Vienna Centre)[112] sowie auf den ***"Arbeitskreis Tourismus mit Einsicht"***[113] unter der Leitung Kurt LUGERs[114] zurück.

2.4. Die Kritik der Bereisten

2.4.1. Ausgangspunkt Kirche: ECTWT und TEN

Nahezu parallel zu Kritikergruppierungen in den Herkunftsländern formierten sich auch in den Zielländern des Ferntourismus Mitte der 70er Jahre Protestgruppen, die zunächst vor allem kirchlich initiiert und motiviert waren.
Die **PENANG CONFERENCE**, die 1975 unter der Leitung von Ron O'GRADY in Malaysia stattfand, wurde von der *"Christian Conference of Asia"* gesponsert. Im Tagungsbericht "*Tourism: the Asian Dilemma*" wird das erstmalige Bewußtmachen von Problemen des Drittwelttourismus als vorrangiges Ergebnis genannt und ein Verhaltenskodex für Touristen ("*A Code of Ethics for Tourists*") erarbeitet (vgl. RICHTER 1989, 202)[115].

Das nächste Treffen, fünf Jahre später, veranstaltet die *"Christian Conference of Asia"* bereits eigenständig: Die **MANILA CONFERENCE** im September 1980 wird zur eindrucksvollen Gegenveranstaltung zur tourismuspropagierenden *WTO*, der Welt-Tourismus-Organisation, die zur selben Zeit in der philippinischen Hauptstadt tagt. Der Gegensatz könnte nicht größer sein, wie Linda RICHTER (1989, 204f) treffend beschreibt:

---

112 Vgl. BYSTRZANOWSKI, J. (1989): Tourism as a factor of change. A sociocultural study. Wien

113 Der Arbeitskreis "*Tourismus mit Einsicht*" wurde 1986 in Berlin gegründet und umfaßt heute etwa 30 Gruppen aus 11 Ländern, die unter der Kurzformel 'umweltverträglich und sozialverantwortlich' den sanften Tourismus propagieren. (TÜTING 1990b, 67)

114 Vgl. LUGER 1988, 1990a, 1990b; LUGER/PILZ/TÜTING 1989

115 Vgl. auch TÜTING 1990b, 63

Both conferences were in the city whose very skyline and profile had been altered in the previous five years by the domination of the administration's political uses of tourism over the development needs of its poverty-stricken citizens. But the delegates to these conferences saw selectively. The WTO conference delegates saw a city of unmatched glamour, of lavish hotels, conference, and exhibitions centers ... The delegates to the International Workshop on Tourism saw the contrast between the rosy rhetoric of tourism's contribution to development extolled in the controlled press and the lives of those evicted for tourism beautification schemes, the teenage whores who gave the fancy hotels an alternative source of income through kickbacks, and the unspoken chasm between gross tourism revenues and net tourism income ...

Abb.15: Tourismusstrategien der '*World Tourism Organization*' (WTO)

BEFORE MANILA	*AFTER MANILA*
Spontaneous, uncontrolled development	Planned development
Strategies left to individual	Tourism policy developed at national level with scope for individual enterprises
Economic aspects emphasized	Recognition of a number of factors (cultural, political, social, economic, educational)
Profit maximization	Optimization of economic and social benefits
Price-oriented	Value-oriented
Growth	Development
Passive spending of holidays	Active holidays
Stereotyped products	Differentiated products
Advertising and promotion of tourism	Information and education through tourism
Environmental deterioration	Environmental protection
Tourist ghettos	Integration with local population
Lack of communication	Use of languages with a universal vocation

The above analysis is intended to highlight trends in tourism development strategies. It should not be interpreted to imply that tourism strategies changed immediately after the Manila Declaration was adopted.

Quelle: WTO 1987, 17

Der Tagungsbericht "*Third World Tourism*"[116] enthielt unter anderem auch einen modifizierten und neu formulierten Verhaltenskodex für Ferntouristen und wurde zur "*most popular publication ever produced by the Christian Conference of Asia*" (RICHTER 1989, 305).

Die dreißig Teilnehmer kamen vorwiegend aus Asien und dem Pazifischen Raum, es waren jedoch auch Vertreter aus Afrika, der Karibik, Europa und den USA anwesend (O'GRADY 1982, 7), was dem Treffen überregionale Bedeutung verlieh: Die getroffenen Erkenntnisse waren nicht grundlegend neu, "... *but the report reached countless thousands whose instincts were activist rather than academic*" (RICHTER 1989, 205). Der Beschluß, sich gemeinsam den negativen Auswirkungen des Tourismus auf Wirtschaft, Kultur und Lebensstil zu widersetzen,

---

116 Vgl. O'GRADY 1980

war Zeichen allgemeiner Aufbruchsstimmung, die in weiterer Folge zur Gründung der **'Ecumenical Coalition on Third World Tourism' (ECTWT) führte.**

Das Sekretariat dieser weltweiten Koordinationsstelle für Gruppen, die nach alternativen Formen im Tourismus suchen, wurde 1982 in *Bangkok* eingerichtet. Die ECTWT versteht sich als Dokumentations- und Informationsstelle und ist Herausgeber der vierteljährlich erscheinenden Zeitschrift "*Contours*". Nahezu alle größeren Kirchen der Welt sind Mitglieder (MÄDER 1987, 151f).[117]

Entwicklung wird als ganzheitlicher Prozeß gesehen, in dem Eigenständigkeit, qualitatives Wirtschaftswachstum und soziale Gerechtigkeit ausgewogen verwirklicht werden; die Sicherung der Grundbedürfnisse (Ernährung, Kleidung, Wohnung, Bildung, Gesundheit und Freiheit) genießt somit Vorrang vor der Etablierung und Förderung des Tourismus um jeden Preis.

Vorrangiges Ziel des ECTWT ist "*die Entwicklung zu mehr Menschlichkeit*" - human development - (MÄDER 1987, 152) und, direkt damit verknüpft, die Koordination von Aktionen, um den Menschen der Dritten Welt "*den Tourismus zurückzugeben*" (PFÄFFLIN 1984, 151), damit er ihnen zugute kommt.
Das Bewußtmachen der Problematik an sich ist mit großen Schwierigkeiten verbunden, wie Peter HOLDEN, der erste Geschäftsführer des ECTWT bis 1986, ausführt: "*Viele Menschen der Dritten Welt denken überhaupt nicht über den Tourismus nach. Sie haben weit dringendere Probleme, wie zum Beispiel die Sicherung des Überlebens am nächsten Tag*" (zit.nach MÄDER 1987, 151).

Mit der Schaffung einer Partnerorganisation, des ***'Third World Tourism Ecumenical European Network' (TEN)***[118], gelang 1981 die Ausweitung auf den europäischen Raum, eine der Hauptquellregionen des Ferntourismus.
Als Pendant zum *ECTWT* auf Initiative des *ZEB* und der *Erklärung von Bern* gegründet, umfaßt die Organisation etwa zwanzig europäische Mitglieder. Eine erste gemeinsame Arbeit von ECTWT und TEN war 1986 die Studie *"Third World People and Tourism"*[119], die skizzenhaft sowohl die Probleme ortsansässiger Betroffener als auch die Standpunkte der europäischen Tourismusindustrie beleuchtete.

Die **CHIANG MAI CONFERENCE**, die im Frühling 1984 mit vierzig Teilnehmern aus zwanzig Staaten in Nordthailand abgehalten wurde, setzte einen weiteren Meilenstein in der

---

117 Neben der *Christian Conference of Asia* (CCA), zu der alle größeren protestantischen und orthodoxen Kirchen gehören, sind auch die katholische *Federation of Asian-Bishop-Conference* (FABC), die *Pacific Conference of Churches* (PACCI), die *Caribbean Conference of Churches* (CCC), die *Latin-American-Conference of Churches* (CLAI), die *All-Afrikanische Kirchenkonferenz* (AACC), die *All-American Conference of Churches* und der *Middle East Council of Churches* (MEEC) Mitglieder des ECTWT. (PFÄFFLIN 1984; RICHTER 1989, 206)

118 Erster Sekretär war Pastor G.F.PFÄFFLIN, der gemeinsam mit R.RENSCHLER 1986 im schwäbischen *Bad Boll* eine TEN-Tagung mit 140 Teilnehmern aus 30 Zielländern organisierte. (TÜTING 1990b, 66)

119 Vgl. ECTWT + TEN, Hrsg. (1986): Third World People and Tourism. Approaches to a dialogue. Bangkok/Stuttgart

Drittwelt-Diskussion: Erstmals beschränkte sich die Kritik nicht nur auf eine Bestandsaufnahme der Probleme, sondern machte Platz für konstruktive Lösungsansätze:

> While Penang revealed the dilemma and Manila made the damning judgement, Chiang Mai has begun the process of searching for answers ... The participants of the Chiang Mai Workshop did not spend their time asking questions about tourism ... There emerged in Chiang Mai a *Hope* that some steps can be taken to build a new kind of tourism ... which respects human rights, which values human culture and which returns just rewards to the people who offer services. (RICHTER 1989, 206)

Es ist kein Zufall, daß alle drei Tagungen im südostasiatischen Raum durchgeführt wurden: Die Region weist die konstant höchsten touristischen Zuwachsraten aller Dritt-Welt-Länder auf (SCHMIDJELL 1990, 30). *Penang, Manila und Chiang Mai* stehen wohl in erster Linie für tourismuspolitische Problemregionen Asiens, die Erkenntnisse der Konferenzen sind aber zweifellos repräsentativ für die übrige Dritte Welt.

Die Rolle der Kirche als Initiator und Sprachrohr konstruktiver Kritik ist in der Entwicklungsländerdiskussion weitgehend unbestritten. Nahezu zwei Jahrzehnte nach den ersten Anfängen müssen die ursprünglich ausschließlich kirchlichen Organisationen ihre Positionen aber neu überdenken, um politische Schlagkraft und Durchsetzungsvermögen auszubauen. RICHTER (1989, 207) konstatiert:

> A future emphasis of ECTWT will move beyond exclusive reliance on church funding and toward financial and policy participation from a variety of sources. In Asia particularly, exclusive dependence on the churches - no matter how much discretion and freedom ECTWT is given - tends to reduce the organization's political base.

AL IMFELD, Schweizer Journalist und Tourismuskritiker der ersten Stunde, geht noch einen entscheidenden Schritt weiter, indem er die positive Rolle der Kirche in der Entstehung einer Kritikplattform grundsätzlich bestreitet: Kirche und Tourismus können einander nicht kritisch gegenüberstehen, hat doch der moderne Tourismus die Funktion der Kirche übernommen, die mit dem "*psychologischen Trick des Anbieters und Nicht-Gebers*"[120] vorgeht.

2.2. Privatinitiativen: Die Rufer in der Wüste

Noch eine Stufe direkter, bei den Betroffenen selbst, setzen die aktiven Kritiker und Protestgruppierungen an, deren Zahl seit Mitte der 80er Jahre deutlich im Ansteigen begriffen ist. Während sich Bürgerrechtsbewegungen im indischen *Goa* mit Erfolg gegen den weiteren touristischen Ausbau der ehemaligen portugiesischen Kolonie wehren und auch die Proteste der Inselbewohner *Ko Samui*s (Thailand) gegen nacktbadende Alternativtouristen Erfolg zeitigten[121], blieb die Protestaktion von 400 javanischen Bauernfamilien gegen die Vertreibung aus ihren Dörfern rund um den berühmten Tempelkomplex von *Borobudur* vergeblich - zwei konträre Beispiele, die stellvertretend für den anrollenden, nicht immer erfolgreichen Kampf gegen

120 Vgl. "*Interview mit AL IMFELD*", In: EULER 1989, 16-28
121 Vgl. auch LUGER/PILZ/TÜTING 1989

den Massentourismus stehen und den anhaltenden Bewußtseinswandel der ansässigen Bevölkerung dokumentieren.
"We don't want Krabi to be like Pattaya" (BANGKOK POST, 27.2.1992, 4): Die Aussage von SIRA CHUANWIRACH, Governor von Krabi, läßt ein allmähliches Umdenken auch auf politischer Entscheidungsebene erkennen und gibt Anlaß zu vorsichtigem Optimismus.

Than-Dam TRUONG[122], die unermüdliche Kämpferin gegen den Prostitutionstourismus in Thailand, oder Cecil RAJENDRA, die malaysische Anwältin und Bürgerrechtskämpferin: Ihr früher einsamer Kampf gegen den Tourismus gewinnt zunehmende Unterstützung der breiten Öffentlichkeit. RAJENDRAs Gedanken spiegeln mit Sicherheit die Überlegungen breiter Bevölkerungskreise wider:

Als die Touristen kamen

Als die Touristen kamen,
verwandelte sich unser Inselvolk in einen grotesken Karneval -
Nebenvorstellung, zwei Wochen lang.

Als die Touristen kamen,
legten unsere Männer ihre Fischernetze beiseite, um Kellner zu werden,
unsere Frauen wurden Huren.

Als die Touristen geflogen kamen,
flog das, was wir an Kultur eigen nannten, zum Fenster hinaus -
für unsere Sitten und Gebräuche handelten wir uns Sonnenbrillen und Pop ein,
aus heiligen Theorien machten wir billige Peep-Shows.

Als die Touristen kamen,
wurde unser Essen knapp, die Preise gingen hoch, aber unsere Löhne blieben unten.

Als die Touristen kamen,
durften wir nicht mehr hinunter ans Meer gehen, der Hoteldirektor sagte
"Eingeborene verschmutzen den Strand".

Als die Touristen kamen,
wurden Hunger und Elend konserviert und als vorüberziehender Festzug
klickenden Kameras zur Schau gestellt - welch schicker Schandfleck!

Als die Touristen kamen,
forderte man uns auf, "Botschafter zu Fuß" zu sein, immer lächelnd und höflich
stets dem verwirrten Gast den Weg zu weisen ...

Zum Teufel, könnten wir ihnen nur sagen, wohin wir sie uns wirklich wünschen!

(C. Rajendra)

---

122 Vgl. TRUONG 1983, 1990

Noch vor einem Jahrzehnt sahen Tourismuskritiker aus den Herkunftsländern die Möglichkeiten ortsansässiger Bürgerrechtsgruppen weit skeptischer und gestanden ihnen wenig Chancen zu positiven Veränderungen zu: "*Es gibt eine Kritik der Betroffenen in der Dritten Welt, die weniger formuliert ist, weil sie in diesem ganzen Geschäft kaum gefragt ist*" (PFÄFFLIN 1983, 17).

3. Kritik der Kritiker: Forschung und Kritik im Spiegel der Kritik

Was PFÄFFLIN resignierend angedeutet hat - die Wirkungslosigkeit der Kritik angesichts oft massiver politischer Intervention, die die angestrebte *"selbstbestimmte Entwicklung"* erschwert beziehungsweise unmöglich macht (PFÄFFLIN 1983, 17) - führt OPASCHOWSKI (1989, 46f) noch weiter aus, indem er die Position der Tourismuskritiker selbst kritisch hinterfragt:

> Sie kritisieren, analysieren und reflektieren auf hohem Niveau - aber immer auf einer rational-intellektuellen Ebene. Der emotionale Erlebnisaspekt der Sehnsüchte, Träume, Erwartungen und Enttäuschungen wird weitgehend ausgeblendet. Dies erklärt auch die bisherige Wirkungslosigkeit der Tourismuskritik, die wie eine Fensterrede über die Köpfe der Touristen hinwegrauscht.

Und:

> Tourismuspolitik spielt sich nur im Kopf ab, plädiert vehement für ein anderes Bewußtsein und sagt nicht konkret, wie Reiseverhalten massenhaft verändert werden kann. Der kritische Reisende wird gesucht und am Ende nur der aufgeklärte Tourist gefunden, der das Gleiche nur mit einem anderen Bewußtsein macht ...

Auch Tourismuskritiker sind Touristen; empirische Erhebungen und Fallstudien in der Dritten Welt sind nicht unumstritten, wenngleich die wenigsten Kritiker sich selbst in ihre Kritik einschließen. Mehr noch: "*Den meisten Tourismuskritikern bereitet es geradezu einen intellektuellen Genuß, sich über Touristen lustig zu machen*" (ARMANSKI 1986, 90).

Abb.16: Der kritisierte Tourist

Was der Tourist auch tut, er tut es immer falsch:

Der lächerliche Tourist der schon von seinem Äußeren her auffällt, mit seiner Kamera, die ihm als weltweites Erkennungszeichen vor dem Bauch baumelt. Mit seiner komischen Freizeitbekleidung. Weißhäutig, fettleibig oder halbnackt.

Der einfältige Tourist, reiseunerfahren, ohne Sprachkenntnisse, der sich nirgendwo auskennt, dumme Fragen stellt und sich leicht übers Ohr hauen läßt.

Der organisierte Tourist, der unselbständig ist, ohne Reisegruppe oder Reiseleiter verloren wäre und sich wie ein Herdentier nur unter seinesgleichen wohlfühlt.

Der häßliche Tourist, der sich so aufführt, als gehöre die Welt ihm allein und alles macht, was ihm zu Hause verboten ist.

Der kulturlose Tourist, der während seiner ganzen Ferien faul am Strand liegt, sich keinen Deut um das besuchte Land und seine Leute interessiert und wie zu Hause fernsieht, Karten spielt und Wienerschnitzel ißt.

Der reiche Tourist, der sich alles leisten kann und auch kaufen will, der seinen Wohlstand zur Schau stellt und sich wie ein Fürst bedienen läßt.

Der ausbeuterische Tourist, der sich auf Kosten fremder Menschen und Kulturen erholt und von der Armut anderer profitiert.

Der umweltverschmutzende Tourist, der die alles überrollende Blechlawine produziert, mit Abgasen die Luft verpestet, über Felder und Wiesen trampelt, Flüsse, Seen und Meere verschmutzt und die Landschaft verschandelt.

Der alternative Tourist, der sich von anderen Touristen absetzt, in die hintersten unberührten Winkel der besuchten Gebiete vordringt und so dem Massentourismus den Weg bereitet.

Und es versteht sich von selbst: Touristen sind immer die anderen!

Quelle: KRIPPENDORF 1984, 94f

Der 'wissenschaftliche Tourismus' ist nahezu ausnahmslos tabu und entzieht sich weitgehend sachlich-inhaltlichen Analysen, kritische Betrachtungen und Selbstreflexionen sind selten und kaum fundiert.

> Wer profitiert von Forschungsarbeiten? Die 'Erforschten'? Was nützt es ihnen, wenn ein Ausländer, der häufig genug erstmals ihr Land besucht, Veränderungen ihres Dorfes herausfindet? Sie erfahren nur in Ausnahmefällen von dem Ergebnis, das in der Regel anschließend in einem fernen Land im Regal verstaubt. Profiliert hat sich nur der (angehende) Wissenschaftler, nahezu durchgängig auf Kosten der 'Erforschten', denen er während seiner empirischen Forschung - meistens - zur Last gefallen ist.
> (TÜTING 1990a, 20)

Ludmilla TÜTING spricht von "*Imperialismus im Forscherlook*", der allen kurz- und mittelfristigen Feldforschungen eigen ist. Sie fordert, daß sich "*...Tourismuswissenschaftler nicht nur mit der - sie fördernden - Industrie und der jeweiligen Landeselite solidarisieren, sondern auch mit den Erforschten ...*" (1990a, 21).

TEIL 2

ALTERNATIVTOURISMUS ALS ALTERNATIVE?

AUSMASS UND FORMEN VON ALTERNATIVTOURISMUS IM UNTERSUCHUNGSRAUM SÜDOSTASIEN VOR DEM HINTERGRUND SOZIOKULTURELLEN WANDELS

I. Einführung in die Problemstellung

1. Forschungsstand und Forschungsanspruch

So vielfältig und breitgefächert sich die Tourismusliteratur insgesamt präsentiert, so gering ist der Anteil an spezifisch alternativtouristischer Literatur. Zunächst meist nur untergeordneter Part als Subkategorie der Ferntourismusdiskussion, wird dem Phänomen Alternativtourismus seit Mitte der 70er zunehmende Bedeutung als eigenständige Tourismusform mit pauschaltouristischem Gegenpol-Selbstverständnis eingeräumt.

Die Betrachtungsweise von Alternativtourismus reflektiert die ideologischen Positionen der Autoren, die vermehrt kritische Darstellung das Scheitern der Illusion eines 'besseren' Tourismus. Annähernd wertfreie Kurzdiskussionen des Phänomens finden sich nur in Lehrbüchern (Beispiel: FREYER 1991). TURNER/ASH (1975) und O'GRADY (1982) etwa verurteilen das Hippiewesen, Vorläufer des heutigen Alternativtourismus, vehement, TÜTING (1978) steht mit ihrer AT-positiven Haltung - die sie im übrigen im Lauf der 80er Jahre entscheidend modifiziert - allein auf weiter Flur.

Es folgt das Jahrzehnt der Tourismuskritik: Die europäischen Vertreter (ADLER 1988; MÄDER 1982, 1985, 1987; RENSCHLER 1979; SCHERRER 1986; etc.) schließen in ihre gesamttourismuskritische Betrachtung Alternativtourismus in all seinen Auswirkungen und Folgen vollinhaltlich ein - im wesentlichen auf Fallbeispielebene ohne expliziten theoretischen Unterbau. Außereuropäische Forschungsansätze hingegen, die im wesentlichen dem angloamerikanischem Sprachraum zuzuordnen sind (THEUNS 1991, 10)[123], befassen sich vorrangig mit dem psychologisch-sozialen Hintergrund alternativtouristischer Erscheinungen (ADLER 1985, BUTLER 1990, CAZES 1989, RILEY 1988, etc.).

[123] Romanische Sprachen sind in der Tourismusforschung allgemein unterrepräsentiert.

Regionalbezogene empirische Studien haben meist ethnologische Ausrichtung und sind nur beschränkt vorhanden und verfügbar. Im Untersuchungsraum Südostasien hält COHEN (1979a, 1982, 1988, 1989) für das *(Nord-)Thailand* der 80er Jahre diesbezüglich eine Monopolstellung, ORLOVIUS/WETZELS (1986) Untersuchung am Toba See (*Sumatra*) und, in Ansätzen, KNAUS (1991) für das Toraja-Land (*Sulawesi*) sowie DRESS (1979) für *Bali* verdienen weitere Erwähnung.

Alternativtourismuskritische Aufsätze (GÖTH 1981, SPREITZHOFER 1992, et al.) finden sich naturgemäß häufiger, sind jedoch schon aufgrund ihrer Kürze in ihrer Aussagekraft limitiert und meist nicht mehr als ein repräsentativer Querschnitt publizierter Studien.

Der vorliegenden Arbeit kommt demnach eine Pionierrolle zu: Erstmals wurde - abgehoben von punktuellen Detailstudien - der Versuch unternommen, länderübergreifend in den Grenzen einer definierten Großregion Aspekte des Alternativtourismus quantitativ wie qualitativ vergleichend zu erfassen und anhand von phänomentypischen Fallstudien zu untermauern.

Nach Überzeugung des Autors zeigt Alternativtourismus - trotz teils ambivalenter wie widersprüchlicher Züge - ein einheitliches Gesicht und ist in Grundzügen auf wenige Charakteristika reduzierbar. Mittelpunkt dieser Studie sind alternativtouristische Aspekte (Reiseentscheidung -> Reiseverhalten -> Reiserückkehr) im industriegesellschaftlichen Umfeld, und nur begleitend die soziokulturellen Folgewirkungen auf räumlich limitierte Gesellschaften.

Bewegung und Ortsveränderung sind Wesensmerkmale jeder Form von Tourismus - und Alternativtourismus, hier analog zur gängigen Diskussion als 'Rucksacktourismus' auf individueller Basis verstanden, ist zweifellos eine Form von Tourismus, auch gegen das alternativtouristische Selbstverständnis[124]...

Eine statische Betrachtung auf Mikroebene erschien daher dem Untersuchungszweck nicht dienlich. Punktuelle, aufgrund verschiedenartiger Forschungsziele und uneinheitlicher Erhebungszeitpunkte nur beschränkt vergleichbare Regionalstudien wie psychologische Untersuchungen existierten in bescheidenem Maße schon bisher: Die vorliegende Arbeit versucht erstmals eine empirisch belegbare Verknüpfung zwischen regionaler und psychologisch-sozialer Ebene.

2. Untersuchungsmethode

In vorliegender Untersuchung kommen sämtliche Datenerhebungsverfahren der empirischen Sozialforschung zum Tragen: Interviews und Teilnehmende Beobachtung als forscherbezogene Methoden der aktiven Datengewinnung vor Ort bilden mit intensiver Inhalts- und Dokumentenanalyse ein integrierendes Ganzes und sind in ihrer Aussagekraft interdependent.

---

124 Vgl. Teil 2/III/1

Während die beiden erstgenannten Methoden definitionsgemäß als reaktive Verfahren (ALEMANN 1977, 234ff) der freien Feldforschung darstellbar sind, gilt letzteres Verfahren als nicht-reaktiv und greift auf bereits vorhandenes, nicht eigenerhobenes Datenmaterial zurück. Vor einer tiefergehenden Diskussion der Anwendbarkeit und Umsetzung der genannten Methoden im Rahmen dieser Studie scheint zunächst eine Begriffsabklärung angezeigt.

2.1. Wissenschaftstheoretische Überlegungen im Rahmen der qualitativen Sozialforschung: Beobachtung und Befragung

Das Konzept der ***Teilnehmenden Beobachtung*** (*'participant observation'*) geht auf LINDEMANN, einen Soziologen der Chicagoer Schule[125], zurück (FRIEDRICHS/LÜDTKE 1971, 3). Beobachtung ist definierbar als "*zielgerichtete Erfassung der aktuellen Umwelt durch die Sinnesorgane (nicht nur visuell) und die Registrierung des Erfaßten in Informationseinheiten.*" (ATTESLANDER 1991, 144)

Nach ALEMANN (1977, 223) nimmt der Beobachter direkt an den Interaktionen der beobachteten Gruppe teil, er versucht sich möglichst vollständig in die Gruppe integrieren zu lassen, um so zu einem möglichst tiefen Verständnis des Gruppenlebens zu kommen.

BRUYN (1963, 224ff) betont die Bedeutung der 'inneren Perspektive': Verstehen von Gruppenprozessen kann nur erreicht werden, wenn man aktiv am Leben der Beobachteten teilnimmt. FILSTEAD (1979, 33)[126] führt diesen Ansatz fort, nur die Teilnahme am Leben der betreffenden Gruppe ermöglicht adäquate Wahrnehmung menschlichen Handelns:

> Objekte kann man ausschließlich von außen erkennen, während geistige und soziale Prozesse nur von innen erkannt werden können ... durch die Bedeutung von Interpretationen, die wir den Objekten geben und die wir mit anderen teilen.

Je nach Betrachtungsebene sind Untergliederungen in *strukturiert (systematisch)/unstrukturiert (unsystematisch)* - nach dem Steuerungsgrad der Selektivität -, *offen/verdeckt* (Präsentationsgrad) und *natürlich/künstlich* (Situation) gängige Praxis; allerdings mit divergierender wissenschaftlicher Akzeptanz:

Standardisiert-strukturierte quantifizierbare Methoden genießen allgemein den Anspruch höherer Wissenschaftlichkeit, unstrukturiert-qualitative Verfahren sind dem Vorwurf der impressionistischen Deskription mit journalistischem Charakter ausgesetzt (GIRTLER 1984, 50 ff) - ein Vorwurf, den der Wiener Soziologe GIRTLER, Verfechter und (populär-)wissenschaftlicher Wegbereiter der unstrukturierten teilnehmenden Beobachtung zu entkräften versucht:

Demzufolge bedeutet fehlende Standardisierung keineswegs eine Verringerung der Objektivität der empirischen Forschungsergebnisse, da das Vorverständnis (Alltagswissen) des Sozialforschers nicht einfließt; durch die Ausschaltung von subjektiv-präjudizierten Hypothesenkata-

---

[125] Die *Chicagoer Schule* ist ein 1914 gegründeter Soziologenkreis nordamerikanischer Wissenschafter.

[126] Vgl. FILSTEAD, W.J. (1979): "*Soziale Welten aus erster Hand.*" In: GERDES 1979, 29ff

logen und Fragebögen fällt die Zwischenschaltung von informationshemmenden Filtern weg (1984, 125), die Kommunikation mit betroffenen Individuen ist beträchtlich verbessert und größere Offenheit durch beidseitige Unvoreingenommenheit gewährleistet (1984, 38ff).

Untrennbar mit dem Konzept der teilnehmenden Beobachtung verbunden ist die ***Befragung***, nach ALEMANN (1977, 207ff) die Hauptmethode der Sozialforschung schlechthin. Unterscheidbar sind vier Dimensionen der Befragung, die unterschiedliche Betrachtungsebenen reflektieren: Nach dem Grad der Standardisierung ist eine Differenzierung in *standardisiert, halbstandardisiert* und *nicht-standardisiert* üblich, weiters sind Unterteilungen in *mündlich/schriftlich* (Art der Befragungssituation), *Einzel- oder Gruppenbefragung* (Zahl der befragten Personen) sowie *einmalige/mehrmalige (Panel) Befragung* (Häufigkeit der Befragung) etabliert (1977, 216).

Analog zur Beobachtung gelten auch hier die standardisierten Formen als wissenschaftlich unumstritten, während freie (narrative) Interviews als empirisch fragwürdig dargestellt werden. Letztere Art dient vorrangig dem Verstehen von Sicht- und Handlungsweisen von Personen und deren Erklärung aus sozialen Bedingungen (SCHNELL/HILL/ESSER 1992, 392), SCHÜTZE (1976) definiert narrative Befragungsmuster geringschätzig als die "*Erzählung eigenerlebter Geschichten*".
GIRTLER, Querdenker und Vertreter letzterer Form, betont hingegen die erhöhte Spontanität abseits von Leitfaden und vorgefertigter Hypothesenauflistung und nennt das reduzierte Einbringen von Forschervorverständnis als wesentlichen Vorteil gegenüber formal-rigider Forschungspraxis (1980, 6; 1984, 155ff).

2.2. Methodeneinsatz im Untersuchungsgebiet

Schwerpunkt der vorliegenden empirischen Untersuchung ist eine Analyse von räumlich-geographischen wie psychologisch-sozialen Verhaltensmustern von Alternativtourismus. Vor dem Hintergrund soziokulturellen Wandels und politischer Steuerung sollten Prinzipien und Regelhaftigkeiten von Rucksacktourismus im Untersuchungsraum in regionaler und sozialer Sicht erfaßt, diskutiert und analysiert sowie hinsichtlich ihrer sozialen und ökonomischen Verträglichkeit und Akzeptanz im Raum Südostasien untersucht werden.

Alternativtouristen sind eine inhomogene soziale Gemeinschaft, die nach soziologischer Definition durchaus als Gruppe betrachtbar sind; nach SCHEUCH/KUTSCH (1972, 61) besteht eine Gruppe "*aus zwei oder mehr Personen, zwischen denen systematische Muster der Interaktionen existieren, und die entweder von ihren Mitgliedern oder durch andere als eine Einheit behandelt werden*"; weiters kennzeichnend ist der normativ-informative Charakter von Gruppen (PEARCE/STRINGER 1991, 146), der gerade für Erscheinungen des Alternativtourismus archetypisch scheint.

Trotz unterschiedlicher Erscheinungs- und Ausprägungsformen weist die Gruppe der Alternativtouristen offensichtliche Gemeinsamkeiten auf, die in einer durchgehenden Ablehnung des Massentourismus gipfeln.
Methodisch erscheinen die Verfahren der empirischen Sozialforschung durchaus geeignet, die soziale Wirklichkeit von 'Backpacking' zu belegen - vorliegende Arbeit ist ein erster Versuch in diese Richtung ...

GIRTLERs Playdoyer für die Anerkennung und Rückkehr zur geisteswissenschaftlichen Tradition von Soziologie und Ethnologie - eine künstliche Differenzierung, da in beiden Wissenschaften der Mensch im Mittelpunkt der Betrachtung steht (1984, 10) - scheint in großen Zügen nicht von der Hand zu weisen und findet ansatzweise auch in vorliegender Studie seine Umsetzung, die einer Diskussion von qualitativen Aspekten des Alternativtourismus den Vorrang einräumt und quantitative Belange hintanstellt; die Verbergung und Tarnung von Menschen hinter Zahlen ist nicht das Hauptanliegen dieser Arbeit. Methodisch dominieren "*weiche*" (BLUMER 1979, 61)[127], weitgehend unstrukturierte Verfahren, die von der empirisch-sozialen Wirklichkeit auszugehen versuchen und auf Hypothesengerüste, die zwangsläufig der eurozentrierten Vorstellungswelt des Forschers entsprechen müssen, verzichten.

Die Studie erhebt keinerlei Anspruch auf quantitative Repräsentativität: Interviews mit Alternativtouristen waren Teil, aber nicht Hauptteil des Untersuchungskonzeptes, das einer qualitativen Betrachtung von Alternativtourismus als Globalphänomen mit exemplarischer Regionalbezugssetzung den Vorrang einräumt. Das erhobene Datenmaterial kann und will nicht mehr als Trends aufzeigen und dient vorrangig der Stützung ähnlich gelagerter Thesen und der vergleichenden Darstellung mit neueren punktuell-limitierten AT-Studien im südostasiatischen Untersuchungsraum.

Bevorzugte Interviewform war das halbstandardisierte Interview ('**Tiefeninterview**'), das - basierend auf einem limitierten Interviewerleitfaden mit Variationsmöglichkeit der Fragen - die Möglichkeit des detaillierten Nachfragens bietet (ALEMANN 1977, 217); die Antworten wurden dabei nicht direkt angepeilt, sondern auf projektiven Umwegen erschlossen.
Befragt wurde ausschließlich mündlich, mehrheitlich einzeln und großteils einmalig. Die Befragungsdauer[128] variierte in der Regel im Bereich von mehreren Stunden und erstreckte sich gegebenenfalls - bei ähnlicher Reiseroute - über einen Zeitraum von mehreren Tagen oder sogar Wochen, in denen sich durch ständige Kommunikation immer wieder neue Aspekte zur Themenstellung ergaben.

Die Interviews fanden zu den unterschiedlichsten Tageszeiten und an den unterschiedlichsten Lokalitäten statt: Beim *'Banana Pancake'* im Travellerlokal oder beim täglichen *'Nasi Goreng'* in einer indonesischen Straßenbude, auf sterilen Flughäfen (*Singapur*) und weniger sterilen Busbahnhöfen *(Kambodscha)*, auf den baumlosen *'Killing Fields' Vietnams* oder in den schat-

---

[127] Vgl. BLUMER, W.L. (1979): "*Methodologische Prinzipien empirischer Wissenschaft.*" In: GERDES 1979, 41ff

[128] Nach WISWEDE (1991, 92) ist die Länge von Tiefeninterviews kein Qualitätsmaßstab; je ausgedehnter das Interview, desto höher ist der Anteil irrelevanter Aussagen, was die Schwierigkeit der Auswertung beträchtlich erhöht.

tigen Ruinen buddhistischer Wats, schwitzend in der 'ekonomi'-Klasse überfüllter Pelni-Fähren[129] *(Indonesien)* oder frierend in den AC-Bus-Tiefkühltruhen *Malaysias.*
Örtlichkeit und Umgebung erwiesen sich als genauso variabel wie die Tageszeit der Befragung - genutzt werden mußte jede sich bietende Gelegenheit: die mitternächtlichen Live-Übertragungen der Fußballeuropameisterschaft *(Thailand)* bewirkten einen nicht unerheblichen Anstieg an Redefreudigkeit und Kommunikationsbedürfnis, den es empirisch zu verwerten galt - nicht ganz so einfach gestalteten sich die geflüsterten Interviews im 'Khmer Rouge' dominierten Umgebungsbereich von *Angkor Wat (Kambodscha)*, beginnender Sauerstoffmangel bei frühmorgendlichen Vulkanbesteigungen *(Indonesien)* wiederum verringerte das Mitteilungsbedürfnis von so manchem potentiellem Interviewopfer.

Das Spektrum an wahrgenommenen Befragungsoptionen war grenzenlos und erwies sich weder als zeit- noch ortsgebunden; teilnehmende Beobachtung kennt keinen Dienstschluß ...

Die 'narrativ' erhobenen Daten und Fakten wurden so rasch wie möglich, gegebenenfalls noch vor Ort, protokolliert - analog zur etablierten Vorgangsmethodik der teilnehmenden Beobachtung, die quasi als umrahmende Methode das Forschungskonzept des Autors trug und eine stärkere Annäherung zur 'Schulsoziologie' darstellt: ausgehend von einem limitierten Leitfaden wurden - teils offen, teils verdeckt - grundsätzlich natürliche Situationen beobachtet.

Nach LOFLAND[130] (1979, 112) verringert eine unmittelbare Protokollierung beobachteter wie erhobener Tatbestände eine ungenaue Darstellung von Handlungsabläufen, ein Ansatz, dem in vorliegender Studie nach Möglichkeit Rechnung getragen wurde - und ein Ding der Notwendigkeit, wurde doch in GIRTLERscher Manier (vgl. 1984, 140), aus Überzeugung wie aufgrund von technischen Restriktionen, auf die Verwendung von Aufnahmegeräten verzichtet, um Offenheit und Natürlichkeit der Situation nicht zu gefährden.

3. Evaluierung der Ergebnisse

3.1. Die Rolle des Forschers: Verbündeter oder Verräter?

Sechs Monate Asien sind eine lange Zeit - sechs Monate auf den Trampelpfaden des Alternativtourismus, täglich konfrontiert mit einer Fülle neuer Eindrücke, gleichzeitig auf der Suche nach wissenschaftlich verwertbarem Datenmaterial und aktueller Information. Die Zwiespältigkeit des Forschungsvorhabens war und ist dem Autor durchaus bewußt: Die touristische Rolle, das Miterleben und die Integration in Handlungsmuster der Forschungszielgruppe, war die methodische Voraussetzung der Durchführbarkeit dieses Projektes, das die Darstellung spezifisch alternativtouristischer Reisemuster in die Zielsetzung einband. Touristische Reisetätigkeit versus wissenschaftlich-statistische Darstellung des Phänomens - das bedeutet die versuchsweise objektivierte Präsentation subjektiv erlebter AT-Phänomene und Strukturen.

---

129 *Pelni* ist die nationale Schiffahrtsgesellschaft Indonesiens.
130 Vgl. LOFLAND, J. (1979): *"Feldnotizen"* In: GERDES 1979, 110ff

Nach Überzeugung des Autors handelt es sich hiebei keineswegs um einen unüberbrückbaren Gegensatz. Absolute Wertfreiheit und Objektivität sind ein Anspruch, dem keine wissenschaftliche Vorgangsweise absolut gerecht werden kann; das Einfließen von Vorverständnis und Alltagswissen des Forschers ist ein nicht auszuschließender Faktor, sei es in der starr-strukturierten oder auch in der offen-unstrukturierten Sozialforschung.

> Der Beobachter steht in unmittelbarer persönlicher Beziehung zu den Beobachteten, und indem er mit ihnen an ihrem natürlichen Lebensbereich partizipiert, sammelt er Daten. So ist der Beobachter Teil des unter Beobachtung stehenden Kontextes, und er modifiziert nicht nur diesen Kontext, sondern wird auch von ihm beeinflußt.
> (SCHWARTZ/SCHWARTZ 1955, 344)

In vorliegender Studie tritt der Extremfall ein, daß der Beobachter selbst als echtes Mitglied der Gruppe fungierte (GIRTLER 1984, 47). Die Annäherungs- und Integrationsphase in eine geistig fremde Sozialgruppe konnte dadurch unterbleiben, der Autor war von Beginn an voll akzeptiertes Gruppenmitglied, was das Forschungsvorhaben entscheidend erleichterte. Das Einbringen persönlicher Reiseerfahrung und eigener Erlebnisse[131] in die Diskussion bewirkte - gemeinsam mit parallelen Verhaltensmustern und Erscheinungsformen - die Unverdächtigkeit des Forschers speziell in 'heiklen' Fragestellungen (Finanzgebarung, Reisemotivation, Einstellungskonstrukte) und sorgte für problemlose Integration.

Trotz monatelangem Aufenthalt in Travellerkreisen glaubt der Autor, nicht die Urteilsmaßstäbe und Verhaltensmuster der Untersuchungsgruppe gänzlich übernommen und akzeptiert zu haben. Der Gefahr des "*going native*"[132] - nach GIRTLER (1984, 63 ff.) ist die Forderung nach größtmöglicher Distanz ohnedies unbegründet - wurde durch ausführliche Literaturstudien vor Reiseantritt und im Lauf des Forschungsaufenthaltes begegnet; zudem waren weder die gewählte Reiseform noch die bereiste Region für den Autor eine Novität, mehrmonatige 'Rucksackreisen' in den vergangenen Jahren führten zum Überdenken des eigenen Standpunktes und veränderter, objektivierter Selbsteinschätzung, die teilnehmende Beobachtung quasi von einer höheren, übergeordneten Ebene ermöglichte.

Die vollständige Integration in die 'Travellerszene' ermöglichte zwei Formen der Beobachtung: Die offene Methode (Darlegung der Forschungsintention) erwies sich nicht immer als zielführend, sodaß auch zu verdeckter Beobachtung gegriffen wurde. Nach WISWEDE (1991, 95) kann der Beobachtete sich hiebei durchaus der Beobachtung bewußt sein, der eigentliche Zweck bleibt ihm aber oft verborgen. Sagen und Tun entpuppten sich dabei nicht immer als deckungsgleich ...

> Der Feldforscher kommt darüber nicht hinweg, in irgendeiner Weise 'Verrat' an den Leuten, mit denen er sympathisiert und deren Leben er untersucht hat, zu üben.
> (GIRTLER 1984, 128)

---

131 Der Untersuchungsraum war dem Autor von früheren Reisen her vertraut und nur teils totales touristisches Neuland.

132 Vgl. auch SCHNELL et al. 1992, 404

Diese Problematik ist auch dem Autor durchaus bewußt. Alternativtourismus ist in vieler Weise eine Extremposition und extrem in seinen Auswirkungen, Formen und Folgen. Unangenehme Aspekte zu verschleiern oder gänzlich zu ignorieren wäre weder im Sinne der Wissenschaft noch des Autors, der - quasi als Kompromißlösung - auf die Namensnennung nach diffamierenden Äußerungen verzichtet und versucht, die persönlich-subjektive Einschätzung hintanzustellen, um größtmögliche Objektivität zu gewährleisten.

3.2. Feldforschung und Datengewinnung

Die durchgeführte Feldforschung versteht sich als Primärerhebung; nach ALEMANN (1977, 194) hat dieser Untersuchungstyp den Vorteil, "*daß der Forscher selbst die Kontrolle über den Datenerhebungsprozeß besitzt, daß er nicht von der sozialen Realität, die er zu erforschen beabsichtigt, 'entfremdet' wird und daß er von daher die Möglichkeiten und die Grenzen der Aussagefähigkeit seiner Daten selbst beurteilen kann*".

Die Heranziehung früherer Studien zur Ergänzung und Testung der eigenen Primärergebnisse - die Sekundäranalyse - kam ergänzend und untermauernd zur Anwendung.

Tiefeninterviews unterschiedlicher Länge (s.o.) wurden mit insgesamt 81 Personen ausgeführt, eine beträchtlich größere Zahl wurde nur zu bestimmten Themengruppen befragt; eine Detailauswertung findet sich in Teil 2, Abschnitt IV. Für die Zugehörigkeit zur Untersuchungsgruppe waren folgende Kriterien ausschlaggebend:

1. Reiseart:
* Individuelle, unorganisierte Reiseform
* Gruppengröße bis drei Personen
* Benutzung alternativtouristischer Infrastruktur

2. Reisedauer:
Minimaldauer zwei Monate, nach oben offene Obergrenze
(Begründung: Durch die hohe Mindestdauer soll die Gruppe der 'Urlauber' von der Betrachtung ausgeschlossen werden)

3. Bereiste Länder:
Mindestens zwei, davon muß zumindest ein Staat im Untersuchungsraum Südostasien liegen.
(Begründung: Das Rahmenziel der Untersuchung ist eine länderübergreifende Erfassung, ein Ländervergleich kann nur durch Aufenthalt in mindestens zwei Staaten stattfinden.)

Dazu kommen **kartographische Erhebungen** in zwei repräsentativen AT-Agglomerationen (*Bangkok, Jakarta*) sowie einem Travellerzentrum 'in statu nascendi' (*Ho Chi Minh City*), **Inhalts- und Dokumentenanalyse** in zahlreichen Bibliotheken Südostasiens und Südasiens und - last not least - das **Grundkonzept der teilnehmenden Beobachtung**, die sämtliche andere Methodenvariationen gleichsam ummantelte.

Die Aussagebereitschaft in AT-Kreisen war erwartungsgemäß hoch, direkte Antwortverweigerungen blieben selten (Ausnahme: Budget). Das Bedürfnis, über die Reise zu sprechen, erwies sich als enorm - Aspekte von Selbstrechtfertigung und Prestigedenken scheinen hiebei eine wesentliche Rolle zu spielen.

Entscheidender Unterschied zu ähnlichen Studien ist neben dem länderübergreifenden Ansatz vor allem das breite Methodenspektrum in der Erfassung beobachtbarer Phänomene, das in die Untersuchung einfloß: Keiner der genannten Forschungsansätze für sich allein wäre zielführend. Interviews und teilnehmende Beobachtung, Kartierung und Bibliothekenforschung, sie sind als integrierendes Ganzes zu sehen; eine bloße quantitative Auswertung lag nie in der Absicht des Autors, der in vorliegender Arbeit Trendanalysen und einer allgemein deskriptiven Darstellung von Aspekten und Phänomenen des Alternativtourismus den Vorzug vor streng quantitativ-regionalbezogener Konzeption einräumt.

II. Die Entwicklung zum Alternativtourismus: Eine Retrospektive

1. "Grand Tour" und Alternativtourismus: Die Anfänge

Nach ADLER (1985) basieren zahlreiche Erscheinungen des Individualtourismus heutiger Ausprägung auf der "*Grand Tour*" des 17./18. Jahrhunderts. Ursprünglich ausnahmslos Privileg Reisender adelig-aristokratischer Provenienz, fand diese Vorstufe des '*Tramping*' allmählich eine sinngemäße Entsprechung in der 'Grand Tour' niedrigerer sozialer Schichten, deren Reisemotivation nicht mehr durch den Oberbegriff 'Bildung' subsumierbar war:

> ... the young, workingman's grand tour, ... was a well-institutionalized, respected traveling pattern for young men of the working class. The tramping system provided a way for tradespeople and skilled artisans to find employment by traveling from village to village ... Not only was it equated with work, but it provided opportunities for a kind of rite-of-passage to male adulthood through separation from home and family. (RILEY 1988, 314)

Bis zum Ende der 30er Jahre des 20.Jahrhunderts war das arbeitsorientierte Tramping, eine Vorstufe des Alternativtourismus zumindest in reisetechnischer Sicht, etwa in den USA gesellschaftlich etabliert und durchaus positiv assoziiert; RILEY (1988, 314) spricht von einer zunehmenden Romantisierung, die Annäherung des ursprünglich *"labour-oriented tramping"* an Tourismus als freizeit- und genußorientiertes System wird offenkundig.

Parallel zum Rückgang von Facharbeitern und dem vermehrten Auftreten von Vagabondage und Landstreicherei sinkt die öffentliche Akzeptanz: "*Tramping became increasingly viewed by the larger society as deviant, or at least marginal, behavior*" (RILEY 1988, 314). 'Tramping' als Massenbewegung wird zum politischen Diskussionspunkt, "*life on the road*" verliert jeden gesellschaftspolitischen Rückhalt und gilt fortan als verdächtig und illegal. Tramper werden zum "*... social problem, and their motivation (was) explained in individual, psychological terms as 'Wanderlust'*" (ADLER 1985, 341).

2. Die Hippiebewegung: Protest gegen Industriegesellschaft und Establishment

Während letztgenannte Vorphasen des AT kleinmaßstäbige (reisetechnische) Charakteristika zumindest anklingen ließen, ist die Basismotivation im heutigen Individualtourismus grundsätzlich verschieden: Beginnender Alternativtourismus großmaßstäbigen Stils wird erst ab Anfang der 70er Jahre als Reaktion auf die vieldiskutierten Auswirkungen des Massentourismus registriert (BECKER 1990, 586; FREYER 1991, 392).

Alternative Lebensformen als westlicher Protest gegen Weltwirtschaftswunder und Industrieboom werden seit über einem halben Jahrhundert propagiert. Zunächst noch Minderheitenerscheinung vorwiegend politisch linker Kreise, breitete sich die Alternativbewegung - ausgehend von den USA - wellenförmig, mit unterschiedlicher Intensität, auf sämtliche westlich-kapitalistische Staaten aus.
Die amerikanischen *Beats* der 50er Jahre mit ihrer "*Vision der großen Rucksackrevolution*" (FAHRENHOLTZ/LORENZ 1986, 134) werden bahnbrechend für den Traum ewiger Freiheit: Parallelen zur Tramp-Bewegung der 30er Jahre sind unverkennbar, die sich auch im Gegenwelt-Gedankengut der holländischen *Provos* niederschlägt.

Waren die genannten Bestrebungen insgesamt quantitativ vernachlässigbar und lokal/regional limitiert, so können sie inhaltlich durchaus als Wegbereiter der Hippiebewegung, dem eigentlichen Auslöser für großräumigen Alternativtourismus (BECKER 1990, 585), gelten, die idealistisch folgende Ziele verfolgt:

> Der Zerstörung des ökologischen Gleichgewichts, dem Wachstumsfetischismus der Weltwirtschaft, der Verödung der Städte, der Aufrüstung, der rigiden Rollenverteilung zwischen Mann und Frau, der Bürokratisierung des Staates versucht sie, neue Werthierarchien entgegenzusetzen, Selbstverwirklichung, Mitbestimmung, Selbstverwaltung, Dezentralisierung, Frieden, Solidarität mit den Menschen der Dritten Welt, soziale Gerechtigkeit rangieren vor Besitz, Konsum, Geld und Sicherheit.
> (FAHRENHOLTZ/LORENZ 1986, 134)

Die 'Blumenkinder' der späten 60er Jahre beschränkten sich nicht länger auf (passive) landesinterne Protestkundgebungen und Demonstrationen gegen das Establishment, sondern setzten aktive Zeichen auf ihrer Suche nach einer besseren Welt: Die Überlandfahrten nach Indien werden nicht nur zu den ersten Alternativreisen per se, sondern entwickeln sich indirekt zum Wegbereiter für (massenhaften) Alternativtourismus der nächsten Jahrzehnte (SPREITZHOFER 1992, 1994c).

Die Gründung erster 'Aussteigerzentren' im Asien der 70er Jahre ist zunächst jedoch noch punktuell auf Zentren beschränkt, die sich dem Hippie-Lebensstil gegenüber als tolerant erweisen; *Kuta* (Bali/Indonesien), *Kabul* (Afghanistan), *Kathmandu* (Nepal) oder *Goa* (Indien) werden die ersten Freakzentren, deren zeitresistente Bedeutung als Hochburgen des Individualtourismus - modifiziert auf AT-Trends der 80er Jahre - heute unbestritten ist.

Massive (erste) Kritik am Hippiewesen, definiert als "*counterculture with drugs, loose sexual mores and poor hygienic standards*" (BUTLER 1990, 42), erfolgt erwartungsgemäß nicht aus linken Kreisen, den Initiatoren der Alternativbewegung schlechthin, sondern vorwiegend von kirchlicher Seite; die bürgerliche Argumentationslinie der Tramping-Opposition wird dabei weitgehend beibehalten:

> Das herkömmliche Wissen in den Gastländern assoziiert die 'Hippies' mit Drogen, sexueller Unmoral, vernachlässigter Hygiene, Verbrechen, Faulheit und Ausbeutung. Es gibt Beweise dafür, daß diese Anschuldigungen alle wahr sind ... Der Zynismus und die Ziellosigkeit, charakteristisch für die Gemeinschaften junger Menschen in ... populären Absteigeorten in Asien, ist äußerst entmutigend ... (O'GRADY 1982, 22)

3. Konkurrenz und Gegenpol zum Massentourismus: Die Gegenwart

Protest gegen Gesellschaft und Establishment gelten allgemein als die Hintergründe der mittlerweile abgeflauten Hippiebewegung, die nunmehr selbst von deklarierten linken Kreisen nicht mehr ausschließlich wohlwollender Kritik ausgesetzt ist (vgl. MÄDER 1982, 78ff).

Nach den Hippies die Alternativtouristen? Zumindest in der Tourismusfachliteratur ist der Terminus 'Hippie' veraltet und wird für Tourismusaussagen nicht länger verwendet. Sind Hippies Alternativtouristen? Sind Alternativtouristen Hippies?

Einteilung und Charakteristika von Hippies stoßen allgemein auf keine grundlegenden definitorischen Schwierigkeiten: "*Ausgeflippte Jugendliche*" (TÜTING 1978, 56), "*Wohlstandszigeuner*" auf der Suche nach Drogen und Sex (MÄDER 1982, 87), ohne festen Zeitplan (O'GRADY 1982, 20), mit eigenem alternativen Lebensstil und friedensorientierter, gewaltfreier Lebensphilosophie (DUDEN 1990).

(3)

Die Tourismustheorie bietet keine erschöpfende, allumfassende Definition des Schlagwortes Alternativtourismus. Ein definitorischer Exkurs in die einschlägige Fachliteratur scheint daher angebracht.

III. Alternativtourismus und Alternativtourist: Versuch einer Begriffsdefinition

1. Alternativtourismus heute: Ein multifunktionales System

Seit Beginn der 80er Jahre ist der Begriff 'Alternativtourismus' Inhalt und Schwerpunkt zahlreicher Publikationen tourismus(pseudo)wissenschaftlicher Natur. Allgemeine Übereinstimmung besteht in der Tourismusliteratur nur über Ambiguität und Vieldeutigkeit dieses Konzeptes, das als Schlagwort und Zauberformel die Tourismustheorie seit gut zwei Jahrzehnten beherrscht: "*No consensus has yet emerged as to the precise nature of alternative tourism*" (PEARCE 1989).

Definitionsansätze tendieren zu fehlender Präzision und lassen verschiedenste Interpretationsmöglichkeiten zu - ein Kriterium, das vollinhaltlich auch für das Erklärungskonzept der Welttourismusorganisation *WTO* zum Tragen kommt, in dem "*alternative tourism*" als "*new forms of socially responsible and environment-conscious tourism*" (SMITH 1990, 479) dargestellt wird.

Eine Vielzahl von Autoren betont "*imprecision and ephemeral character of the concept*" (CAZES 1989, 117), insgesamt scheint sich jedoch ein Synonymisierungseffekt zu Rucksacktourismus herauszukristallisieren (FREYER 1991, 393); manche Autoren fordern sogar die Ersetzung des Begriffes 'Alternativtourismus' durch Rucksacktourismus (KIENECKER 1987, 328), um das Scheitern der Illusion eines 'anderen' Tourismus auch terminologisch zu untermauern.

Ist das Konzept '*Alternativtourismus*' schon wissenschaftsintern vage und ohne einhellige Inhaltszuweisung, so gestalten sich die divergierenden Betrachtungsweisen nichtwissenschaftlich Integrierter nicht weiter erstaunlich - eine Tatsache, die zur (terminologischen) Konfliktlösung nicht geeignet ist.[133]

Gemeinsamer Nenner sämtlicher Begriffsannäherungen ist die Abgrenzung zu (massenhaftem) Pauschaltourismus mit all seinen negativen Auswirkungen (BECKER 1990, 586; CAZES 1989, 123; FAHRENHOLZ/LORENZ 1983, 129ff; FREYER 1991, 394; KRIPPENDORF 1984, 86; WEAVER 1991, 415; et al.), die als Basisidee einer Vielzahl von Ansätzen zugrundeliegt. Alternativtourismus ist nur durch ein selbstbestimmendes Faktorenbündel bestimmbar:

> 'Alternative tourism' can ... be conceived as a dynamic system which is not to be defined by some component or another but by the obligatory simultanous presence of these components and by the vital relations maintained between them ...
> (CAZES 1989, 123)

---

133 Die terminologische Uneinigkeit in Wissenschaftskreisen findet ihr Pendant auf nichtwissenschaftlicher Ebene: Einem Umfrageergebnis zufolge wissen 26,3% der Befragten mit dem (alternativtourismusverwandten) Begriff 'Individualtourismus' nichts anzufangen (OPASCHOWSKI 1989, 24).

Alternativtourismus als Subsumierung gesellschaftlich relevanter Reiseaspekte unterschiedlicher Zielebenen - eine Argumentationslinie, die auch RICHTER (1989, 193) teilt, wenn sie "*alternative tourism*" als "*a variety of concerns and responses, some focused on the tourist, some on the host culture, some on the natural environment and some on the political environment*" definiert.

Abb.17: Alternativtourismus und seine Definition

Der Student meint:	*"alternativ", "Sammelbecken für nicht Alltägliches", "wie alle anderen, aber billiger", "viel reisen mit wenig Geld"*
Der Bürger meint:	*"selbstorganisiert", "spontan", "vorher nicht buchen", "natürlich"*
Das Reisebüro meint:	*"außergewöhnlich", "Trekking", "Reisen ab 6000 DM"*

Quelle: OPASCHOWSKI 1989, 49

2. Alternativtouristen heute: Wesensmerkmal Inhomogenität?

2.1. Die nicht-wissenschaftliche Ebene: Vom 'Hippie' zum 'Traveller'

So vage und wenig kohärent die Darstellung des abstrakten Überbegriffes 'Alternativtourismus' in der Tourismusfachliteratur auch ist, so vielfältig gestalten sich die Bezeichnungen für Vertreter und Repräsentanten dieser Tourismusform.

Der Terminus 'Hippie' - anfangs weitgehend synonym mit Billigindividualreisen in die Dritte Welt - wird zu Beginn der 80er Jahre allmählich ergänzt und abgelöst durch weniger assoziationsbeladene Begriffe, was als Reaktion auf den Zustrom neuer Interessentenkreise verstanden werden muß. 'Hippie' ist ein ausschließlich negativ behafteter Terminus, der selbst in der einschlägigen AT-Reiseführerliteratur der 70er Jahre keinen Platz hat und nur in der (kirchlich orientierten) kritischen Tourismusfachliteratur Verbreitung fand: O'GRADY (1982, 20) spricht sogar von "*Lumpenbohème*".

TÜTING (1978, 57ff) und FAHRENHOLTZ/LORENZ (1983, 129) ergänzen die Begriffspalette um die Termini '*Freak*', '*Ausgeflippter*', '*Edelgammler*', '*Nichtstuer*', '*Drückeberger*', '*Aussteiger*', '*Abenteuerreisender*', '*Trekker*' *oder* '*Weltenbummler*' (eine Auswahl!). TÜTING bevorzugt aber den neutralen '*Globetrotter*'; eine Vorwegnahme der Tendenz der 80er und 90er Jahre, eindeutig diffamierend-wertende Terminologie aus dem tourismuswissenschaftlichen Sprachgebrauch zu eliminieren. Wissenschaftsintern scheint heute der Begriff '*Alternativtourist*' weitgehend etabliert, die Vertreter der genannten Reiseform bevorzugen dagegen die Eigencharakterisierung als '*(Budget) Traveller*', '*Globetrotter*' oder '*Backpacker*'

(Rucksacktourist): eine Reflektion der Terminologie und Werbesprache einschlägiger AT-Industrien.
'*Alternativtourist*' ist in Travellerkreisen selbst wenig gebräuchlich und aufgrund des Wortteils '*-tourist*' auch großteils verpönt; verbindend für die inhomogene Gruppe 'anders' Reisender[134] ist die totale Ablehnung der touristischen Rolle (SCHERRER 1986, 76), eine terminologische Begleiterscheinung zur Opposition zu massentouristischen Erscheinungsformen.

2.2. Die wissenschaftliche Ebene: Ausgewählte Touristentypologien

Alternativtourismus und Alternativtourist: Zwei Begriffe, die ein weites Spektrum abdecken und ohne tiefgreifende Diskussion als homogen und konsistent erscheinen mögen. Diese Simplifizierung bewirkte nicht nur in der Subkategorie AT, sondern auch und vor allem für das übergeordnete Konzept '*Tourist*' die Entwicklung einer Reihe von Typologien. "*Most of the extant literature on the sociology of tourism refers, at least implicitly, to the mass tourist, treating all tourists as if they played the same role*" (RILEY 1988, 315).

Die exemplarisch präsentierten Typologiekonzepte wurden hinsichtlich Relevanz und Adaptionsmöglichkeit auf alternativtouristische Verhaltensweisen zusammengestellt und reflektieren beispielhaft den Forschungsstand der 90er Jahre.

COHENs Touristentypologie beinhaltete 1972 neben massentouristischen Ansätzen erstmals auch "*noninstitutionalized tourist roles*", offenbar eine Reaktion auf die Hippiebewegung der späten 60er Jahre. Während in COHENs vierteiligem Konzept "*organized*" und "*individual mass tourist*" die institutionalisierten Rollen übernehmen, stellen "*drifter*" und "*explorer*" die individualtouristischen Gegenspieler dar - nach BYSTRZANOWSKY (1989, 26) eine Reihung nach dem jeweiligen Kommerzialisierungsgrad. Zwei Jahrzehnte später gilt COHENs Typologieansatz grundsätzlich nach wie vor als Basis der wenigen einschlägigen AT-Untersuchungen (vgl. RILEY 1988); für vorliegende Arbeit thematisch von besonderem Interesse sind naturgemäß die Konzepte "*drifter*" und "*explorer*", deren Diskussion auch in Hinblick auf den nachfolgenden empirischen Untersuchungsteil gesteigerte Bedeutung zugemessen werden muß.

Während der '**explorer**'-Typ Reiseorganisation und Fortbewegungsart selbst bestimmt und arrangiert, stellt er gleichzeitig Mindestansprüche an Komfort, hofft auf Routine, Regelhaftes und Bekanntes (z.B. Essen) und verfügt über eine fixen Zeit- und Routenplan.

Im Gegensatz dazu zeigt der '**drifter**'-Typ verstärktes Interesse am Lebensstil der bereisten Kulturen/Regionen, den er zu teilen versucht; Meist mit Mittelschicht/Oberschicht-Background, gilt er als unpatriotisch und ideologieverachtend, der Reiseantritt als freiwillig, bei vorherrschenden Fluchtmotiven neigt er zu Anarchie und Hedonismus (zit. nach RILEY 1990, 315) -

---

134 "*Anders Reisen*" ist eine einschlägige Reisebuchreihe, die sich als Kontrapunkt zu massentouristischem Reiseführerangebot versteht.

eine Parallele zu SMERALs (1990b, 55) Ansatz, demzufolge Alternativreisende in Richtung des hedonistischen Sigma-Trends[135] tendieren.

Die Darstellung von 'Drifting' als Teil der "*Counterculture*" der Hippieanfänge modifiziert COHEN selbst nur wenig später: Drifting wird zum Trend und "*institutionalized on a level completely segregated from, but parallel to, ordinary mass tourism*" (COHEN 1973, 90). Die enge Verbindung von 'drifting' und 'drugs' der 70er Jahre ist für die 80er nicht mehr feststellbar - RILEY (1988, 326) betont den Unterschied der *"long-term budget travelers"* damals wie heute und resumiert:

> Today's typical youthful traveler is not accurately described as a "hippie", a "bum", or an adherent to a "counterculture". Western society has undergone some major changes and the contemporary long-term traveler reflects them ... They travel under flexible timetables and itineraries.

FUSSELL führt COHENs Ansatz weiter aus und unterscheidet zwischen 'explorer', 'traveler' und 'tourist': "*the explorer seeks the undiscovered, the traveler that which has been discovered by the mind working in history, the tourist that which has been discovered by entrepreneurship and prepared for him by the arts of publicity*" (FUSSELL 1979, 30).

VORLAUFERs siebenteilige Typologie basiert weder auf Kommerzialisierungsgrad (vgl. COHEN 1972) noch auf Reisemotivation (vgl. FUSSELL 1979), sondern auf Touristenzahl und ihrer Anpassung an lokale Normsysteme. Für vorliegende Arbeit von Bedeutung sind vor allem die Konzepte des ***"Elite-Touristen"*** und der ***"Off-Beat-Touristen"***, die *"durch die Benutzung lokaler Verkehrssysteme, Unterkünfte und Gaststätten kaum sozio-kulturelle Überformung bewirken"* (KRIPPENDORF 1984, 59) - ein Ansatz, der in vorliegender Studie zur Diskussion gestellt wird.

Einen weiteren Kategorisierungsansatz bietet COHEN auf der Grundlage touristischer Erfahrungswerte, unterschieden wird zwischen 'recreational', 'diversionary', 'experiential', 'experimental' und 'existential' (COHEN 1979b, 185-92). Dieser Gliederung zufolge sind Alternativtouristen - in STOHRBECKs (1990) Übertragung - als **Experimentier- und Existenztypen** definierbar: Erstere suchen "*nach alternativen Lebensentwürfen und Wertvorstellungen, ... geben sich nicht damit zufrieden, (scheinbar) authentisches Leben in anderen Kulturen und Gesellschaften zu beobachten, sondern versuchen vielmehr für einige Zeit in andere Kulturen integriert zu werden*" (STOHRBECK 1990, 336); zweitere Gruppe wiederum hat ihre optimaladäquate alternative Lebensweise bereits gefunden, kann sie jedoch nur auf der Reise verwirklichen.

Eine US-Gallup-Umfrage differenziert zwischen den Kategorien '**adventurer**', 'worrier', 'dreamer', 'economizer' und 'indulger' - nach LOWYCK (1992, 24) lassen sich Alternativtouristen in ersteres Konzept einordnen: Sie gelten als unabhängig und selbstbewußt, "*they like to try new activities, meet new people and experience different cultures*", "*travel plays a central role in their lives*".

---

135 Vgl. Teil 1/IV/3.1.1.

All die genannten Typologien wurden exemplarisch mit Hinblick auf ihre Adaptionsmöglichkeit auf AT gewählt und präsentiert: Ob 'drifter', 'explorer' oder 'adventurer', 'off-beat-' oder 'experimental tourist' - die Terminologie für ähnliche Begriffskategorien variiert abhängig vom jeweiligen Autor: "*there do not exist standard categories for different types of tourists in psychographic research, ... typologies might be an artefact of the researcher*" (LOWYCK 1992, 26). Neben subjektiver Kategorienbildung stößt auch das weitgehende Fehlen jeglichen empirischen Bezuges und expliziter Kriterien zur Gewinnung und Abgrenzung einzelner Typologiekonstrukte auf allgemeine Kritik (vgl. STOHRBECK 1990, 334), was die permanente Neuschaffung und -kombination von Touristentypologien aber nicht zu unterbinden vermag.

Abb.18: Die Anpassung an örtliche Normen nach touristischen Häufigkeitstypen

Touristentypus	*Zahlenmäßiges Auftreten der Touristen in den Gastländern*	*Grad der Anpassung der Touristen an örtliche Normen*
Forschungsreisende	äußerst begrenzt	vollständige Akzeptierung
Elite-Touristen (Einzelreisende und Kleingruppen in "unberührten" Gebieten)	selten zu sehen	volle Anpassung
"Off-Beat"-Touristen (sondern sich von der Masse ab)	ungewöhnlich, aber durchaus zu sehen	paßt sich weitgehend an
"Ungewöhnliche Touristen" (abgelegene Ziele im Rahmen von organisierten Touren)	gelegentlich zu sehen	paßt sich teilweise an
Beginnender Massentourismus	stetig steigende Zahl	sucht westlichen Komfort
Massentourismus	kontinuierlicher Zustrom	erwartet westlichen Komfort
Charter-Tourismus	Massenankünfte	verlangt westlichen Komfort

Quelle: KRIPPENDORF 1984, 59

3. Alternativtourismus als Massentourismus? Anspruch und Wirklichkeit

Die Abgrenzung zum Massentourismus ist verbindendes Glied auch inhaltlich divergierender Studien über Alternativtourismus. Unbestritten ein Phänomen der zweiten Hälfte des 20.Jahrhunderts und als Folge eines Faktorenbündels aus sozialen, technologischen, ökonomischen wie politischen, kulturellen und psychologischen Wandelerscheinungen darstellbar, bewirkte die beginnende touristische Massenhaftigkeit das endgültige 'Aus' jeglichen elitären Anspruches von (Fern-)Reiseaktivität; ein Anspruch, auf den Alternativtouristen nicht verzichten wollen, der als Unterscheidungsmerkmal und Kontrapunkt herangezogen werden soll.

BERGMANN/HAMMANN/OCKENFUSS (1981, 33) sprechen von einer ausgeprägt elitären *"Freakideologie"*, die - in Schwarzweißmalerei - alle Alternativtouristen als gut, alle (Massen-) Touristen als schlecht darstellt: *"... no social group is more snobbish and dismissive about tourists ... The worst thing that can be said about a place is that it is too touristy"* (TURNER/ ASH 1975, 257).
Was sind nun die Gegenspieler des Alternativtourismus? Welche Unterscheidungskriterien trennen 'Touristen' von 'Travellern'?

> Massentourismus, das sind Leute, die immer in Gruppen herumlaufen. Die auf Anweisung reisen, essen, schlafen, besichtigen, marschieren. Die einem Reiseleiter unterstehen, *"dessen Autorität die Kolonne gleichermaßen fürchtet und ersehnt"* (vgl. ENZENSBERGER). Mediokre subalterne Existenzen also, die unfähig sind zu selbständigem Sehen, Denken und Erleben ... (MÜLLENMEISTER 1989, 47)

'*Massentourismus*' ist definitorisch ähnlich inkonsistent wie '*Alternativtourismus*', Charakterisierungen der beiden (formalen) Extrempositionen gelingen nur durch Faktorenbündelkonfrontation: DERNOIs Merkmalsauflistung (1981) wurde wegweisend für die Verwissenschaftlichung des damals noch jungen Begriffes AT, muß jedoch als stellvertretend für die idealisierten Ansprüche der späten 70er Jahre als positiver Gegenpol zum Massentourismus gesehen werden. Massentourismus im weiteren Sinn ist nicht bloß auf das pauschaltouristische Reiseverhalten beschränkbar, sondern umfaßt vielmehr das gesamttouristische Umfeld in Quell- und Zielländern des Tourismus - sinngemäß genauso wie Alternativtourismus nicht nur durch travellerspezifische Merkmalskombinationen ohne Berücksichtigung einschlägiger (vor- und nachgelagerter) AT-Industrien darstellbar ist.

Gut ein Jahrzehnt später hat DERNOIs 12-Punkte Charakteristik an Signifikanz verloren, die Konträrpositionen sind Anfang der 90er Jahre keineswegs mehr so ausgeprägt und lassen zunehmende Aufweichungstendenzen erkennen: Die Annäherung zahlreicher Sachverhalte an vormals ausschließlich massentouristisch definierte Erscheinungen ist offensichtlich, die zunehmende Kommerzialisierung deutlich feststellbar.

Eine Detailanalyse - mit Schwerpunktsetzung auf die besondere Situation Südostasiens - ergibt folgendes Bild: Während die Merkmalsbündel (1)-(3) (Kleinmaßstäbigkeit, Familienbetrieb, Zusatzeinkommensfunktion) noch weitgehend feststellbar sind, ist die Größenordnung der Betriebe[136] (4) klar nach oben ausgerichtet. Flexibilität auf individueller Ebene (5)(6) hat für die AT-Industrie Südostasiens unverändert Gültigkeit, die Angebotsmodifizierung auf finanziell potentere AT-Nachfrageschichten (7) ist jedoch unverkennbar. Die AT-Einnahmen kommen nach wie vor durchwegs lokalen/regionalen Investoren zugute und nicht internationalen (multinationalen) Konzernen (8). Als gänzlich überholt erweisen sich die Bereiche (9)-(12): Die Gebäudeform neu errichteter AT-Beherbergungsbetriebe ist vielfach zumindest umstritten (9), die Zentralisierungstendenz ist nicht nur im urbanen Bereich offenkundig (10), AT-Apartheid und

---

136 Vgl. Teil 2/V.II./1.1.

Segregation sind vielbeobachtete Phänomene im Untersuchungsgebiet (11); die umstrittene Frage der Völkerverständigung (12) ist mittlerweile Inhalt zahlreicher tourismuskritischer Publikationen.

Die Schlußfolgerung liegt auf der Hand: Massentouristischer Alternativtourismus ist ein Produkt der 80er Jahre, die idealisierte Gegenüberstellung 'Alternativtourismus versus Massentourismus' ist (in der Theorie) nur mehr eingeschränkt anwendbar und (in der Praxis) von der realen Entwicklung großteils überholt. Die Entwicklung des AT zeigt permanentes Wachstum, dem von benachbarten AT-spezifischen Infrastruktureinrichtungen und einschlägiger AT-Industrie in Quell- und Zielländern Rechnung getragen wird. Alternativtourismus als Massentourismus auf budgetär niedrigerem Niveau - keine gänzlich verwerfbare These: Alternativtourismus ist darstellbar als "*subkulturelle Variante des Massentourismus*" (ARMANSKI 1986, 142).

Nach CANNAIN/HIMMELSEHER (1980, 16ff) sind auch qualitative Parallelen offenkundig: In Verleugnung ihrer Herkunft suchen 'Normaltouristen' wie 'Alternativtouristen' das Aufgehen in fremden Kulturen. Während erstere Gruppe allerdings Veränderung will (Ziele: "*Sauberer, Besser, Moderner*"), streben Rucksackreisende den totalen Stillstand und Fortschrittsstop an (Ziel: "*Natürliches Leben*").

(4)

BUTLERs Ansatz (1990) - modifiziert und simplifiziert dargestellt in WEAVER (1991) - nimmt ein Jahrzehnt später eine Vier-Punkte-Gliederung vor. Seine Gegenüberstellung von Massentourismus ("hard") und Alternativtourismus ("soft") erfolgt ähnlich DERNOI in Schlagwortmanier und stellt eine Verbindung der oft synonym verwendeten Konzepte 'Alternativtourismus' und 'Sanfter Tourismus' dar[137].

Abb.19: Konventioneller Tourismus und Alternativtourismus - Eine Gegenüberstellung

Conventional/Commercial Tourism	*Alternative Tourism*
1. Run as a commercial enterprise	Functioning as a home industry
2. Rarely a family enterprise, mostly a manager system	Mostly a family or similar 'business'
3. Mostly a business on its own	Generally a secondary source of revenue for a household
4. Always more than one 'rental units' are offered, rarely under six, generally between ten and hundred	Generally one or two units, rarely over six (except for camping places)
5. Needs major investments, often public expenses for infrastructure	Needs smaller investments, mainly on an individual basis
6. More vulnerable to economic fluctuations; generally not flexible	Flexible use
7. Generally offers high-cost accomodation and services, with a higher level of comfort, thus excluding tourists with lower revenue	Offers low-cost services; can accomodate low income groups; facilities lack comfort
8. Revenue enters the commercial business circuit - slow, ineffective down-filtration to the general population. Profit often leaves the locality, even the country	Income goes directly to the inhabitants, stays there locally
9. Needs land planning, layout design; tends to interfere with the environment and with local ways and tradition; changes landscape	Fits into existing settlement pattern, no need for layout or landscape alteration; has to adopt more to local habits
10. Rather centralized; units together	Units are generally dispersed in the community or region
11. By concentration of its units, tends to isolate tourists from locals	Automatically prevents or reduces tourist apartheid
12. By the life-style offered, it is susceptible to create tension between tourists and locals	Could promote better understanding between tourists and locals

Quelle: DERNOI 1981, 67f

137 Im Gegensatz zu Alternativtourismus ist das Konzept des 'Sanften Tourismus' kein neuer Reisestil, sondern eigenständiger Teil der Ökologiebewegung und durch ganzheitlichen Anspruch zu charakterisieren: Ziel ist optimales Zusammenwirken von Mensch, Technik, Natur und Kultur. (TÜTING 1990b)

IV. Charakteristische Elemente von Alternativtourismus: Die Kernergebnisse der Feldforschung

Die folgende Darstellung basiert im wesentlichen auf den empirischen Ergebnissen des Feldforschungsaufenthaltes des Autors, die, sofern Vergleichsmaterial ähnlich gelagerter Studien vorhanden, gegenüberstellend präsentiert werden sollen.

1. Die Quelländer

Alternativtouristen stammen überwiegend aus westlich-kapitalistischen Industrieländern und gelten großteils als Vertreter der städtischen Subkulturen (KIENECKER 1987, 328) in Europa, Nordamerika, Australien/Neuseeland und Japan; österreichweit hat nahezu die Hälfte aller Reisenden nach Ost- und Südostasien den Wohnort Wien (ÖSZA 1987, 98).

Das AT-Aufkommen Südostasiens ist charakterisiert durch die Dominanz Europas und die vergleichsweise Unterrepräsentierung nordamerikanischer Traveller,[138]- RILEYs (1988, 319) Erkenntnis der frühen 80er Jahre findet in vorliegender Studie ihre Bestätigung.
Vier von fünf Befragten (81,5%) sind *Europäer*, 8,6% stammen aus *USA/Kanada*, 7,4% aus *Australien/Neuseeland*, *Japan* hat insgesamt nur zwei Vertreter; ein klares Überwiegen Europas gegenüber DEARDEN/HARRONs (1992, 97) Trekkeranalyse (Europa 57%, Nordamerika 22%, Australien/Neuseeland 17%), was als unbewußte Orientierung der Autoren an Interviewpartnern des Heimatkontinents interpretierbar ist.

Abb.20: Die Herkunftsstruktur

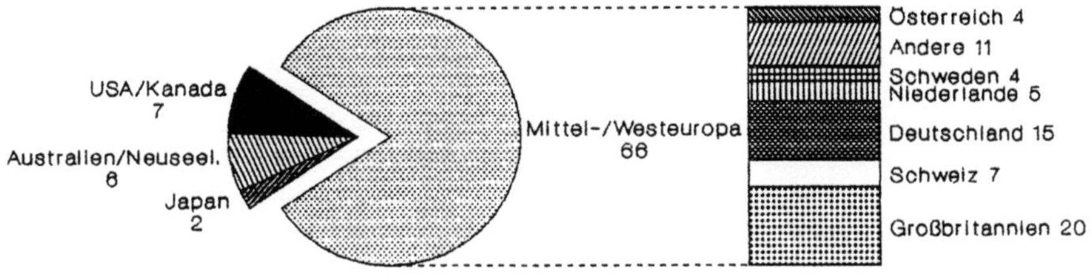

Quelle: Eigenerhebung 1992

138 Vgl. Teil 2/II

Eine Untergliederung des Europaanteils unterstreicht - in Anlehnung an die gesamttouristischen Prozentwerte der WTO-Statistiken - die führende Rolle Großbritanniens vor Deutschland: Jeder dritte europäische Alternativtourist ist Brite, etwa jeder vierte Deutscher, jeder zehnte stammt aus Skandinavien, jeder zwölfte aus den Niederlanden oder aus Israel; Mitteleuropa (Deutschland, Österreich, Schweiz) zusammen nimmt mit einem Europaanteil von 39,4% noch vor Großbritannien (30,3%) die regionale Führungsrolle im Herkunftsländervergleich ein.

Kaum vertreten sind - mit Ausnahme Japans, das jedoch ebenfalls deutlich unterrepräsentiert ist - ostasiatische Länder, die die Tourismusbilanzen des südostasiatischen Untersuchungsgebietes anführen und prägen. Tourismus in den 'Vier-Tiger' Staaten (Hong Kong, Japan, Südkorea, Taiwan) basiert nahezu ausschließlich auf Pauschaltourismus, alternativtouristisches Gedankengut ist weitgehend fremd und in der touristischen Praxis (noch) nicht etabliert.

Punkto Sprachbeherrschung ist die dominierende Stellung von Alternativtouristen englischer Muttersprache augenfällig (40,7%), 30,9% sprechen Deutsch, 8,6% skandinavische Sprachen. Vertreter der ehemaligen Kolonialmächte Niederlande (6,2%) und Frankreich (3,7%) sind deutlich unterrepräsentiert, wie das weitgehende Fehlen südeuropäischer Traveller im Untersuchungsraum offenkundig ist; in Travellerkreisen gelten sprachliche Barrieren von Vertretern dieser Ländergruppe als Haupthindernisgrund für Südostasienreisen.

2. Der sozio-ökonomische Background

2.1. Alter und Geschlechterverteilung: *"How old are you?"*

Der Altersschnitt von Alternativtouristen in Dritt-Welt-Ländern ist generell höher als von Rucksacktouristen in den Aussteigerparadiesen des südöstlichen Europa: Das Durchschnittsalter von Griechenlandreisenden etwa beträgt 22,6 Jahre (PANNENBECKER 1981), DEARDEN/HARRON (1992, 97) dagegen errechnen für nordthailändische Trekker 28 Jahre, RILEY (1988, 318) gibt für den gesamten Bereich Südostasien eine Häufung der Altersgruppe von 25-33 Jahre an[139].

Die Ergebnisse der beiden letztgenannten Studien decken sich weitgehend mit den Erkenntnissen der vorliegenden Untersuchung: Das Durchschnittsalter der befragten Traveller liegt bei etwa 27 Jahren, trotz größter Häufung im Altersbereich 18-24 (38,3%). 25 Alternativtouristen (30,9%) sind zwischen 25 und 29 Jahren, 20 (24,7%) fallen in die Altersgruppe 30-34, nur fünf (6,2%) sind älter als 35 Jahre.

Der jüngste Interviewpartner ist ein Schweizer Briefträger (20 Jahre), der älteste ein Schweizer Lehrer (45 Jahre); nicht in der Wertung scheint ein pensionierter Pilot der australischen Luftwaffe auf (76 Jahre), der seinen Lebensabend ganz im alternativtouristischen Selbstverständnis in Thailand verbringt (*"a cheap place"*), aber aufgrund fehlender Mobilität nicht die Auswahlkriterien der Untersuchung erfüllt.

---

139 Das Hauptinteresse für Fernreisen allgemein liegt in der Altersgruppe von 20-29 Jahren und ist damit nicht unbedingt AT-spezifisch (JURCEK 1990, 257-77).

Abb.21: Die Altersstruktur

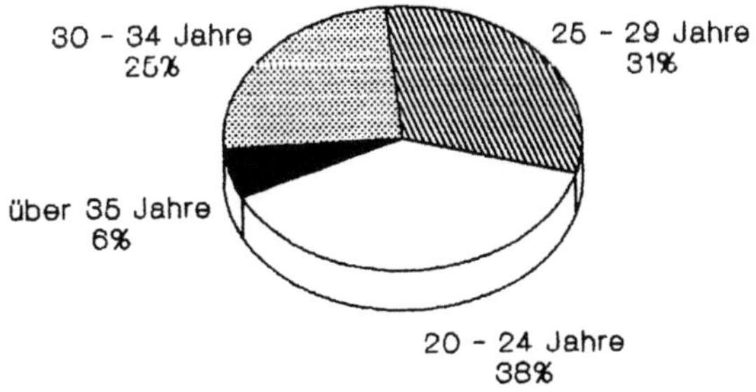

Quelle: Eigenerhebung 1992

Die erhobene Geschlechterverteilung zeigt die deutliche Dominanz männlicher Alternativreisender (81,5%), der Frauenanteil liegt mit 18,5% geringfügig unter RILEYs (1988, 319) Schätzung von 20-25% - die Geschlechterproportion unter südostasiatischen Travellern scheint damit seit Mitte der 80er Jahre annähernd konstant[140]. "*Junge Mädchen dürfen nicht verreisen, schon gar nicht alleine*", stellt KIENECKER (1987, 329) sarkastisch fest: für die 'Backpacker' des Untersuchungsraumes verliert diese Aussage jedoch an Relevanz. Nur eine Hälfte der Befragten ist ständig mit Partner/Bekannten unterwegs, die andere bevorzugt die 'Single'-Reiseform.

Abb.22: Die Geschlechterverteilung

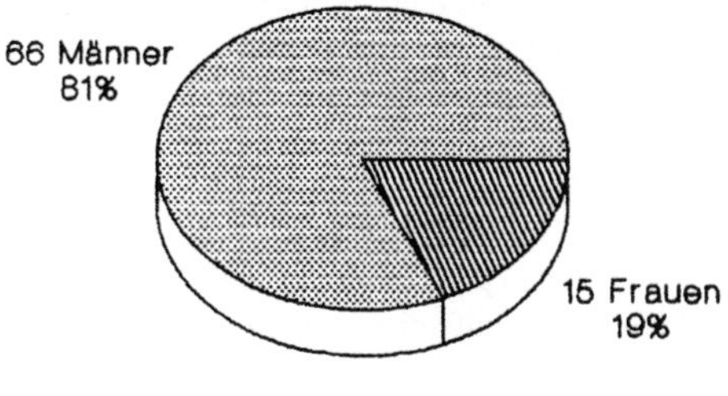

Quelle: Eigenerhebung 1992

140 DEARDEN/HARRON (1992, 99) konstatieren in ihrer Trekking-Studie eine annähernde Gleichverteilung der Geschlechter; Individualtrekking, vielfach Subkategorie von AT, ist nach den Beobachtungen des Autors in Nordthailand (1992) vorwiegend partnerschaftlich ausgerichtet.

2.2. Berufsgruppen und Bildungsstand: *"What's your job?"*

Der Bildungsstand von Alternativtouristen gilt allgemein als beträchtlich höher als der touristische Durchschnitt: Mitte der 70er Jahre betrug der Akademikeranteil am Mitgliederstand der deutschen Globetrotterzentrale 37,7% (TÜTING 1978, 58). Ende der 80er haben 31% aller deutschen Fernreisenden Gymnasial- oder Hochschulabschluß (STEINECKE 1990, 331). Neuere Studien führen hohen Bildungsgrad als kennzeichnend an (BUTLER 1990, DEARDEN/HARRON 1992, RILEY 1988), ohne diese These jedoch quantitativ explizit zu belegen.

Vorliegende Untersuchung dokumentiert den überdurchschnittlich hohen Ausbildungsstand der Alternativtouristen des Untersuchungsraumes: Jeder vierte (25,9%) weist ein abgeschlossenes Hochschulstudium auf, 17,3% deklarieren sich als Studenten, weitere 38,3% haben Maturaniveau. Lediglich 18,5% verfügen 'nur' über einen Pflichtschulabschluß, was die insgesamt größere Akzeptanz von Alternativtourismus in höheren Bildungsstufen verständlich machen könnte: "*... it may explain, why many academics are at least basically sympathetic to alternative tourism*" (BUTLER 1990, 43).

Die vergleichsweise niedrige Zahl an Interviewpartnern reduziert die Aussagekraft länderspezifischer Unterschiede auf reine Trendinterpretationen ohne empirischen Hintergrund: Auffällig ist der überdurchschnittlich hohe Anteil britischer Akademiker und College-Absolventen (38,1%), die - großteils Techniker - Opfer der Rezessionserscheinungen im britischen Baugewerbe sind und keine Ambitionen zur Rückkehr erkennen lassen: "*Britain is boring, dirty and there are no jobs - what's the reason for staying?*" (MIKE, 28, GB, engineer).
Deutsche Alternativtouristen - als zahlenmäßig zweitstärkste Untersuchungsgruppe nach britischen Staatsbürgern - massieren sich im post-Abitur-Bereich; Exakt zwei Drittel (66,6%) aller deutschen Traveller studieren oder haben Matura (Abitur), ein Drittel (33,3%) der Gesamtbefragten.

Eine Korrelation zwischen Altersstruktur und Berufsangabe zeigt die Dominanz von Studenten im unteren Bereich der Altersskala (18-24 Jahre): zwölf von vierzehn 'students' sind jünger als 25, zehn planen eine Reise bis zu einem Jahr. Langzeitreisen im Ausbildungsstadium (Studium) scheinen zeitlich am ehesten möglich und stoßen allgemein auf höhere Akzeptanz als Kündigungen und Langzeiturlaube.

Auf Urlaubsbasis reisen neun (11,1%) aller Befragten, die sich über sämtliche Altersstufen verteilen und auch variable Reiselängen aufweisen. Der westliche Durchschnittsurlaubsanspruch von etwa sechs Wochen würde mehrmonatige Alternativreisen unmöglich machen; unter Wahrung des Arbeitsverhältnisses werden folgende Lösungen gefunden:

(*) *unbezahlter Urlaub, Karenzzeit* (6 Fälle)

(*) *'Urlaubsparen' über einen Zeitraum von mehreren Jahren* (3 Fälle)

Abb.23: Der Bildungsstand

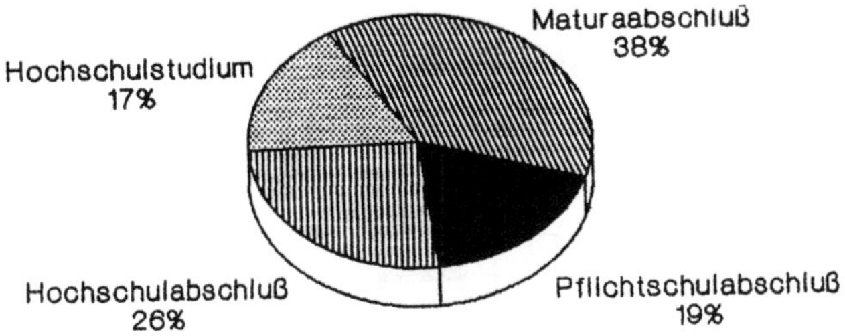

Quelle: Eigenerhebung 1992

Abb.24: Erwerbsstruktur nach Altersgruppen

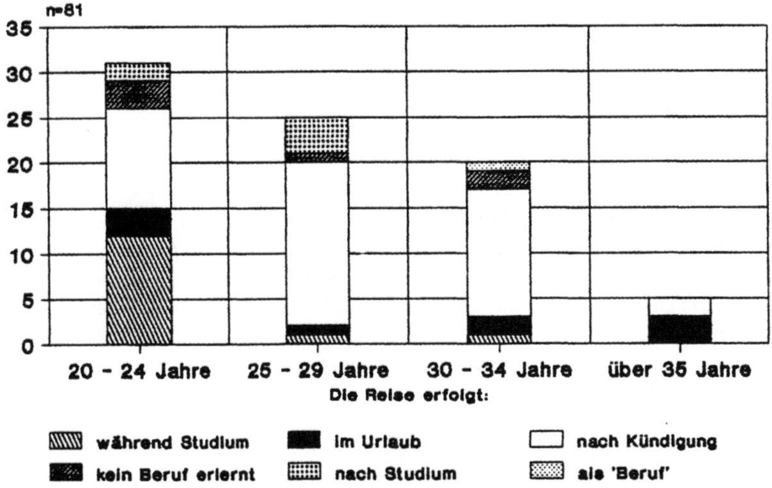

Quelle: Eigenerhebung 1992

Den längsten Urlaub vereinbarte ein US-amerikanisches Managerpaar (18 Monate), einjährige Karenzjahre sind in Sozialberufen (Lehrer) möglich, auch in der schnellebigen Computerbranche werden bis zu sechs Monaten Urlaub gewährt (Bedingung: "*This was the last time ...*").

Abb.25: Altersgruppen und Reisedauer

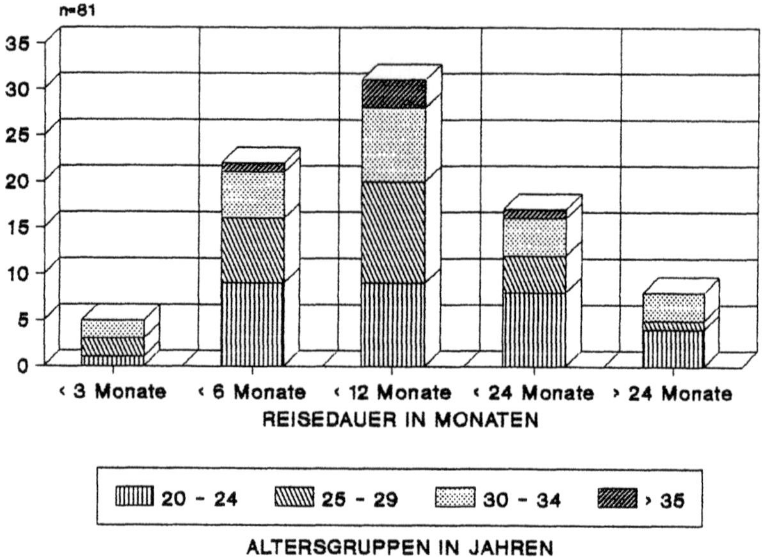

Quelle: Eigenerhebung 1992

Nicht alle wollen in der gleichen Branche/im gleichen Betrieb bleiben, auch längerfristiger Urlaub ist vielfach nur bei Kooperation der Betriebsleitung möglich. 55,5% aller Befragten - gleichverteilt über alle Alterskategorien - wurden gekündigt oder haben gekündigt. Unzufriedenheit mit Job und Leistungsdruck, Kritik an Konsumorientierung und westlichem Lebensstil, Suche nach Freiheit und Selbstverwirklichung: Die Beweggründe zum letzten Schritt, dem Ausbruch aus der bürgerlichen Welt auf Zeit, wurden bereits hinlänglich diskutiert und werden hier nicht näher erörtert.

Die Gruppe derer, die nach Pflichtschulabschluß oder Matura keinen Beruf erlernt hat, ist mit 7,4% gering und zeigt Häufungserscheinungen in der untersten Alterskategorie. Das geregelte (bürgerliche) Leben wird entweder zur Gänze abgelehnt oder auf unbestimmte Zeit verschoben. Die Alternativreise gilt als letzte Chance in zweierlei Hinsicht: Zum einen aus persönlichen

Gründen ("*Später hab ich nie mehr so viel Zeit*"), zum anderen aus Motiven medial suggerierter Endzeitstimmung - vor der Eroberung und Zerstörung der letzten Paradiese (durch 'Touristen' und Umweltschäden) will man diese noch selbst erleben: "*Wenn das in Krabi so weitergeht, kann ich in zehn Jahren gleich nach Spanien fahren*" (RALPH, 23, D).

Ähnliche Beweggründe lassen sich für die Akademiker anführen, die nach Studienabschluß keinen Beruf ergriffen haben und stattdessen Rucksackreisen vorziehen: Unter den Gesamtbefragten sind es ebenfalls 7,4%, mit naturgemäßer Häufung in der Altersstufe 25-29. "*Jetzt muß man reisen, in zehn Jahren ist alles vorbei*" (ANDREAS, 26, A).

Reisen zum Beruf gemacht hat nur ein Befragter, der seine Südostasienreisen zum Kauf von 'ethnic clothing' nützt.

Abb.26: Die Sprachbeherrschung (Muttersprache)

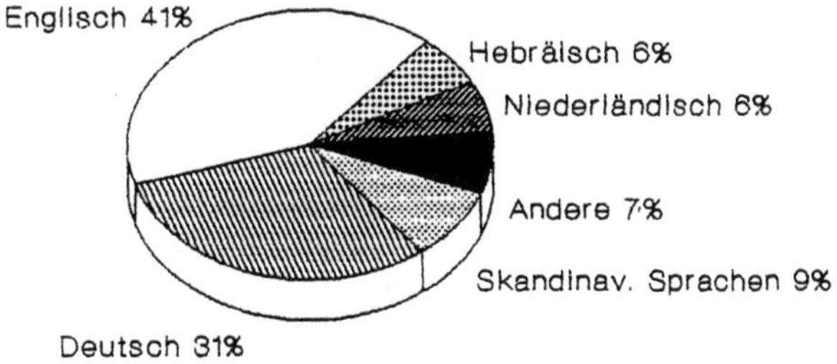

Quelle: Eigenerhebung 1992

Bei Konzentration auf die Hauptgruppe der Befragten, die Maturaabschluß oder Hochschulabschluß aufweisen und nicht mehr in Ausbildung (Studium) stehen, ergibt sich folgendes Bild: Technische Berufe und Sozialberufe sind etwa gleich stark repräsentiert und machen summiert 51,9% der beruflichen Ausrichtung der befragten Maturanten/Akademiker aus; mehr als ein Drittel (36,5%) sind den Sektoren 'Dienstleistung' und 'Handel' zurechenbar, der Restanteil (11,6%) teilt sich auf diverse, inhomogene, Berufsgruppen auf.

33 Interviewte (63,5% dieser Gruppe, 40,7% der Gesamtbefragten) haben/wurden vor Reiseantritt gekündigt; davon 22 planen nach ihrer Rückkehr den Wiedereinstieg in dieselbe Branche, elf versuchen im Reiseverlauf beruflich in Asien/Ozeanien Fuß zu fassen. Von letztgenanntem Personenkreis streben acht (davon die Hälfte in Sozialberufen) die Praktizierung des erlernten Berufes an, drei wollen sich in gänzlich anderen, noch nicht spezifizierten Branchen versuchen.

Resumierend erscheint der Schluß naheliegend, daß hoher Bildungs- und Qualifikationsgrad Reisen in die Dritt-Welt-Länder Südostasiens zumindest erleichtert und Jobsuche aus sprachlichen Gründen vereinfacht: Englisch ist die Traveller-Verkehrssprache Nummer 1. Der Traumberuf '*Englischlehrer in Ostasien*' wird keineswegs nur von Native Speakern angestrebt, Australien/Neuseeland als zweites 'Job-Dorado' erfordert ohnedies die Beherrschung der englischen Sprache. Ohne ausreichende Fremdsprachenkenntnisse ist individueller Entwicklungsländertourismus erschwert bis unmöglich, speziell Englisch - als ehemalige Kolonialsprache - ist für Südostasien als Kommunikationssprache essentiell (Traveller <-> Traveller, Traveller <-> Einheimischer) und reduziert die Bedeutung der beiden anderen Kolonialsprachen (Französisch: *Indochina*; Niederländisch: *Indonesien*) auf ein Minimum.

3. Aspekte des Reiseverhaltens: *"On the road"*

3.1. Motivstruktur: *"Why do you come to our country?"*

> Doch die wahren Reisenden sind jene nur, die fortgehen um des Fortgehens willen; leichte Herzen, Fluggondeln gleich, folgen sie unverwandt, wohin sie das Verhängnis treibt, und immer 'Vorwärts!' sagen sie und wissen nicht warum.
>
> (CHARLES BAUDELAIRE)[141]

Das 'Warum' ist auch in der Tourismusforschung umstritten, als gesichert gilt jedoch folgender Tatbestand: die alternativtouristischen Beweggründe, die - wie einleitend diskutiert - auf ein Faktorenbündel aus 'push'/'pull'-Komponenten subsumierbar sind, erweisen sich nicht grundsätzlich verschieden von der Motivskala Fernreisender im allgemeinen.

Reise als Flucht aus dem Alltag, aus dem Beruf, vor weitreichenden Entscheidungen: die 'push'-Ebene ('Weg von') kommt - zumindest abgeschwächt - auch in der Motivliste (kurzurlaubsreisender) Ferntouristen zum Tragen. Typisch für Alternativtouristen, gekennzeichnet durch weitaus längere Reisedauer, ist der Reisestart vor/nach Eintritt in neue Lebensabschnitte beruflicher oder persönlicher Natur, der die Erfüllung latenter Wünsche und Bedürfnisse erleichtert und ermöglicht; Krisenerscheinungen werden zum Reiseauslöser.
"*They are escaping ... from making decisions about careers, and desire to delay or postpone work, marriage and other responsibilities*" (RILEY 1988, 317), die Gegenwelt lockt (FAHRENHOLTZ/LORENZ 1983, 133). Werden Fluchtmotive in der idealisierenden AT-Literatur der Anfangsjahre noch hintangestellt und marginal betrachtet (vgl. TÜTING 1978), so wird den 'push'-Elementen in neueren Studien zumindest ebenbürtige Bedeutung zugemessen (vgl. BUTLER 1990).

> Abhauen spielt in unserer Kultur seit jeher eine große Rolle ... Das Motiv des Ausbrechens kehrt in der Literatur immer wieder; zur Grundstimmung einer Epoche verdichtete es sich jedoch immer dann, wenn die Menschen in ihren Hoffnungen auf Fortschritt und Emanzipation enttäuscht wurden.
>
> (BERGMANN/HAMMANN/OCKENFUSS 1981, 13)

---

[141] Zit.in BERGMANN/HAMMANN/OCKENFUSS 1981, 7

Die Suche nach Freiheit und Unabhängigkeit gilt in der Tourismusfachliteratur unbestritten als Haupt-'pull'-Faktor ('Hin zu') für Alternativreisen - Freiheit, die sich auch in der bevorzugten Reiseart (Single) niederschlägt und in engem Zusammenhang mit der oben diskutierten 'push'-Ebene zu betrachten ist.

Abenteuer in exotischer Umgebung (RILEY 1988, 318), Wildnis und unzerstörte Natur (COHEN 1989b, 133), Reizhunger (WINTER 1990, 234), Herausforderung in anderen Gesellschaftsordnungen (O'GRADY 1982, 21) und Kontakte mit fremden Kulturen und ihren Vertretern (SCHERRER 1986, 76; TÜTING 1978, 59) werden als weitere Faktoren genannt: "*... sie richten ihren Blick hinter die Kulissen der touristischen Scheinwelt und suchen vor allem authentische Kontakte mit Land und Leuten*" (BECKER 1990, 586). O'GRADY (1982, 21) formuliert pathetisch: "*Wie jene, die im Altertum nach dem sagenumwobenen Shangri-La suchten, so haben auch heute viele der jungen Reisenden hehre Ideale, und aus innerer Motivation suchen sie nach einem Sinn im Geheimnis des Lebens*".

Zurück zu den Fakten: empirische Untersuchungen über die Motivationsstruktur Alternativreisender sind selten, quantitative Ergebnisse kaum verfügbar. PANNENBECKERs (1981) Studie über Rucksacktourismus in Griechenland verdient Beachtung in zweierlei Hinsicht. Zum einen handelt es sich um eine der ersten systematischen Studien über das Phänomen Alternativtourismus überhaupt, zum anderen gilt gerade Griechenland - obwohl kein Entwicklungsland - landläufig als 'Aussteigerparadies' und damit mögliche Vorstufe zu 'größeren' Reisen nach Südostasien. Dieser Untersuchung zufolge wollen

56% *ohne Plan- und Termindruck reisen*

52% *nette Leute treffen*

38% *lang mit wenig Geld leben, was anderes als zu Hause tun, Kontakte zu Einheimischen knüpfen*

Ansätze zu billigtouristischer 'drifter'-Mentalität sind hierbei unverkennbar. PEARCE (1987, 23) präsentiert eine Untersuchung über die Motivstrukturen US-amerikanischer 'long-haul traveler' (Fernreisender), die abweichende Ergebnisse zeigt.

36% *wollen eine Umgebungsveränderung*

27% *suchen neue Erlebnisse*

27% *zeigen Interesse an anderen Lebensformen*

Beide Untersuchungen zeigen Grundtendenzen auf, ohne jedoch auf Status[142] - und Prestigemotive einzugehen: Alternativreisen als Statussymbol und Kontrapunktsetzung zu bürgerlich

---

142 Status ist definierbar als "*die soziale Lage, die Position einer Person, die sie im Hinblick auf bestimmte sozial relevante Merkmale im Verhältnis zu anderen Personen einer Gesellschaft einnimmt*" (SCHEUCH/KUTSCH 1972, 107).

angepaßtem Leben ist nach RILEY (1988, 318) ein weitverbreiteter Motivkomplex, dem in Motivauflistungen - bewußt oder unbewußt - zu wenig Augenmerk eingeräumt wird.

Ausgehend von der Tatsache, daß 'das' Reisemotiv schlechthin nicht existiert, wurde in vorliegender Untersuchung die Fragestellung auf das persönlich vorherrschende Motiv gerichtet und mit der geplanten Reisedauer korreliert: Meistgenannte Motivgruppe war der Bereich "*Abenteuer, Risiko, Abwechslung*" mit 72,8%, der von fast drei Viertel aller Befragten an die erste Stelle gesetzt wurde; für 11,1% sind "*Suche nach neuer Existenz, berufliche Herausforderung*" vorrangig, nur 8,6% reisen aus Gründen von "*Erholung, Entspannung und Regeneration*". Für 6,3% sind "*kulturelle Horizonterweiterung, Bildung*" ausschlaggebend, vorwiegend geschäftliche Motive nennt nur ein Befragter - "*wanderlust*" dominiert somit eindeutig über "*sunlust*"[143] (BURKART/ MEDLIK 1981), ein Abgrenzungsmerkmal zu massentouristischen Präferenzen.

Abb.27: Motivstruktur und Reisedauer

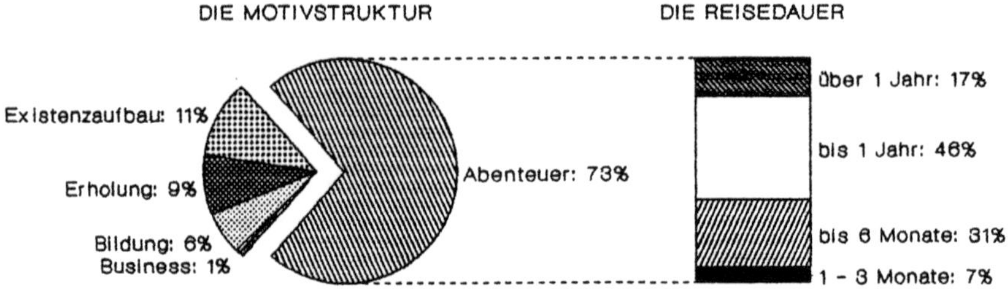

Quelle: Eigenerhebung 1992

Auffällige Zusammenhänge mit der geplanten Reisedauer sind nicht feststellbar, die Motivnennungen verteilen sich anteilsmäßig über sämtliche Reisedauerkategorien; lediglich im zweitgenannten Bereich ('Existenzaufbau') ist eine deutliche Häufung im Reisedauerbereich über ein Jahr erkennbar.

"*I don't know what I want.*" (HANS, 36, NL)

"*I don't want to work seriously.*" (JOHN, 26, GB)

"*Switzerland is so clean, so boring.*" (MICHEL, 20, CH)

143 Der Terminus *"sunlust"* ist synonym mit *Sigma*-Tourismus und steht für Hauptinteresse an *'sun, sand, sex and sea'*.

Die Reisemotive sind auch im Reisenden selbst nicht manifest und variabel, die Reiseentscheidung erfolgt im Bausteinprinzip als Summe verschiedenster Faktoren. Die Betrachtung der mehrmonatigen Südostasienreise als "*last chance*" (SUKI, 37, JAP) vor regulär-bürgerlicher Arbeitsaufnahme ist typisch und geht aus zahlreichen Stellungnahmen hervor: die Dominanz von 'push'- Faktoren scheint somit als resumierende Darstellung legitim.

3.2. Informationsverhalten: *"What's the cheapest place in Kuta?"*

Das Informationsbedürfnis individualreisender Alternativtouristen ist naturgemäß weit stärker ausgeprägt als das pauschalreisender Ferntouristen auf 'Inclusive-Package-Tours'. DATZERs Untersuchung ergibt für '*Budget Travellers*' - 28% der befragten 670 Haushalte - ein ansteigendes Informationsbedürfnis bei wachsender Reisezielentfernung, steigender Intensität der Mediennutzung und abnehmender Reiseziel- und Gebietstreue (1983, 14); diese Tatsache reflektiert die Selbsteinschätzung der AT als überdurchschnittlich an Land und Leuten interessiert (FREYER 1991, 394), ihrem Selbstverständnis nach wesentliches Unterscheidungskriterium zu Pauschaltourismus.

Eine zweiteilende Differenzierung der Informationsquellen scheint angezeigt: Auffallend in der Analyse der insgesamt unbefriedigenden Forschungssituation ist die nahezu vollständige Ausrichtung auf Untersuchungen über das Informationsverhalten vor Reiseantritt; Studien über Informationsbeschaffung während der Reisetätigkeit sind deutlich unterrepräsentiert.

Die Informationssuche Alternativreisender vor Reiseantritt ist zwar insgesamt stärker ausgeprägt, bedient sich aber im wesentlichen derselben Instrumente wie (massenhafter) Pauschaltourismus: Tourismusämter, Reisebüros, Prospekte, Reiseberichte, (Alternativ-) Reiseführer.

Tab.10: Nutzungsintensität von Informationsquellen vor Reiseantritt

	Budget Traveller	*Jet Set*[144]
Auskunft durch Reisebüros	32,4	19,9
Auskunft durch Tourismusorganisation	14,1	6,9
Prospekte von Reiseveranstaltern	25,4	20,4
Reiseberichte (Zeitschriften)	37,1	15,6
Reiseführer	16,6	6,2
Reisebücher (Hintergrundliteratur)	9,7	1,9
Reisevorträge	5,7	1,0

Quelle: DATZER 1983, 285

Spielt die interpersonelle Kommunikation schon vor Reiseaufbruch für die eigentliche Reiseentscheidung nicht nur Alternativreisender eine tragende Rolle ('*Geheimtipmanier*'), so werden

144 In DATZERs fünfteiliger Gliederung von Reisetypen ist die Kategorie 'Jet Set' die zweite potentiell an Dritt-Welt-Reisen interessierte Gruppe und wurde daher als Vergleichsgruppe herangezogen.

subjektive Empfehlungen über Reiseland, Unterkunft und Verpflegung bis zu Zollformalitäten und Schwarzmarkt im Reiseverlauf travellertypisch: Information, die auf durchorganisierten Package-Touren von untergeordneter Relevanz ist.

Informationsquelle Nummer 1 vor Ort sind *'fellow travellers'*, deren Aussagewert an Authentizität und Aktualität unübertroffen ist und auch bei Berücksichtigung der unbestreitbaren Subjektivität von Aussagen, Empfehlungen und Warnungen den höchsten Informationsgehalt aufweist. Zentren des Informationsaustausches sind einschlägige Traveller-Restaurants und Guest Houses, die Rucksacktouristen neben zufälligen Begegnungen (etwa in öffentlichen Verkehrsmitteln) systematisch persönlichen und schriftlichen (unpersönlichen) Kontaktaustausch ermöglichen.

Letztgenannte Form erfolgt einerseits durch die Bereitstellung von Pinboards, andererseits durch aufliegende *'Books of recommendations and complaints'* (die 'Stammbücher' der Betriebe), die beide *"Tips und Tricks"*[145] aller Art bieten. Auf Kritik stößt dabei die einseitige Ausrichtung auf reisetechnische Belange, die über Varianten des Geldsparens (*"free tea and coffee in the guest house"*), tolerierte Verstöße gegen Landessitten (Nacktbaden) und Bekleidungstips bei persönlichen Visaanträgen selten hinausgehen und die propagierte These der Völkerverständigung keineswegs zu stützen vermögen.[146]

Urbane wie periphere Travellerzentren sind nach TÜTING (1978, 59) *"schlichtweg notwendig, um Erfahrungen auszutauschen, Reisepartner zu finden und Erlebtes zu verarbeiten"*; der von O'GRADY (1982, 20) angesprochene Untergrundcharakter der Bewegung ist Anfang der 90er Jahre nicht mehr feststellbar.

Die vernachlässigbare Rolle lokaler und regionaler *Tourist Offices* als Informationsquelle wird noch diskutiert[147]: Landesintern unterschiedlich strukturiert und von schwankender, insgesamt geringer Effizienz, bieten die staatlichen Fremdenverkehrsstellen des Untersuchungsgebietes außer bebilderten Hochglanzbroschüren - ganz im Sinne der Ausrichtung auf Pauschaltourismus - selten individualtouristisch nutzbare Information und pflegen sich in der Aufzählung von Mittel- und Hochpreishotelkategorien sowie Sehenswürdigkeiten zu erschöpfen; praktische AT-spezifische Informationen über individualtouristische Billigreisebelange fehlen zur Gänze (*Indochina; Indonesien, Singapur*) oder sind deutlich unterrepräsentiert (*Malaysia, Thailand*).

Dritte und grundlegendste Informationsquelle im Reiseverlauf sind einschlägige AT-Reiseführer, die in der Regel erst die Basiskenntnisse vermitteln, auf denen das vorhin angesprochene 'Updating' durch persönliche Informationskontakte beruht.

Nur zwei der Befragten gaben an, grundsätzlich und aus Überzeugung keine Reiseführer zu verwenden - weder in der Reisevorbereitung noch im Reiseverlauf: Mit geplanten Reisezeiten

---

145 Vgl. CANNAIN/HIMMELSEHER, deren *"Tips und Tricks für Tramps und Travellers"* (1980) zum Lehrbuch potentieller Rucksackreisender wurde.
146 Vgl. HAMMELEHLE 1990
147 Vgl. Teil 1/IV/3.1.2.

von zwei (ein australischer Student) und vier Jahren (ein britischer Buchhalter) sind beide in die oberste Kategorie von 'long-term-travelling' einstufbar und beziehen reisetechnische Information ausschließlich aus Travellerkreisen; 'Drifter'-Mentalität ist unverkennbar, was durch mehrjährige Reisen im Lauf der jeweiligen Reisekarrieren Bestätigung erfährt.

Monopolhalter ist südostasienweit der australische '*Lonely-Planet*' Verlag (LP), dessen englischsprachige AT-Reiseführer von 76,5% verwendet werden, was - peripher - auch Rückschlüsse auf vorherrschende Nationalitäten und Bildungsstand zuläßt[148].
Tausch und Verkauf nicht mehr benötigter Reiseliteratur ist in Travellerkreisen gängige Praxis: Zwei Drittel der LP-Benutzer geben an, länderspezifische Reiseführer vor/nach Einreise in ein südostasiatisches Zielland zu erwerben und vor/nach der Ausreise wieder abzugeben (Kauf und Verkauf in 'second-hand bookshops', Tausch mit anderen Travellern).

(5)

Der Anteil deutschsprachiger Reiseliteratur ist gering (9,9%), geringer noch als die Zahl deutschsprachiger Alternativtouristen insgesamt, die ebenfalls dem qualitativ hochwertigeren und leichter tauschbaren Original 'LP' Vorrang einzuräumen scheinen. Verwendung finden mehrheitlich Produkte des *Loose*-Verlages, Reiseführer anderer deutscher (Klein-)Verlage scheinen wenig nachgefragt und kommen über Marginalrollen nicht hinaus.

Der Restanteil von 8,6% verteilt sich auf eine inhomogene Vielzahl anderer, teils herkunftsspezifischer Reiseliteratur (Japan, Frankreich), die quantitativ jedoch vernachlässigbar scheint.

---

148 Vgl. Teil 2/IV/1,2

Abb.28: Individualreiseführer und ihre Verwendung

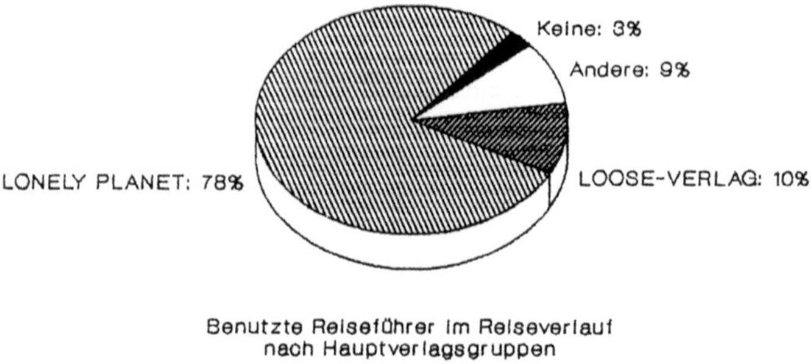

Quelle: Eigenerhebung 1992

3.3. Reiseform: *"Are you married?"*

Der Trend zur Individualisierung der Reiseformen (ÖIR 1988, 259; OPASCHOWSKI 1989, 155ff) präsentiert sich heute als gesamttouristisches Phänomen und ist keineswegs auf Alternativtourismus beschränkt; nichtsdestoweniger war es gerade diese Reiseart, die seit ihren Anfängen 'Alleinreisen' als Reiseform propagiert, kultiviert und letztlich salonfähig gemacht hat - Mitte der 80er Jahre sind 66% aller Reisen Individualreisen (REISEANALYSE 1986, zit.nach KRIPPENDORF/KRAMER/MÜLLER 1987, 72).

Individualtourismus ist nicht zwangsläufig Alternativtourismus. Individuelle, selbstgesteuerte Reiseformen sind jedoch seit jeher Kennzeichen alternativtouristischer Reisekultur. Die Single-Reiseform gilt als charakteristisches Merkmal vor allem langzeitreisender Alternativtouristen und ist als Umsetzung des Motivbündels 'Selbstbestätigung' und 'Freiheitssuche' interpretierbar.

> Most travel alone, prefering freedom of itinerary and shunning the constraints of traveling on a permanent basis with someone with different timetables, budget limitations and resource management styles. (RILEY 1988, 324)

Alleinreisen scheint somit - in Ermangelung adäquater Reisegefährten - einerseits notwendiges Übel[149] zu sein, garantiert aber andererseits erhöhte Kontaktbereitschaft zu Einheimischen und anderen Travellern. Letztere gewähren das Gefühl von Schutz und Sicherheit und reduzieren *"physical and emotional loneliness"* (RILEY 1988, 324): OPASCHOWSKIs (1989, 80) Rei-

---

[149] In vielen Fällen ist der Singlestatus Folge der Reiseentscheidung selbst: Ehescheidungen oder die Auflösung von Partnerschaften werden oft auslösendes Reisemotiv.

sedefinition als Spannungsfeld zwischen Freiheit und Sicherheit erhält dadurch eine neue Dimension.

Der 'Single'-Reisestatus ist nicht unveränderbar. Wenn Reisestil und Ziel auf einen Nenner zu bringen sind, ist die Wahl von Reisepartnern auf Zeit (Tage <-> Monate) gängige Praxis: zur Kostenreduzierung zum einen ('room-sharing'), als reisetechnische (Beispiel Ticketkauf) und moralische Stütze zum anderen. BACKES (1986, 217) betont in ihrem 'Frauenreisebuch' die positiven Aspekte von Rückzugsmöglichkeiten in (Klein-) Gruppen: "*Das friedliche Einbezogenwerden kann auf die Nerven gehen, gibt es doch nur wenige Völker, die das gelegentliche Alleinsein kultiviert haben.*"

Abb.29: Reiseart und Reisedauer I

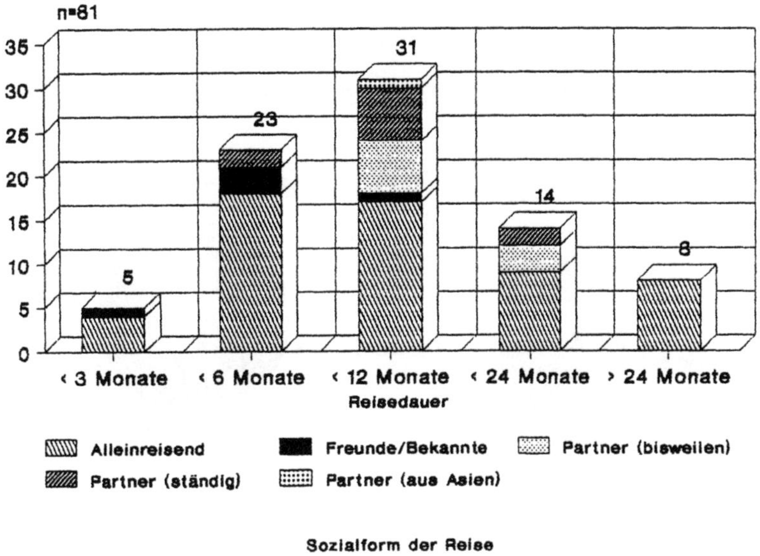

Quelle: Eigenerhebung 1992

Alleinreisen mag zwar den Zugang zu lokalem Lebensstil (Stichwort Gastfreundschaft) erleichtern, der erstrebten Völkerverständigung ist sie aber - gegen das alternativtouristische Selbstverständnis - keineswegs förderlich, sondern erhöht noch die Distanz. Alleinsein in Asien bedeutet Außenseitertum und Nichtakzeptiertwerden im heimatlich-sozialen Umfeld, in Freundes-

kreis und Partnerschaft: "... *culturally the Indonesians consider the single status a condition to change as soon as possible*" (DRAINE/HALL 1987, 240).
'Are you married?', 'Where are your friends?', 'How many children do you have?': die Monotonie der Fragen, wie die Monotonie der Antworten, sie werden mit fortgeschrittener Reisedauer lähmend und führen zu Aggression und Resignation oder Selbstverleugnung in einer Scheinwelt (*'I've been married for six years, my wife's name is ...'*), um privates Fragenbombardement nach Ursache und Motiv des Singlestatus zu umgehen - soweit der persönliche Bezug des Autors, der sich auf zahlreichen Asienreisen mit dieser Problematik konfrontiert sah.

Die Ergebnisse der empirischen Untersuchung vermögen die 'Single'-Reisetendenz zu untermauern: 69,1% aller Befragten gaben an, vorwiegend allein zu reisen, nur 6,2% reisen ständig mit Freunden/Bekannten (Gruppengröße maximal drei Personen). Während die Single-Traveller punkto Reiselänge keine Häufung in bestimmten Reisedauerkategorien erkennen lassen, erweist sich das permanente Reisen mit Freunden/Bekannten als offenbar zeitlich limitiert und ist mit etwa einem Jahr befristet.

Abb.30: Reiseart und Reisedauer II

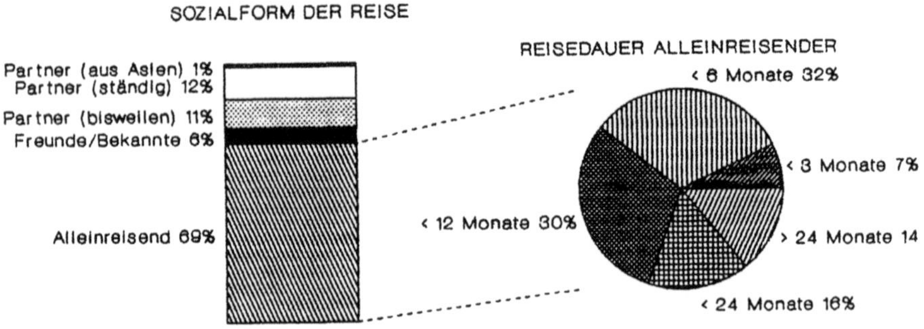

Quelle: Eigenerhebung 1992

Insgesamt 19 Befragte unternahmen die Südostasien-Reise mit Partner/Partnerin, davon zehn (12,4%) zur Gänze, neun (11,1%) zum Teil: Kann die mehrmonatige (mehrjährige) Reise des Partners auch nicht zur Gänze gemeinsam unternommen werden (Arbeitsverhältnis, Studium), so werden zumindest gemeinsame mehrwöchige Urlaube in vereinbarten Fernostdestinationen verbracht. In beiden Fällen ist die Gesamtreisedauer mit maximal zwei Jahren begrenzt; längerreisende Traveller haben private Bindungen nach eigenen Angaben (bewußt) abgebrochen und

höchstens in der (teils gemeinsamen) Reiseanfangszeit Kontakte mit heimischen Freunden/Bekannten aufrechterhalten.
Reisen mit asiatischen Partnern ist in Travellerkreisen ein Tabu-Thema: nur ein Befragter (aus Japan) bekennt sich offen zu seinem "*Thai girlfriend*", die als gelegentliche Reisebegleiterin fungiert; andere lassen keine grundsätzliche Abneigung erkennen, ohne jedoch konkrete Aussagen zu machen. Sextourismus gilt als Begleiterscheinung des Massentourismus, "*Hurlauber*" (TÜTING 1978, 57) sind Massentouristen, und Massentouristen sind die anderen ...

3.4. Reisebudget und Finanzierung: *"How much?"*

Kennzeichnendes Merkmal von Alternativtouristen ist die Orientierung an (selbst) limitierten Reisebudgets; je niedriger die Ausgaben, desto länger die Reise - diese Reisephilosophie der Anfangsjahre ist in Travellerkreisen nach wie vor weit verbreitet. Billigreisen ist nicht primär eine Sache des '*Leisten können*s' sondern vielmehr des '*Leisten wollens*': ein Statusaspekt also, dem im alternativtouristischen Selbstverständnis gesteigerte Bedeutung zukommt.

> Status among travelers is closely tied to living cheaply and obtaining the best 'bargains', which serve as indicators that one is an experienced traveler. Cost/benefit is an important yardstick for measuring success ... (RILEY 1988, 320)

Billigreisen steht in keinem unmittelbaren Zusammenhang mit der realen persönlichen Finanzsituation. Eine Minimierung der Reiseausgaben bringt nicht nur Sozialprestige in Travellerkreisen, sondern erhöht auch die mögliche Reisedauer - in vielen Fällen sind Reiseroute und Reiseende nicht exakt spezifiziert, sodaß ein finanzieller Spielraum zu potentieller Reiseverlängerung nicht unerwünscht ist: "*The low cost of Travel in developing countries encourages a transition from short-term traveler to long-term*" (RILEY 1988, 326); ein Gedankengang, der angesichts steigender Lebenserhaltungskosten in den westlichen Quelländern seine Rechtfertigung erfährt. 'Reisen' in Südostasien ist vielfach billiger als 'Leben' in Europa.

Nur ein befragter Alternativtourist beweist Einsicht in den diskutierten Mechanismus: "*Lots of travellers I met stayed in a country for five months and longer. We know the country, they say. But in fact they did the same as me: Stay as long as possible with as little money as possible - that's the meaning of travelling ...?*" (RON, 21, GB).

Das Preisverständnis in Travellerkreisen unterscheidet sich grundsätzlich von der pauschaltouristischen Normsichtweise, die Preise und Kosten in Relation zum Herkunftsland betrachtet (-> '*Alles ist sooo billig*') und nicht im Vergleich zum Regional-/Lokalniveau: "*Sparen und Ausbooten ,..., das hat etwas Imperialistisches ... Tagessätze werden ausgerechnet, die um keinen Preis überschritten werden dürfen*" (BERGMANN/HAMMANN/OCKENFUSS 1981, 34). Feilschen um jeden Groschenbetrag ist gängige Praxis, das magische 'How much?' wird zur Begrüßungsformel gleichermaßen Einheimischer wie Alternativreisender.

Die Selbsteinschätzung tendiert bei steigender Reisedauer eher zu 'Einheimischer' denn zu 'Ausländer' ('Tourist' war man ja schon vorher nie ...); und Einheimische werden weder betrogen noch zahlen sie mehr als den ortsüblichen Preis, den Alternativtouristen nach Informationsbeschaffung unter ihresgleichen zu kennen glauben. Das Gefühl des '*being ripped off*' indiziert Selbstkritik und bewirkt einen 'Jetzt erst recht'-Standpunkt: Die Angst, ausgenützt zu werden, drängt idealisierte Gedanken von Gastfreundschaft in den Hintergrund.

"*You have to bargain, otherwise you make things worse, also for locals*" (DOMINIQUE, 32, GB) - ein realistischer Standpunkt, der die einseitig-tourismuskritischen Angriffe zu relativieren vermag.
Neben Prestigedenken und Reiseverlängerungsoption gilt der unbestritten engere Kontakt zu Einheimischen als Hauptmotiv für die Reise in Billigmanier. Die Benutzung landesüblicher Verkehrsmittel, das Leben in dörflichen Gemeinschaften erlaubt zweifellos tiefere Einblicke in das Alltagsleben der Zielländer und ermöglicht Identifikation: Armer unter Armen sein zu wollen ist jedoch Selbstbetrug, Solidarisierung und Gleichheit mit Einheimischen unerreichbares Ziel. Das Rückflugticket zur zweiten Existenz im Heimatland ist immer dabei ...
Wie hoch belaufen sich nun die Durchschnittsausgaben von Alternativtouristen im Untersuchungsgebiet? Von den wenigen einschlägigen Studien wird dieser Aspekt quantitativ nicht erfaßt, weder die staatlichen Tourismusorganisationen noch die Welttourismusorganisation *WTO* bieten exaktes Datenmaterial - eine Folge unscharfer Abgrenzung von Tourismusformen im allgemeinen (vgl. ASEAN), sowie die Negierung der Existenz von AT im speziellen (vgl. INDOCHINA).

Die empirische Befragung gestaltete sich diesbezüglich teils schwierig, da finanzielle Aspekte - europatraditionsgemäß - als tabu gelten und erst bei Offenlegung der persönlichen Finanzsituation des Autors bekanntgegeben wurden. Zum anderen fehlt einer Vielzahl der Befragten durch die Verwendung von Kreditkarten der Überblick über bislang ausgegebene beziehungsweise noch zur Verfügung stehende Geldmittel: 73% aller Interviewpartner sind im Besitz einer Kreditkarte, die entweder als Zahlungsmittel regelmäßig benützt [150] (Reiseversicherung!) oder als eiserne Reserve mit sich getragen wird.
83,9% der Interviewten waren zu Stellungnahmen bereit, 16,1% konnten (oder wollten) keine Angaben machen. Die folgenden Daten verstehen sich unter Ausschluß des Transkontinentalfluges nach Asien und beziehen sich demzufolge ausschließlich auf die bisherigen/geplanten Ausgaben im Untersuchungsgebiet; die erhobenen Werte wurden auf Tagsätze (in US-$) umgerechnet und ergeben folgendes Bild:

12,4% sind mit Ausgaben unter 10 US-$/Tag als klassische 'Budget Traveller' einstufbar, eine Häufung zeigt sich in der < 20 US-$ Kategorie (38,3%). Deutlich weniger, etwa jeder vierte, verbrauchen bis zu 30 US-$/Tag; nur mehr 8,6% liegen über diesem Wert und sind punkto Ausgaben mit den Rucksacktouristen der ersten Stunden nicht mehr vergleichbar.

---

[150] Die Verwendung von Kreditkarten - noch vor einem Jahrzehnt als 'typisch touristisch' abgelehnt - ist Anfang der 90er Jahre travellerintern akzeptierte Praxis. Zwar in den Billigbetrieben der AT-Infrastuktur Südostasiens als Zahlungsmittel (noch) nicht einsetzbar, besteht der Haupteinsatzbereich in Geldbehebung und der Bezahlung von Flugtickets.

Abb.31: Reiseausgaben im Reiseverlauf

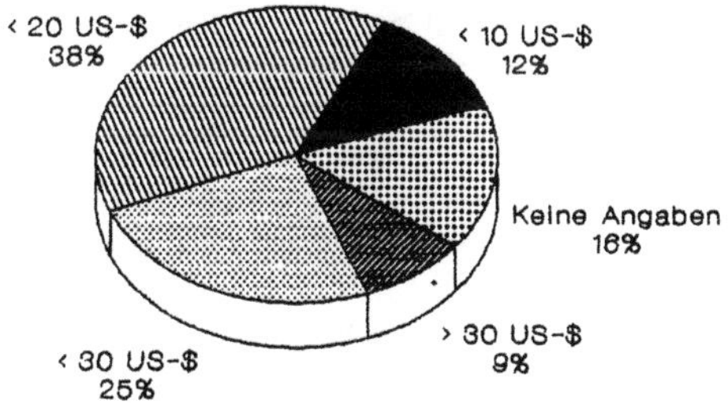

Quelle: Eigenerhebung 1992

Abb.32: Reisedauer und Reiseausgaben (ohne Transkontinentalflug)

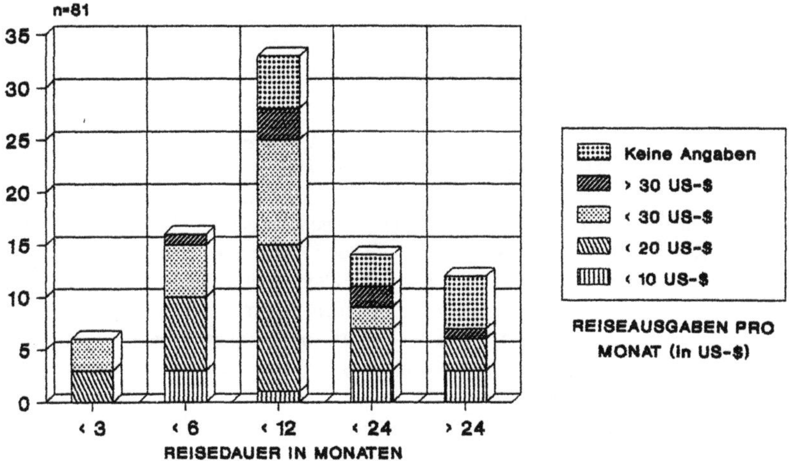

Quelle: Eigenerhebung 1992

Dennoch, selbst letztere Gruppe rangiert diesbezüglich immer noch deutlich unter den täglichen Durchschnittsausgaben thailändischer Touristen von 100,22 US-$, fast das Vierfache des thailändischen AT-Trekkers (DEARDEN/HARRON 1992, 98); österreichische Touristen nach Ost-

und Südostasien lassen sich die Reise durchschnittlich 1125,64 ATS/Tag kosten (ÖSZA 1987, 205).
Die Ausgabenhöhe - ob bereits erfolgt oder noch geplant - erweist sich als unabhängig von der geplanten Reisedauer, Häufungen sind diesbezüglich nicht feststellbar. Auffällig ist dagegen die hohe Zahl von Antwortverweigerungen im 'long-term' Bereich, die gänzlich erst ab einer Reisedauer von über sechs Monaten erfolgen und Ansätze von 'drifter'- Mentalität enthüllen.
Sollte das einkalkulierte Reisebudget die Durchführung aller Reisepläne unmöglich machen, so bieten sich zwei Möglichkeiten: Arbeit vor Ort und zwischenstaatlicher Handel.

Bei erstem Ansatz drängen sich zunächst Vergleiche mit den fahrenden Handwerksburschen des 18.Jahrhunderts (Europa) und dem arbeitsorientierten Tramping der 30er Jahre (USA) auf, sind aber in ihrer Aussagekraft nicht allzu schlüssig. Der Südostasien-Traveller der 90er Jahre muß nicht arbeiten, er will arbeiten und betrachtet dies als Teil der angestrebten Reise- und Lebenserfahrung.

> Today's young trampers are more likely to search industriously for drugs and consumer bargains than for work. This ist not to suggest that contemporary youth wandering bears no relation to unemployment ...; many young people clearly seek compensation for missing occupational satisfaction in the achievements of travel 'careers'.
> (ADLER 1985, 352)

Die angenommenen Jobs sind in den seltensten Fällen ausbildungsadäquat und stellen bloß - je nach Sichtweise - notwendiges Übel und/oder Gelegenheiten zur Verlängerung der Asienreise dar: Ersparnisse für die Zeit nach der Reise werden nicht angestrebt.

> Die klassischen Vaganten, die Herumzieher des Mittelalters, und ihre modernen Nachfahren vertreten ... eine Kultur, in der Arbeit und Zeit verdrängt oder zumindest nicht als wesentlich begriffen werden. (GIRTLER 1991, 89f)[151]

Augenscheinlich ist das Überwiegen geplanter Jobsuche gegenüber bereits absolvierten Arbeitsverhältnissen - der romantisierte Traum vom Job in Australien steht somit in den meisten Fällen am Ende der Reise und wird wohl in vielen Fällen nicht mehr realisiert. Jobs in Südostasien sind vergleichsweise schlecht bezahlt, gelten nicht als 'in' und lohnen damit nicht das Risiko der Schwarzarbeit[152]: Lediglich eine US-Amerikanerin unterrichtete ein Jahr Englisch in Thailand - "*just for experience*" - und verwendet das verdiente Geld jetzt für Reisen nach Indochina.
Wesentlich populärer sind Jobs im wirtschaftlich prosperierenden *Ostasien* (Hong Kong, Japan, Südkorea, Taiwan) und - traditionell - in *Australien/Neuseeland*: Beide Nachbarregionen lenken und bestimmen die Reiseströme durch Südostasien nachhaltig.

---

151 Eine Fortführung von GIRTLERs Überlegungen ergibt starke Parallelen zwischen Travellern und Obdachlosen ('Sandlern'): Der Sandler, romantisiert in seinem Drang nach Ungebundenheit und der praktischen Umsetzung der latenten Kritik am Leistungsdenken, wird zum "*Vorbild einer Gesellschaft, ... die sich in den Ferien darin gefällt, das Leben eines Landstreichers zu führen*". (GIRTLER 1980, 120f)

152 Potentielle Jobs für Traveller sind in der Regel illegale Schwarzarbeit; Arbeitsgenehmigungen etwa für das einstige 'Job-Paradies' Australien sind selbst für britische Staatsbürger nur mehr schwer erhältlich, zahlreiche asiatische Länder erklären bezahlte Tätigkeiten schon mittels Paßstempel für illegal: "*Not permitted to engage in employment, business or professional occupation*" (Malaysia).

Während für den Bereich Australien/Neuseeland die geplante/erfolgte Annahme von "*any job*" charakteristisch ist - genannt wurden unter anderem Arbeit im Zirkus, als Taxifahrer und Schafscherer - und es 'den' typischen Job nicht gibt, zeigen Jobsuchende in den 'Vier Tiger'-Staaten Ostasiens eindeutige Vorstellungen und Präferenzen: "*Teach English*" ist das meistgenannte Ziel von Travellern, die ohne einschlägige Ausbildung und ohne jeden Selbstzweifel mythenumrankten Stundenlöhnen für Englischlehrer nachjagen.

Ostasien (14 Nennungen) und Australien/Neuseeland (12) sind für Europäer die angepeilten Jobziele, die USA nennen - aufgrund geringer räumlicher Bindung zum Südostasien-Tourismus - nur zwei Befragte. Europa wiederum wird von Australiern, Neuseeländern und Japanern angestrebt: "*picking fruits in France*", "*ski instructor in Austria*" oder "*waiter in Britain*" sind hier typische Jobvorstellungen.

Abb.33: Jobs im Reiseverlauf

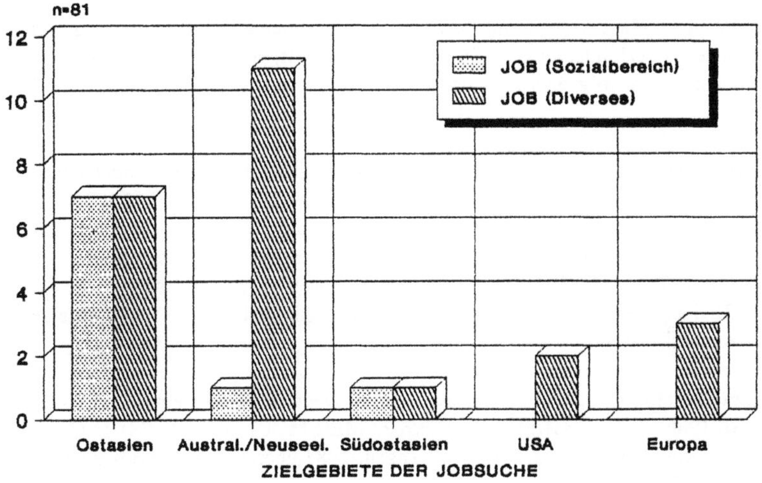

Obige Darstellung beinhaltet geplante wie auch bereits erfolgte Job-Aufnahme

Quelle: Eigenerhebung 1992

Handel als zweite Gelderwerbsquelle ist unter den Befragten weit weniger verbreitet und wird auch selten versucht. Arbeitsaufwand (Kauf, Transport, Verkauf) und Risiko (Schmuggel) würden den Profit minimieren, "*mit kleinen Fischen gebe ich mich nicht ab*" (NICHOLAS, 25,

CH) - angesprochen ist hiebei der geplante Verkauf von vietnamesischen Lackschmuckkästchen eines Schweizer Landsmannes in China.

Die effektive Bedeutung von Handel in südostasiatischen Travellerkreisen kann nur vermutet werden, offene Aussagen (beispielsweise über die geplante Versendung von dreißig Opiumpfeifen nach England) sind diesbezüglich selten und empirisch unverwertbar; geplanter Drogenschmuggel ist jedoch vereinzelt offenkundig. Eine neue Einnahmequelle scheint der Verkauf von Bild- und Fotomaterial an ost- und südostasiatische Fotoagenturen und Tourismusorganisationen zu sein, die vier Befragte wahrnehmen wollen.

Kausale Bindung von Handel und Reisen ist nur in einem Fall konstatierbar (Kauf von 'ethnic clothing' zum Verkauf in Australien), großmaßstäbige Ankäufe von Modeschmuck für den europäischen Straßenverkauf konnten nicht beobachtet werden.

3.5. Reisedauer und Reisekarriere: *"How long have you been travelling?"*

Ähnlich prestigeträchtig wie extremes Billigreisen präsentieren sich Reisedauer und Reisekarriere: Je länger der erfolgte/geplante Südostasienaufenthalt, je mehr Dritt-Welt-Länder bereits 'gemacht' wurden, desto größer Ansehen und Autorität von Alternativtouristen als Informationsträger.

Wie die Ausgabenfrage sind themengebundene quantitativ-empirische Untersuchungen über diesen Sachverhalt selten und länderspezifisch beschränkt: DEARDEN/HARRONs (1992, 97) Studie über Trekking in Nordthailand zufolge beträgt die alternativtouristische Aufenthaltsdauer in Thailand in der Regel etwa 40 Tage, mehr als das Fünffache der gesamttouristischen 7,63 Tage (STATISTICAL YEARBOOK THAILAND 1990, 93). Aufschlüsse über die Gesamtreisedauer - Thailand ist meist nur eine Station auf einer Südostasienreise - fehlen infolge empirischer Undurchführbarkeit.

Die mittlere gesamttouristische Reisedauer liegt in Deutschland bei etwa 17 Tagen (REISEANALYSE 1986, zit.nach KRIPPENDORF/KRAMER/MÜLLER 1987, 73), in Österreich für außereuropäische Auslandsreisen bei 19,8 Tagen; 1987 übersteigen österreichweit nur 5,7% aller Reisen 29 Tage (ÖSZA 1987, 42f).

Nach RILEY (1988, 322) werden niedriges (monetäres) Reisebudget und hohes Zeitbudget als Hauptabgrenzungskriterien zu Pauschaltourismus empfunden - ein Schluß, der auch in der vorliegenden Untersuchung zum Ausdruck kommt und alternativtouristisches Selbstverständnis als 'bessere' Reisende dokumentiert: "*Travellers stay longer, they get deeper insights than tourists*" (ANGE, 28, AUS).

Insgesamt beträchtlich längere Reisedauer als 'Normaltouristen' ist nicht gleichbedeutend mit höherer Aufenthaltsdauer an bereisten Orten, wie O'GRADY (1982, 21) für die späten 70er Jahre noch feststellt. Das Resumee einer Studie am *Toba-See* (Sumatra/Indonesien), einem der ersten Traveller-Paradiese Südostasiens, ist ein Jahrzehnt darauf noch vollinhaltlich gültig und deckt sich weitgehend mit den Erkenntnissen des Autors: Häufiger Wechsel der Aufenthaltsorte erschwert zwar den Kontakt zu Einheimischen, ermöglicht aber eine Vielzahl von Zielpunkten in Südostasien unter dem Motto '*Man weiß ja nicht, ob man wiederkommt*'.

> In einem endlosen Weiterziehen in eine immer wieder neue Fremde macht sich der seelische Rückzug fest. Der Aufwand für eine intensive Begegnung ist zu groß. Wenn die Reisenden Erstmaligkeit, Außergewöhnliches, Unbekanntes suchen, so wollen sie nicht wahrhaben, daß bekannte, kulturgeprägte und gekonnte Formen doch ihr Recht fordern, daß die Wiederholungen des Alltags nur mit den Wiederholungen des Anreisens vertauscht werden ... Das Neue wird zunehmend weniger, und Enttäuschungen sind damit vorprogrammiert. (ORLOVIUS/WETZELS 1983, 83)

"*There are so many countries more interesting than Britain. You would have to travel all your life*" (MIKE, 30, GB). In die (geistige) Tat umgesetzt hat diesen Gedanken noch keiner der 81 Interviewpartner, auch bei mehrjähriger Reisedauer ist die zeitliche Limitiertheit des Reiselebens durchaus bewußt und der Übergang in 'westliches' Leben (nicht gerade herbeigesehnte) Realität. Durch diverse Jobs[153] kann der Zeitpunkt verschoben werden, zu verhindern ist er nicht.

"*In Asia you have to travel one year at least*" (SCOTT, 23, USA): Die Mehrzahl der Befragten (38,3%) nennt diesen Richtwert als geplante Reisedauer, 28,4% geben sechs Monate, 6,2% weniger als drei Monate an. Die Grenzen nach oben sind offen: 17,3% setzen sich ein Limit von zwei Jahren, immerhin jeder zehnte (9,9%) hat noch kein Reiseende in Sicht. "*Solange das Geld reicht*", "*bis ich die Lust verliere*", "*falls ich krank werde*" - die Antwortenpalette letztgenannter Gruppe ist gleichermaßen vielfältig wie vage und läßt kein Verlangen nach den westlichen Heimatländern erkennen.

Abb.34: Die Reisedauer

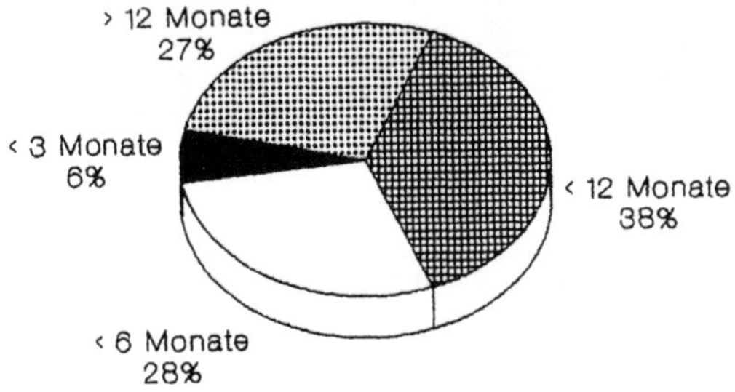

Quelle: Eigenerhebung 1992

153 Vgl. Teil 2/IV/3.4.

Die Untergrenze der untersuchten Reisedauer liegt definitionsgemäß[154] bei zwei Monaten; Längstreisende ist ein US-Amerikanerin, die nach eigenen Angaben seit 1986 nur einige Wochen Heimaturlaub gemacht hat und damit im Untersuchungsjahr 1992 bereits sieben Reisejahre *"on the road"* aufweist. Die durchschnittliche erfolgte/geplante Reisedauer liegt mit 12,6 Monaten deutlich über DEARDEN/HARRONs (1992, 97) Richtwert von etwa einem halben Jahr, was als befragungstechnisch-regionsspezifische Besonderheit interpretierbar ist: Die angesprochene Untersuchung basierte auf der Befragung alternativtouristischer Trekker in Chiang Mai (Nordthailand) - eine Region, die die 'long-term traveller' der vorliegenden Studie einhellig als zu touristisch ablehnen und zu vermeiden trachten. *"Hilltribes have been exploited for ten years now. I'm not going to do the same"* (JOSEPH, 33, CAN; bisherige Reisedauer: 18 Monate).

Neben der Reisedauer (der gegenwärtigen Reise) kommt der Reisekarriere (Zahl und Ziele bisheriger Reisen) gesondertes Interesse zu: Bestehen in der Reisezielwahl Verbindungen zu früheren AT-Reisen? Existiert eine travellerinterne Reisekarriere-Stufenleiter, die etwa ausgehend von jugendlichen Interrailreisen (Europa) zunehmende regionale Dispersion erfährt? Erfolgt die persönliche Erschließung Asiens schrittweise nach Osten *(Griechenland -> Türkei -> Indien/ Nepal -> Südostasien)*?

Abb.35: Die Reisekarriere: Vom 'Reiseanfänger' zum 'Reiseprofi'

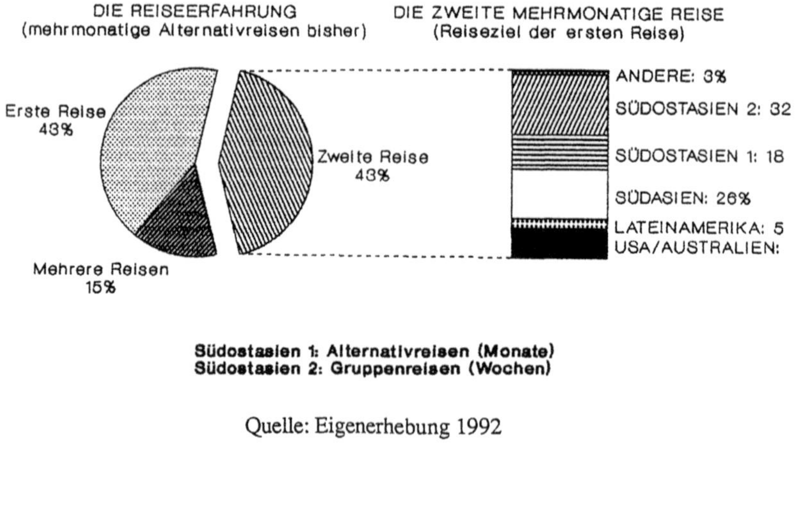

Quelle: Eigenerhebung 1992

154 Vgl. Teil 2/I/2

14,6% der Befragten[155] haben nach eigenen Angaben bereits mehrere Reisen über zwei Monate absolviert, 42,7% eine. Für ebenfalls 42,7% ist die Südostasienreise die erste mehrmonatige Reise überhaupt, die sie in der weltweit besterschlossenen Dritt-Welt-Region (hinsichtlich AT-Reiseführerangebot) durchführen - ein unerwartet hoher Prozentsatz, der persönliche Reiseerfahrungen ausschließt und die Bedeutung interpersoneller Informationsbeschaffung vor Reiseantritt erhöht.

Eine Analyse der Reisekarriere derjenigen Alternativtouristen, die bereits eine mehrmonatige Reiseerfahrung aufweisen, ergibt eine starke regionale Bindung zum Subkontinent Südasien, der für 11,3% der Gesamtbefragten zum Einstiegsland für Drittweltreisen wurde. Die Region Südostasien selbst hat bereits jeder fünfte (21,3%) vor der gegenwärtigen Tour bereist, 7,9% davon alternativ, aber 13,5% in Form eines mehrwöchigen Badeaufenthaltes: Der erste Kontakt mit Entwicklungslandtourismus ist in letzterem Fall als 'Hineinschnuppern' in westlich-sicherem Ambiente (Pauschalreiseform) interpretierbar, was in weiterer Folge zu Angstabbau und alternativer Reiseentscheidung wesentlich beiträgt.

Die erste große Reise vor der Südostasien-Tour führte 6,7% in die USA und nach Australien; Mittel- und Südamerika (2,2%) sowie Afrika (eine Angabe: Marokko) erweisen sich dagegen nicht als Einstiegsländer für alternativen Drittwelttourismus und gelten als 'Reiseländer für Fortgeschrittene'.

Mehrmonatige Reisen in Europa sind unter Europäern unüblich, 'Interrail' als traditionelle Einstiegsform in Rucksacktourismus ist mit einem Monat begrenzt.

Die insgesamt niedrige Befragtenzahl gestaltet die These paralleler AT-Reisekarrieren empirisch nicht verifizierbar und läßt nicht mehr als Trends erkennen: Wenn vor Reiseantritt mehrmonatige AT-Reisen unternommen werden, dann vorwiegend in der Region Südostasien selbst oder im benachbarten Südasien (Indien/Nepal/Pakistan), Amerika und Australien spielen als Einstiegsländer unbedeutende, Europa und Afrika keine Rollen; die historische Ausbreitung von Alternativtourismus, die ausgehend von den westlichen Quellländern Anfang der 70er Jahre Südostasien erfaßte, findet somit keine Entsprechung in der Betrachtung individueller Reisekarrieren.

3.6. Reisestart und Reiseroute: *"Where do you go next?"*

Empirisch völliges Neuland betritt die Untersuchung von Reisestart und Reiseroute. Ausgehend von der Beobachtung, daß Südostasienreisen in Travellerkreisen institutionalisierte Parallelabläufe aufweisen und klar ersichtliche Schemata in der Regel nicht verlassen, wurde zunächst versucht, Gemeinsamkeiten hinsichtlich des Startlandes aufzuzeigen: Das Untersu-

[155] Die Befragtenzahl liegt im Bereich 'Reisekarriere' bei 89; Aufnahmekriterium war wiederum eine Mindestreisedauer von zwei Monaten, allerdings war die Bereisung nur eines südostasiatischen Landes zur Erfassung ausreichend.

chungsgebiet ist vielfach Hauptteil einer mehrmonatigen Alternativreise, nur in den seltensten Fällen jedoch auch das Land des Reisebeginns.

3.6.1. Reisestart

Abhängig von der geographischen Lage des westlichen Quellandes bestehen unterschiedliche räumliche Präferenzmuster; der Trend zur 'Einschiebung' von Staaten oder Ländergruppen vor Eintritt in den Untersuchungsraum ist jedoch offenkundig und als Versuch der Transportkostenminimierung interpretierbar. So sind die klassischen Überlandfahrten der 70er Jahre von Europa nach Indien durch weltpolitische Ereignisse einerseits (Nahost-Kriege, Afghanistan-Konflikt) und Bewußtseinswandel einer neuen Travellergeneration mit modifizierter Motivstruktur und verändertem finanziellen Background andererseits als Anreisemethode zu vernachlässigen; nur ein einziger Befragter (aus Ungarn) wählte den Landweg nach Indien, das als Absprungbrett für Billigflüge in den Untersuchungsraum (Flugknoten Bangkok und Singapur) gilt.

Anfang der 90er Jahre entpuppt sich der Raum *Indien/Nepal* als das Startland für Asienreisen schlechthin - Asienreisen, an denen das Untersuchungsgebiet in weiterer Folge nicht nur quantitativ den Löwenanteil abschöpft. In hohem Maße bedingt durch die alternativtouristische Europa-Dominanz ergibt sich ein deutliches Übergewicht an Europa-Travellern für den gesamten genannten Länderkomplex: 53,0% aller europäischen Rucksacktouristen (44,4% der Gesamtbefragten) bereisen zunächst den südasiatischen Subkontinent, bevor sie dann zu 46,9% (43,2%) über Bangkok in das südostasiatische Untersuchungsgebiet eintreten.

Direktflüge nach *Bangkok* - dem 'Gateway' nach Südostasien aus alternativtouristischer Sicht - werden nur von Europäern wahrgenommen (12,1%), genausoviel starten im Raum Australien/ Neuseeland. Hongkong und Singapur spielen als Flugknoten nur untergeordnete Rollen und dienten lediglich fünf beziehungsweise drei Europäern als Startorte.

Der Zusammenhang mit der geplanten Reisedauer ist offenkundig: Nur jeder fünfte europäische Alternativtourist (21,2%) mit Zwischenstop in Südasien reist kürzer als sechs Monate, jeder vierte (25,7%) dagegen länger als ein Jahr.
Die europäische Standardanreise in den Untersuchungsraum geht somit über Thailand; Indien/ Nepal (als Stopover) und in geringem Ausmaß Australien/Neuseeland und Hongkong sind als klassische 'starting points' identifizierbar. Für nordamerikanische, australische und ostasiatische Alternativtouristen spielt Südasien als Dritt-Welt-Einstieg statistisch keine Rolle, klare Präferenzmodelle sind infolge der Inhomogenität der Herkunftsländer nicht feststellbar.

3.6.2. Reiseroute

Methodisch wurde die erhobene Reiseroute in Einzelabschnitte (Segmente) gegliedert, die im Bausteinprinzip beliebig aneinanderreihbar und verknüpfbar sind. Der erfolgte/geplante Weg durch das Untersuchungsgebiet ist naturgemäß abhängig von der geplanten Reisedauer - je größer das Zeitbudget, desto mehr Routensegmente sind abdeckbar - und zeigt auch jahreszeitliche Modifikation: Vor allem 'long-term-traveller' reisen nach dem *Zugvögelprinzip* und machen sich, räumlich begrenzt, klimatisch bedingte Saisonbonitäten zunutze; wichtig scheint vielfach nicht das bereiste Land selbst, sondern vielmehr die Unterscheidung Regenzeit/Trockenzeit - Motto: Der Sonne entgegen ...

Frühling und Herbst sind reisezeitlich günstig für *Nepal* und *Indien*, ähnlich wie *Thailand* und *Malaysia*, im Winter 'muß' man nach *Australien*, im Sommer nach *Indonesien*. Jahreszeitliche Schwankungen im Alternativtouristenaufkommen sind klimatisch bedingt, die Reiseroute wird nahezu vollständig auf saisonale Klimakriterien abgestimmt. Verschwindende Ausnahme bilden Trendsetter, die bewußt die Regenzeit zur Reisezeit machen, um massenhaftem Pauschal- wie Alternativtourismus auszuweichen: *"I wanted to go to North Thailand in the low season, because there are no tourists"* (PAT, 31, GB).

Aufbauend auf einem sich stetig verdichtenden Netz von travellerspezifischen Fixpunkten ergeben sich in AT-Reiseführern vorgezeichnete Trampelpfade durch Südostasien, die trotz vielfacher Verästelung zwei überregionale Hauptausrichtungen erkennen lassen: (Theoretische) Endpunkte sind jeweils die angestrebten Job-Regionen, die mit möglichst geringem finanziellen Aufwand erreicht werden sollen.

1. THAILAND -> MALAYSIA -> (SINGAPUR) -> INDONESIEN -> AUSTRALIEN/NEUSEELAND

2. THAILAND -> VIETNAM -> (KAMBODSCHA) -> CHINA -> OSTASIEN *("4 TIGER")*

Flüge sind die teuersten Transportverbindungen, die Verringerung der Flugdistanzen ist erklärtes Ziel; Überlandreisen erweisen sich nicht nur als billiger, sondern implizieren auch Prestige: Flüge von *Kupang* (Timor/Indonesien) und *Denpasar* (Bali/Indonesien) nach *Darwin* (Australien) stellen mangels regulärer Schiffsverbindungen den Standardweg von Südostasien nach Australien dar, die Route nach Ostasien beinhaltet zumindest einen Flug: *Bangkok* (Thailand) nach *Ho Chi Minh City* (Vietnam) ist unter den Befragten die traditionelle Anfangsroute.

Beide Hauptrouten wurzeln in Thailand, dem Tor zu Südostasien, das für die Mehrzahl von Alternativtouristen zum regionalen Startort wird. Während ersterer Weg seit Beginn alternativtouristischer Erscheinungen weitgehend institutionalisiert und mit adäquater Traveller-Infrastruktur ausgestattet ist, präsentiert sich die zweite Stoßrichtung als völlig neue Variante, die erst durch die rezente politische Entwicklung der Indochinastaaten ermöglicht wurde; der 'Durchbruch' nach China ist (theoretisch) seit Anfang 1992 möglich, die individuelle Grenzüberschreitung nach China gilt jedoch beidseitig als politisch unerwünscht und wird mit postkommunistischer Bürokratie erschwert und zu verhindern gesucht.

Der Weg nach Australien ist vorgegeben und etabliert, der Landweg nach China dagegen alternativtouristisches Neuland und Garant für Unvorhergesehenes und Neues. Dementsprechend unterschiedlich präsentiert sich auch das Travellerpublikum, das, bei gleichem westlichen Ausrüstungsstandard (AT-Reiseführer, Kamera), divergierende Motivstrukturen erkennen läßt und die These der Homogenität aller Alternativtouristen zu untergraben vermag.

Abb.36: Reisen nach Südostasien: Standardisierte Anreisevarianten

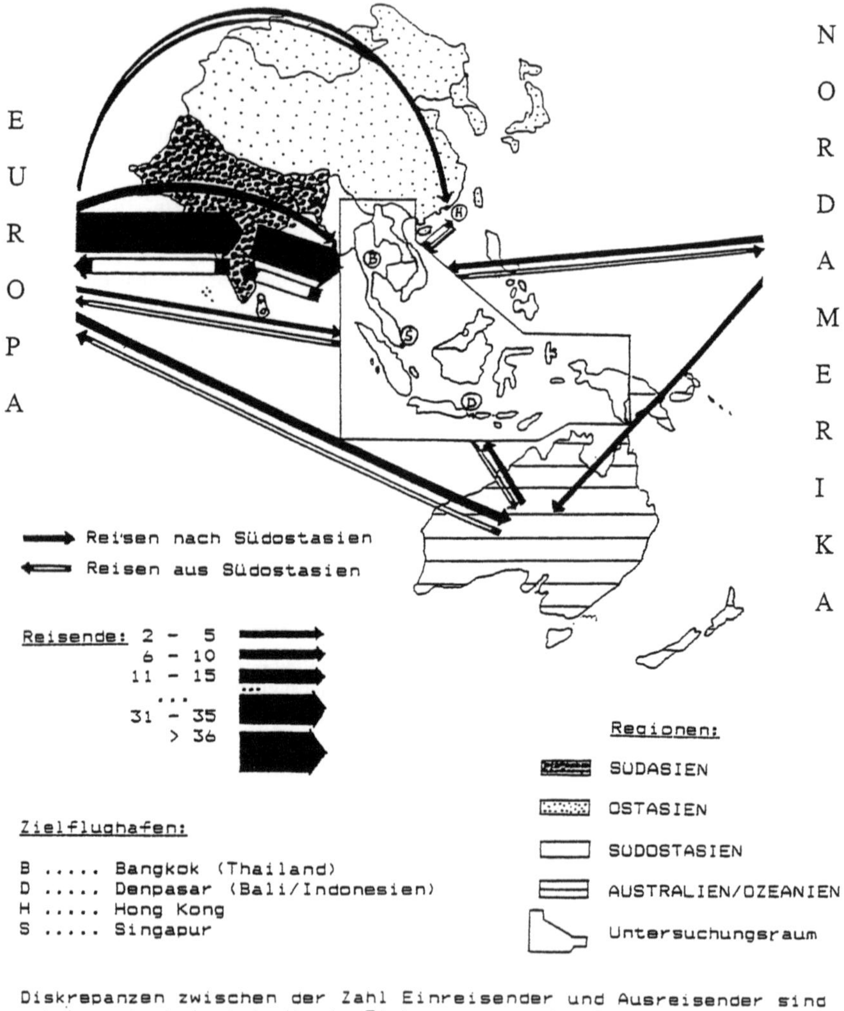

Diskrepanzen zwischen der Zahl Einreisender und Ausreisender sind erhebungstechnisch bedingt. Einbezogen wurden lediglich definitive Reiserouten, vage Zielvorstellungen (speziell Langzeiteisender) blieben unberücksichtigt.

Quelle: Eigenerhebung 1992

Abb.37: Reisen nach Südostasien: Die Startländer

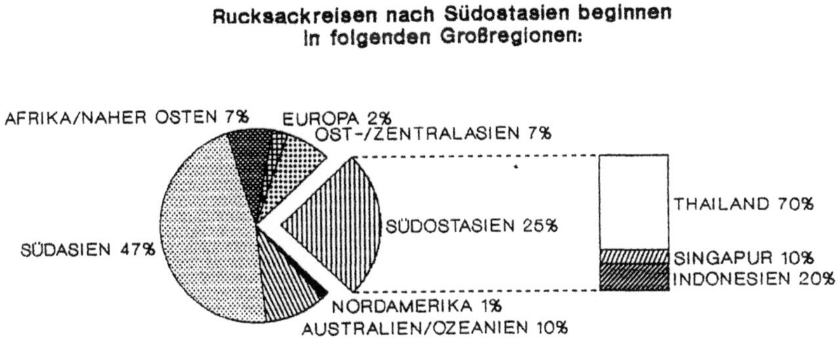

Quelle: Eigenerhebung 1992

Der Motivkomplex "*Abenteuer, Risiko, Abwechslung*", von fast drei Viertel der Befragten (72,8%) als essentiell erachtet, erfährt offenbar unterschiedliche Ausprägung und ist subjektiv-individuell gefärbt: Ist für die einen schon die AT-Reise an sich Herausforderung und Abenteuer genug - für 42,7% ist es die erste mehrmonatige Reise - und der Gedanke an die zusätzliche Ungewißheit im AT-reiseführermäßig untererschlossenen Indochina einer diesbezüglichen Reiseentscheidung hinderlich, so präsentiert sich vor allem Vietnam als 'El Dorado'[156] für 'Profitraveller': Gerade die mangelnde AT-Infrastruktur scheint die gesuchte Authentizität zu garantieren, die im ASEAN-Bereich des Untersuchungsgebietes vergleichsweise abhanden gekommen ist:

"*I'm glad I came here now.*" (ANN, 27, USA)

"*Jetzt muß man hierher.*" (KLAUS, 39, D)

"*Vietnam, das hat einen eigenen Klang, da war noch nicht jeder.*" (JEANETTE, 30, CH)

"*Thailand is not exciting, not adventurous, too touristy.*" (MARK, 30, AUS)

Sie reisen "*to get a feeling for a country*" (MARK, 24, GB) und "*to know what's going on*" (NICHOLAS, 24, CH) - Einblicke, die die Regierungen Indochinas durch die Einführung bürokratischer Schranken und Schikanen für Individualtourismus zu unterbinden versuchen.

---

156 Das Indochina-Image der 90er bewegt sich nach wie vor im Dunstkreis von Abenteuer und Krieg: "*The battle-scarred image of Vietnam evokes war, boat people or communism*" (BANGKOK POST, 4.6.1992, 17).

Abb.38: Trampelpfade durch Südostasien

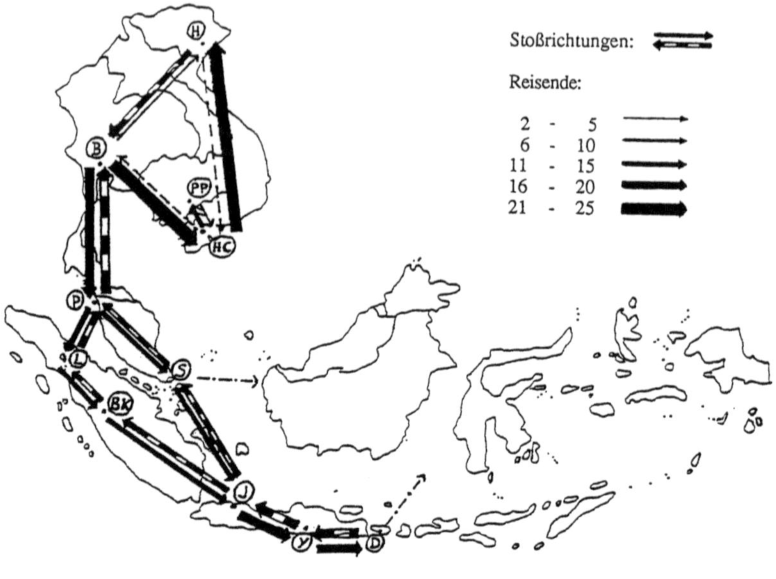

B Bangkok (Thailand)
BK Bukitinggi (Sumatra/Indonesien)
D Denpasar/Kuta (Bali/Indonesien)
H Hanoi (Vietnam)
HC Ho Chi Minh City (Vietnam)
J Jakarta (Java/Indonesien)
L Lake Toba (Sumatra/Indonesien)
P Penang (Malaysia)
PP Phnom Penh (Kambodscha)
S Singapur
Y Yogyakarta (Java/Indonesien)

Quelle: Eigenerhebung 1992

Die Überlandreiseroute nach Ostasien ist ein Kind der frühen 90er Jahre, im Zustand permanenter Entwicklung und, bedingt durch latente politische Labilität, noch keineswegs etabliert. Der Informationsfluß erfolgt in großem Maße travellerintern, der Aussagegehalt spärlich vorhandener Reiseliteratur kann mit der rasanten Entwicklung nicht Schritt halten und ist in keiner Weise 'up to date'. Infolge der restriktiven (Individual-)Tourismuspolitik Indochinas ist der Weg durch Vietnam vorgegeben und läßt nur wenig Spielraum:

Anders die Situation im Bereich der traditionell etablierten Trampelpfade nach Australien: Im Gegensatz zum Indochina-Trail in beide Richtungen gangbar[157], ist die Südost-Variante in einer Fülle von einschlägigen Reiseführern detailliert vorgezeichnet und stellt außer Sprachkenntnissen (Englisch) vergleichsweise keinerlei Ansprüche an Improvisationstalent und orga-

157 Mitte 1992 ist die Individualausreise von *China* nach *Vietnam* (überland) zwar theoretisch möglich, in der Praxis aufgrund von Visaschwierigkeiten aber undurchführbar.

nisatorische Fähigkeiten. Die "*Have a good time*" - Mentalität ist stark verbreitet: 'Enjoy yourself' auf dem Weg nach *Australien*, 'Good luck' auf dem Weg nach *Japan* ...

Wie Kettenglieder folgt Travellerenklave auf Travellerenklave, die Variationsmöglichkeiten entlang des Hauptstranges nach Süden sind infolge fehlender politischer Restriktionen wesentlich breiter gefächert.
Je nach vorhandenem Zeit- und Finanzrahmen werden Teilstrecken geflogen, ansonsten mit lokalen Transportmitteln (Busse, Fähren, Züge) oder speziellen AT-Bussen zurückgelegt; rund um die genannten, über zwei Jahrzehnte etablierten Fixpunkte gruppiert sich eine Fülle strahlenförmiger Travellerzentren zweiter Ordnung (*Konzept der konzentrischen Kreise*), die sich hierarchisch untergeordnet um die traditionellen Zentren gebildet haben, in 'Geheimtipmanier' jedoch binnen weniger Jahre selbst zu regionalen/lokalen Backpackerzielen aufsteigen und zum Fixpunkt auf 'Backpacker'-Routenplänen werden können.

Abb.39: Standardroute Nordost (Ostasien)

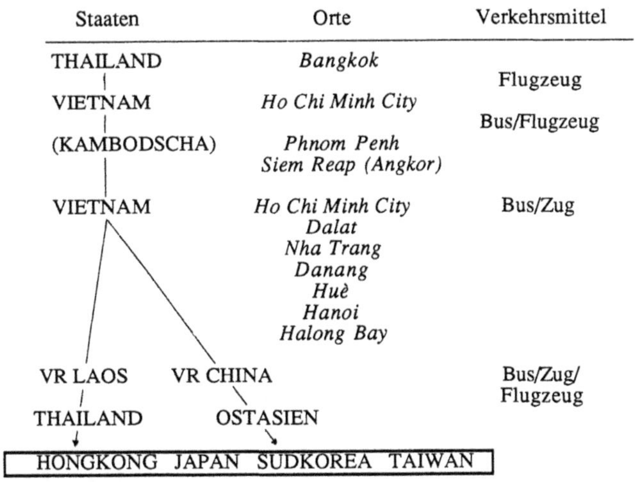

Quelle: Eigenerhebung 1990, 1992

Fallbeispiel *Lake Maninjau* (Sumatra/Indonesien): 36 km südlich von *Bukitinggi*, Zentrum und Hauptort der matriarchalisch strukturierten Minankabau-Kultur, gelegen, kommt der See Ende der 70er Jahre über eine Kurzerwähnung als Tagesausflug nicht hinaus - bis dato existiert am See nur ein einziges *"grotty losmen"* (WHEELER 1982, 151); Ende der 80er Jahre finden sich in der einschlägigen AT-Reiseliteratur bereits detaillierte Anreisehinweise, auch speedboat-Fahrten sind bereits eingeführt (WHEELER 1989, 230) und die Zahl der Beherbergungsbetriebe ist auf neun gestiegen (LOOSE 1990, 230).

Zielgebiete ohne einschlägige AT-Infrastruktur abseits der Haupttrampelpfade werden von den Travellerkreisen der 90er Jahre nur vereinzelt nachgefragt - eine Untermauerung von TÜTINGs (1978) These des 'normalen' Touristen, der sich bevorzugt unter seinesgleichen aufhält und die Konfrontation mit dem Neuen scheut. Lediglich fünf Befragte gaben *Sabah/Sarawak* - die malaysischen Provinzen im Nordteil von Borneo - als Reiseziele an, gar nur vier bereisen die indonesischen Periphergebiete *Kalimantan, Molukken und Irian Jaya*, jeweils nur ein Interviewpartner plant - außerhalb des Untersuchungsraumes - die Reisefortsetzung nach *Nordkorea*, die *Mongolei* oder auf die *Solomon Inseln*: Die 'explorer' Typen COHENs (1972, 73) sind weniger geworden ...

Abb.40: Standardroute Südost (Australien/Neuseeland)

Bangkok (Kao San Road)
|
Krabi/Ko Pee Pee, Ko Samui[158]
|
Penang (Chulia Street)
/ \
Lake Toba — *Malakka*
| |
Bukitinggi — *Singapur* (Bencoolen Street/Beach Road)
\ /
Jakarta (Jalan Jaksa)
|
Yogyakarta (Gang I,II)
|
Bali (Kuta Beach, Legian Beach)
↓
AUSTRALIEN/NEUSEELAND

Quelle: Eigenerhebung 1990, 1992

Eindeutig vorherrschend ist die alternativtouristische Orientierung an gesicherter AT-Infrastruktur entlang vorgezeichneter Trampelpfade:

> ... sie zu verlassen würde Eigeninitiative bedeuten, Anstrengung - und das will man doch schließlich nicht, wenn man ohnedies schon den schweren Rucksack mit der teuren Fotoausrüstung mitschleppt; allzu alternativ will man schließlich auch nicht sein! (SPREITZHOFER 1992, V)

Durch stetig wachsende Konkurrenz der AT-Betriebe ist das Preisgefüge entlang der Hauptrouten generell niedriger als in den touristisch marginal erschlossenen Periphergebieten des malaysisch-indonesischen Archipels oder des Großraumes Indochina als Ganzes - und möglichst lange mit möglichst wenig Geld möglichst problemlos in möglichst westlichem Ambiente reisen zu können, steht für die Mehrzahl der Befragten vor Befassung und Konfrontation mit tatsächlich Neuem und geistig Fernem: "*I've got enough of hassles*" (MIKE, 32, GB) ...

---

158 Die genannten Orte stehen stellvertretend für südthailändische Bade-Travellerzentren.

3.6.3. Bereiste Länder

Eine Analyse der begangenen Reiserouten mit Summierung der genannten Länder ergibt folgendes Bild: Im Untersuchungsraum liegt *Thailand* (82,7%) vor *Indonesien* (54,3%), *Malaysia* (45,7%) und *Singapur* (34,6%) klar in Front; *Vietnam* rangiert anteilsmäßig knapp hinter Singapur, dem teuersten und 'westlichsten' Land der Region, *Kambodscha* und *Laos* bereisten nur dreizehn Befragte.

Abb.41: Bereiste Länder im Reiseverlauf

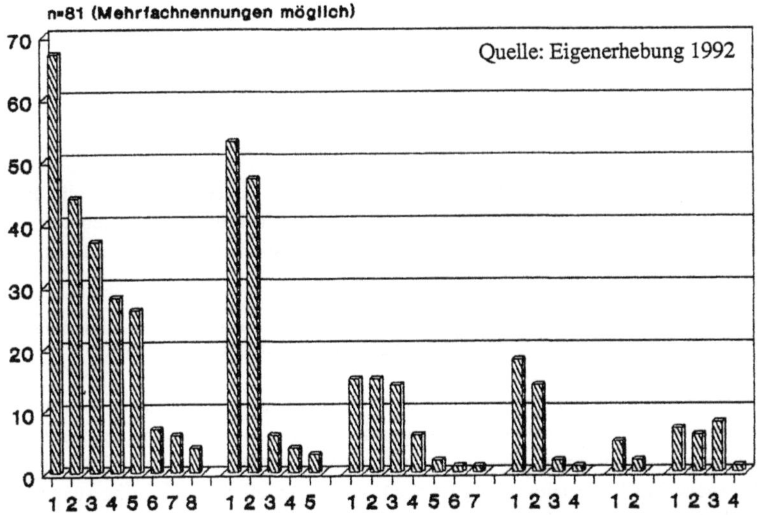

I. SÜDOSTASIEN

1 Thailand
2 Indonesien
3 Malaysia
4 Singapur
5 Vietnam
6 Laos
7 Kambodscha
8 Philippinen

II. SÜDASIEN

1 Nepal
2 Indien
3 Pakistan
4 Sri Lanka
5 Bangladesch

III. OSTASIEN

1 Hong Kong
2 Japan
3 VR China
4 Taiwan
5 Südkorea
6 Nordkorea
7 VR Mongolei

IV. OZEANIEN

1 Australien
2 Neuseeland
3 'Südsee'
4 Solomon Inseln

V. AMERIKA

1 Nordamerika
2 Südamerika

VI. Andere

1 Westeuropa
2 GUS
3 Afrika
4 Westasien

Dieses Ergebnis widerspiegelt nur partiell die Gesamttourismusentwicklung der Region: WTO-Statistiken führen Singapur hinter Thailand an zweiter und Indonesien an vierter Stelle[159], während sich die alternativtouristischen Präferenzen in vorliegender Untersuchung eindeutig gegen die 'Shopping-City' und für die "*destination of endless diversity*" (Werbetext: Tourismuswerbung Indonesien) richten.

Der Grad alternativtouristischer Bereisung erweist sich als distantiell abhängig von der Reisekernregion - im vorliegenden Fall das oben definierte Untersuchungsgebiet - und sinkt zentrifugal in Form konzentrischer Kreise. Auch mehrmonatige/mehrjährige Reisen sind in der Regel regional/kontinental spezifiziert, der Typus 'Weltreise' im Sinne von 'Sight-Abhaken' ist in Travellerkreisen nicht verbreitet - nicht zuletzt mangels budgetärem Hintergrund: Der Transkontinentalflug aus den westlichen Herkunftsländern stellt vielfach anteilsmäßig die größte Ausgabe im Reiseverlauf dar.

3.7. "*Back Home*": Das Leben danach ...

Weitgehend verdrängt werden Gedanken an die Rückkehr in die Heimatländer - eine Rückkehr in regelhaftes, normiertes und bürgerliches Leben, die vielfach problembeladener empfunden wird als die Umstellung auf das 'freie', ungebundene, westlichen Normen enthobene Travellerleben Südostasiens.

> Die Heimkehr kann zum Schockerlebnis werden. Denn wer in anderen Ländern zu Hause ist, verliert auch an Heimat ... (CANNAIN/HIMMELSEHER 1980, 18)

Diese Tatsache ist auch den Befragten bewußt, die trotz losem (brieflichem/telefonischem) Kontakt - nur 5% haben sämtliche Bindungen zu Familie und Freunden abgebrochen - die Heimkehr nicht herbeisehnen: "*I won't be able to do anything for some weeks*" (HANS, 36, NL), die (geistige) Verarbeitung des Erlebten wird speziell für Langzeitreisende zu einer Schlüsselfrage. "*Zurückgekehrt aus einer Fremde, die mir unheimlich bekannt vorkam, ist mir das Bekannte mehr und mehr unheimlich geworden.*" (MALETZKE 1986, 166)

Viele der Langzeitreisenden stehen nach ihrer Rückkehr vor dem materiellen Nichts und einem Neubeginn auf beruflicher wie persönlicher Ebene - schon aus Gründen der (unbewußten) Selbstrechtfertigung wird die Reise vielfach glorifiziert, der psychologische Erfolgszwang des 'Positiven' der Reise zwingt zur Verdrängung negativ empfundener Begebenheiten im Reiseverlauf. Dieser Aspekt ist jedoch keineswegs travellerspezifisch, sondern trifft auf jede (Urlaubs-)Reisetätigkeit zu. Nach KRIPPENDORF/KRAMER/MÜLLER (1987, 77) "*muß es der Urlaub bringen*", um den hoch gesteckten Erwartungen gerecht zu werden ...[160]: "*Bei so viel materiellem Aufwand und hoher Erwartung würde es nicht leicht fallen, sich einzugestehen, daß man eine falsche (Reise)Entscheidung getroffen hat*" (KLINGENBERG/ASCHENBRENNER 1991, 128).

---

159 Vgl. Teil 1/II

160 57% der Deutschen bewerten die Haupturlaubsreise 1985 mit 'sehr gut', weitere 35% mit 'gut' (REISEANALYSE 1986, Zit. nach KRIPPENDORF/KRAMER/MÜLLER 1987, 77f)

V. Travellerinfrastruktur und touristische Alternativindustrien

V.I. Die Quelländer

"*... von den Idealen der Alternativtourismusbewegung wird man nicht satt*", kommentieren FAHRENHOLTZ/LORENZ (1983, 136) die Heranbildung einer spezifischen Alternativtourismusindustrie in den westlichen Quellstaaten des internationalen Tourismus - eine Reaktion auf den allmählich anrollenden Rucksacktourismusboom der späten 70er Jahre, der längst nicht mehr auf ein zahlenmäßig und ideell begrenztes Zielpublikum eingeschränkt werden konnte.

In einer Vielzahl der Fälle von (ehemaligen) 'Travellern' initiiert und organisiert, ist die florierende Backgroundinfrastruktur Anfang der 90er Jahre keineswegs mehr Ableger und Mitläufer etablierter Unternehmen des Massentourismus, sondern ein eigenständiger Marktsektor mit einem Anteil von 5-10% am gesamten Reisemarkt (FREYER 1991, 395).

1. Alternative Reiseliteratur

1.1. Entwicklung und Definition

In Grundzügen bis auf *Marco Polos* mittelalterliche Reisebeschreibungen seiner Überlandreisen nach China zurückgehend, gewann der Typus des Individualreiseführers ab 1839 mit der Publikation des ersten BAEDEKER-Reiseführers ("*Rheinlande*")[161] - Prototyp und Urvater moderner Reisebuchliteratur - großflächige Bedeutung.

> Ein Ort, der keine touristischen Sehenswürdigkeiten aufweist, ist für den Reisenden uninteressant. Die Sehenswürdigkeiten markieren die unbedingten touristischen Stationen. Die Reiseliteratur bestimmt, was der Tourist sehen muß ...
> (PAULHART 1990, 164)

Zeitgeistkonform auf die Bedürfnisse Bildungsreisender konzipiert, erfüllt diese Reiseführergattung über ein Jahrhundert lang konkurrenzlos-einseitig die Nachfrage der tourismusbestimmenden Gesellschaftsschichten, sieht sich aber als Folge tiefgreifenden gesellschaftlichen Wandels mit zunehmender Kritik konfrontiert; die Bildungsmotivation per se ist nicht mehr ausschließlich dominant:

> Der touristische Blick fixiert sich auf die Oberfläche, die Attraktion, und vermag diese nicht zu durchdringen. Die Bildung wird zum Programm, zur Pflicht.
> (KIENECKER 1987, 354)

---

161 Vgl. BEUTEL 1980, 40; PAULHART 1990, 165

Aus der Sehens-Würdigkeit wird die Sehens-Notwendigkeit (PRAHL/STEINECKE 1981, 157), die Normierung individualtouristischen Angebots durch standardisierte Hinweise (Reiseroute, Reiseziele, Reisezeit) spart Reisevorbereitungsaufwand. Sehenswürdigkeit ist, was man gesehen haben muß - ENZENSBERGER (1958, 196), Tourismuskritiker der ersten Stunde, führt diesen Gedanken noch weiter fort: Mit der Erfüllung dieser Pflicht dient der Tourist die

> Schuld ab, die er heimlich in seiner Flucht vor der Gesellschaft erblickt. Mit seinem Gehorsam bekennt er, daß er die Freiheit, auf die er aus zu sein vorgibt, gar nicht erträgt.

35 Jahre später: Ist die (Reise-)Freiheit heute erträglicher als noch Ende der 50er Jahre, der Zeit des beginnenden 'Weltwirtschaftswunders'? Zumindest die eindimensionale 'Bildungsorientierung' der Reiseliteratur gerät mehr und mehr ins Hintertreffen, neue Reiseformen prägen und beherrschen, gestützt von adäquater Fachliteratur, den anrollenden Tourismusboom.
Die aufkommende (Individual)tourismuswelle der späten 60er Jahre findet auch in der regionsspezifischen Reiseführerliteratur ihren Niederschlag; existierten bis dato lediglich themengebundene Kunst- und Kulturführer[162] ohne praktisch-nachvollziehbaren Reiseteil, so wird diese Reiseführergattung ab Mitte der 70er Jahre zunehmend um Individual-/Alternativreiseführer ergänzt, die ein Jahrzehnt später quantitativ bereits eindeutig vorherrschend sind: eine Reflexion des einsetzenden Zeittrends zur (Reise)Individualisierung, wie TICHY (1978, 19) schon vor geraumer Zeit prophezeihte:

> Ob mit Rucksack oder Caravan, ob mit zehn Dollar am Tag oder von Schloß zu Schloß, ob als Freund alter Meister oder Liebhaber leichter Mädchen - für jeden Geschmack ist das entsprechende Fachbuch vorhanden.

Reisehandbücher mit praktischen Reisetips zur Nachvollziehbarkeit der 'Abenteuer' überschwemmen Anfang der 90er Jahre den Reiseführermarkt; ein Phänomen, dessen Wurzeln in der Hippie- und Overlander-Bewegung mit Zielpunkt *Indien* Ende der 60er Jahre zu suchen sind. Anfangs noch handgeschrieben, mit Grobskizzen versehen, und hektographiert/kopiert nur einer Minderheit zugänglich, stellt das (Buch)geschäft mit der Reiselust heute eine Millionenindustrie dar, die mit Idealismus und Wandertrieb per se nur mehr wenig zu tun hat (SCHETAR 1988, 38-45): Die Angebotsausweitung von Großverlagen (vgl. DuMONT) auf den Alternativreiseführerbereich unterstreicht die ökonomische Hoffnungsträgerfunktion praktisch-individualtouristischer Reiseliteratur.

1.2. Südostasien in der Reiseführerliteratur

1.2.1. Original und Wegbereiter: *Lonely Planet*

'Lonely Planet' - seit 20 Jahren ist der Planet nicht mehr einsam und unerschlossen, die weißen Flecken auf der touristischen Landkarte verschwinden zunehmend: Ob Verdienst oder Schuld des australischen Reisebuchverlages ist abhängig von der jeweiligen Betrachtungsweise.

---

162 Vgl. GUIDE TOURISTIQUE GENERAL DE L'INDOCHINE 1937

"*Across Asia on the Cheap*", eine maschingetippte Beschreibung des Überlandweges von England nach Australien, wurde 1973 zum Prototyp von praxisbezogenen Reiseführern im allgemeinen und zum Vorläufer des weltweit meistverkauften Dritt-Welt-Reiseführers im besonderen.
"*South-East Asia on a Shoestring*", die "*gelbe Bibel*" (Verlagsdefinition) der Backpacker und Billigtouristen, entwickelte sich zum ersten Bestseller des Verlagsgründers Tony WHEELER und geht seit ihrer Erstveröffentlichung (1975) bereits in die siebente (aktualisierte) Auflage (1992). Mit bislang über einer halben Million verkaufter Exemplare ist der nunmehr quantitativ und qualitativ wesentlich erweiterte Südostasien-Führer Zugpferd des prosperierenden Unternehmens, dessen Verlagsprogramm 1992 bei über 100 Titeln liegt, die die Dritt-Welt-Länder Asiens, Afrikas und Lateinamerikas weitgehend abdecken - eine Vervielfachung gegenüber dem Stand Anfang der 80er Jahre.
Anfangs noch Familienbetrieb (Eigenrecherchen, Eigenpublizierung) beschäftigen '*Lonely Planet Publications*' 1992 über 50 Autoren (freie Mitarbeiter) und 58 Angestellte in drei Agenturen (Australien, Großbritannien, USA). Die Reiseführerexpansion geht weiter: In Ermangelung von der einschlägigen Reiseführerliteratur noch nicht 'abgedeckter' Entwicklungsländer - das Netz scheint heute flächendeckend - schwappt die *Lonely Planet*-Welle allmählich auch auf Europa über und versieht die Quelländer des Drittwelttourismus mit einem stetig dichter werdenden Netz englischsprachiger Individualreiseliteratur.

Abb.42: '*Shoestring Guides*': Zielgruppe und Aufbau

Written by experienced travellers who have been there and done it, ***shoestring guides*** provide compact, essential information for low-budget independent travel over a major region or continent.
Each ***shoestring guide*** measures 184 x 128 mm.
Features of this series include:
★ cultural & historical background ★ detailed maps of cities, towns & rural areas ★ information on getting there & getting around ★ practical information on every aspect of travel ★ low-budget accommodation & restaurant recommendations ★ valuable health & safety advice ★ basic survival words in relevant local languages ★ information on local cuisine ★ advice on local customs & etiquette

Quelle: Lonely Planet Publications, March-August 1992, 24

Zwei Jahrzehnte nach der Verlagsgründung läßt sich die Angebotspalette in fünf Großserien differenzieren, die latente Tourismustrends deutlich reflektieren. Dominierte in den Anfangsjahren noch die "*shoestring*"-Serie (Informationsgehalt ausschließlich auf Billigtouristen ausgerichtet), die mehrere Länder(gruppen) überblicksmäßig erfaßt, so gewannen in den 80er Jahren die länderspezifischen "*travel survival kits*" vermehrte Bedeutung, die zusätzliche Information für höherwertige 'budget levels' bieten können; eine Reaktion auf die Reisebuchnachfrage neuer AT-Schichten, die Rucksacktourismus nicht mehr unbedingt mit absolutem Billigtourismus gleichsetzen ...?

> 'Travel Survival Kits' cover one country - or a small group of countries - in depth, with travel and accomodation options to suit a range of budgets.
>
> (LONELY PLANET PUBLICATIONS, March-August 1992, 18)

"Trekking" und *"walking guides"* wie *"phrase books"* runden das Verlagsprogramm ab, das 1991 um eine weitere Serie - *"city guides"* - erweitert wurde.
Der Reiseführermulti beschränkt sich nicht mehr ausschließlich auf Publikation/Updating von Reiseführern, sondern spendet, nach eigenen Angaben, seit 1986 für Hilfsprojekte (Greenpeace, Amnesty International, et al.) in 'seinen' Reiseführerländern: 41.000 US-$ (1989), 60.000 US-$ (1990), 70.000 US-$ (1991)[163] - im Unterschied zu den deutschsprachigen Verlagen im Soge *Lonely Planets*, die, den bestehenden Individualreiseboom zu eigenrecherchierter Reiseführerliteratur nützend oder als LP-Vertragsübersetzer tätig, den mitteleuropäischen Absatzmarkt beherrschen.
Die Unternehmensphilosophie des Branchenleaders *Lonely Planet* scheint somit nicht ausschließlich eindimensional marktorientiert, sondern strebt auch Problembewußtseinsbildung seiner Leser an:

> The people at Lonely Planet strongly believe that travellers can make a positive contribution to the countries they visit, both through their appreciation of the countries' culture, wildlife and natural features, and through the money they spend.
>
> (LONELY PLANET INFORMATION MAP 1991)

Mit Südostasien hat die Reiseführerwelle à la LP begonnen, Südostasienführer spielen auch heute, bei regional weitaus diversifizierter Angebotspalette, mit insgesamt zwölf LP-Publikationen (ein *"shoestring"*, sechs *"travel survival kits"*, vier *"phrase books"* und ein *"city guide"*) eine bedeutungsmäßig überdimensionale Rolle, weniger im Verlagsprogramm selbst als vielmehr durch die weitgehende LP-Monopolstellung in den Staaten des Untersuchungsraumes: *"The Book"* - das in AT-Kreisen eingebürgerte und allseits verwendete Kürzel für LP-Reiseführer in Südostasien unterstreicht wohl am besten die Bedeutung des Verlages für die Region.

> If I had to nominate one region of the world as my favourite for travelling, the one area I'd choose if I had to quit travelling everywhere else, I would have no second thoughts - South-East Asia ... the more I think about it the more enthusiastic I am to go back again! (TONY WHEELER)

Südostasien als Geburtsort des Individualtourismus: Die seit 1975 unveränderten Einleitungsworte des Imperiumsgründers Wheeler zu *"South-East Asia on a Shoestring"* legen diesen Rückschluß nahe. Zumindest auf Reiseführerebene ist der selbstverstärkende Effekt unbestritten:

Reiseführer --> Nutzung durch Touristen --> Feedback durch Touristen
↖ ↙
Qualitätsverbesserung des Reiseführers

[163] Quelle: 'Lonely Planet' Information Map 1991

Die Qualität und Verwendbarkeit von AT-Reiseführern ist in großem Maße abhängig von ihrer Aktualität, die auch im Großkonzern *Lonely Planet* ohne Updating durch Leserzuschriften nicht gewährleistet werden könnte; eine Tatsache, der sich der Verlag durchaus bewußt ist, wie folgendes Insert (nach dem Vorwort jedes Reiseführers) beweist:

> **A Warning & a Request:**
> Things change - prices go up, good places go bad, bad places go bankrupt and nothing stays the same. So if you find things better, worse, cheaper, more expensive, recently opened or long ago closed please don't blame me but please do write and tell me ... As usual the best letters will be rewarded with a free copy of the next edition or any other LP guide if you prefer (and your information is good enough).

1.2.2. Die Epigonen: Das Beispiel Deutschland

Die Entwicklung, die LONELY PLANET für den anglophonen Sprachraum in Gang gesetzt hat, fand auch im deutschsprachigen Mitteleuropa ihren Niederschlag. Zeitlich verzögert und regional limitiert, wurden die Reisehandbücher im Stile Lonely Planets dank des enormen Touristenpotentials vor allem Deutschlands dennoch zu Bestsellern. Stellvertretend für zahlreiche Kleinverlage mit länderspezifisch-beschränktem Angebot seien hier drei der deutschen Branchenleader (LOOSE Verlag, SCHETTLER Verlag und RUMP Verlag) näher beleuchtet.

Als Spezialist für den Raum Südostasien etablierte sich 1978 Stefan LOOSE, der die Anfänge folgendermaßen beschreibt:

> Ja,ja, das war schon eine merkwürdige Zeit, die 70er Jahre. Da war das Weltbild der Globetrotter noch in Ordnung, nicht nur zwischen Bangkok und Banjarmasin. Da wurde noch streng unterschieden zwischen Travellern und Touristen und die einen wollten mit den anderen nichts gemein haben. Bücher für Leute, die auf eigene Faust reisen, waren noch rar, Traveller tauschten Geheimtips, und wer zum ersten Mal auf den großen Trip ging, hielt sich an die alten Hasen ...
>
> (LOOSE-VERLAG, Verlagsprogramm 1992)

Wie 'Lonely Planet' startete der LOOSE-Verlag mit einem Südostasien-Führer ("*Südostasien Handbuch*"), der - wie könnte es anders sein - *"Orangen Bibel"* (Verlagsdefinition), die 1991 in die achte (aktualisierte) Auflage ging. Im Gegensatz zum australischen Marktriesen blieb der deutsche Verlag, trotz punktförmiger Expansion auf außerasiatische Destinationen, jedoch auf seinen Ursprungszielraum spezialisiert und verfügt 1992 über eine Angebotspalette von sechs 'Traveller-Handbüchern' für die Region Südostasien (und fünf weitere Destinationen ohne regionale Schwerpunktsetzung).

Sind die Südostasien-Produkte des LOOSE-Verlages weitgehend eigenrecherchiert (Ausnahme: "*Vietnam-Laos-Kambodscha*", eine lizensierte LP-Übersetzung), so basiert das SCHETTLER-Verlagsprogramm nahezu ausschließlich auf LP-Übersetzungen. Die Aktualität der Originalversion muß dabei zwangsläufig auf der Strecke bleiben, auch die regelmäßige Überarbeitung - wesentliches Qualitätsmerkmal von AT-Reiseliteratur (SCHETAR 1988, 38) - der nunmehr acht Südostasien-Führer ist nicht gegeben.

Der Peter RUMP-Verlag, Gründungsmitglied der '*Verlegergemeinschaft Individuelles Reisen*' (*V.I.R.*), eines Zusammenschlusses von zwölf Kleinverlagen 1984, der die "*Reise-Know-How*"-Serie ins Leben rief, ist spezialisiert auf Südostasien: Mit bislang zehn "*Reise-Sachbüchern*" und "*Reise Stories*" versucht der Verlag, den Zielsetzungen der Dachorganisation gerecht zu werden:

> Die Reihe Reise Know-How setzt bei der Beschreibung von Reiseländern, -Städten und Sachthemen neue Akzente: Die Menschen werden nicht als exotische Staffage und als Heer von Dienern für Touristen vorgestellt, sondern als Gastgeber und gleichwertige Partner. Die Attraktion der bereisten Länder besteht unserer Meinung nach nicht allein aus Kunstdenkmälern und Naturschönheiten, sondern ebenso aus lebendiger Gegenwart. Die Bücher regen zum sanften Reisen, zur Sensibilität gegenüber dem Gastland ... an. (V.I.R. PROGRAMM 1990)

Der Trend deutschsprachiger Verlage geht insgesamt weg vom vielkritisierten (LUGER 1990a, 1) vertraulich-anbiedernden "*Du*" (Ausnahme: Loose-Verlag) und hin zu seriöser Aufmachung in Sprache und Bild - eine Verbeugung vor zunehmendem individualtouristischen Interesse, das mit Rucksacktourismus der ersten Stunde nur mehr wenig gemeinsam hat.

1.3. Alternativ-/Individualreiseführer im Spiegel der Kritik

1.3.1. Kritik extern: Rezensoren und Tourismuskritiker

1983 veröffentlichte Ludmilla TÜTING eine Checkliste zur Reiseführerbeurteilung, die auch eine 'Tabu-Liste' enthielt, derzufolge folgende Inhalte in qualitativ hochwertigen Individualreiseführern nicht aufscheinen sollten:

* Schnorrertips (Reisen ohne Geld)
* Illegale Tips ('Obwohl verboten ...')
* Schwarzmarkt
* Drogen
* Waffen
* Prostitutions-Tourismus
* Diskriminierende Bezeichnungen (Eingeborene, etc.)
* Tips zum Kauf gefährdeter Tiere und Pflanzen (Artenschutz) oder echter Antiquitäten
* Jedwede Geheimtips
* Anreisetips zu schutzbedürftigen ethnischen Minderheiten

(Zit. nach AKTION DRITTE WELT 1986, 149)

Obwohl auf die Reiseführersituation Anfang der 80er zugeschnitten[164], sind TÜTINGs Kritikpunkte an einschlägiger Individualreiseliteratur auch ein Jahrzehnt danach noch weitgehend gül-

---

164 Vgl. CANNAIN/HIMMELSEHER (1980), die in ihren "*Tips und Tricks für Tramps und Travellers*" im Kapitel '*Reisen in den inneren Kontinent*' unverhohlene Drogenwerbung betreiben.

tig, trotz offenkundiger inhaltlicher Modifizierung und Anpassung an den 'neuen' Rucksacktouristen der späten 80er Jahre.

Mehr oder weniger versteckte Hinweise auf Schwarzmarkt[165] und Drogen[166] sind in den Produkten des weltweiten Marktleaders *Lonely Planet* ebenso zu finden wie in den deutschsprachigen Konkurrenzwerken, die zumindest den Vorwurf der offenen Werbung für Prostitutionstourismus[167] in neuen Auflagen widerlegen konnten.

Vorwiegend aus linken Kreisen kommt der Vorwurf der Ignoranz von Südostasien-Solidaritätsbewegungen (vgl. SCHMIDT-KALLERT 1988, 7); die politische Komponente des Alternativtourismus der 70er Jahre verfällt Ende der 80er in zunehmende Bedeutungslosigkeit, zahlreiche "*underground travel guides*" (RILEY 1990, 322) präsentieren sich wie Produkte südostasiatischer Tourismusministerien (JUNG 1988, 44) und lassen Blicke hinter die touristischen Kulissen vermissen - Zufall oder Zeittrend, die KLINGENBERG/ASCHENBRENNERs (1991, 72)[168] düstere Prognose über die Renaissance des "*Preisens von Banalitäten*" (SCHERRER 1986, 91) bewirken?

2.3.2. Kritik intern: Benutzer und Betroffene

Ist die kritische Betrachtung von Individualreiseführerliteratur durch (außenstehende) Vertreter pro- und kontratouristischer Lager nicht allzu erstaunlich, so vermag die weitgehende Ablehnung auf Benützerebene wesentlich mehr zu überraschen. Eine unstrukturierte Meinungserhebung über Qualität und Inhalt benutzter Reiseliteratur im Untersuchungsraum Südostasien widerspiegelt offenbar Frustrationserlebnisse im Reiseverlauf, für die mangelnde oder fehlerhafte Reiseführerinformation hauptverantwortlich gemacht wird.

"Lonely Planet is shit" (MIKE, CH, 22)

"Lonely Planet is fucking useless" (PAT, GB, 31)

- Eine klare Absage an die *"sacred texts of third world travel"* (Adventure Travel), "*the lifeline of the budget traveller*" (Weekend Guardian) und die gepriesene *"down-to-earth practical information"* (American Bookseller): Ein frappanter Kontrast zwischen Pressestimmen und Travel-

165 Vgl. ROBINSON/CUMMINGS 1991, 69

166 Vgl. WHEELER 1989, 18

167 Das 'Südostasien Handbuch' (LOOSE-Verlag, 2.Aufl.1979) mußte Anfang der 80er Jahre wegen offener Werbung für Prostitutionstourismus aus dem Buchhandel entfernt werden (JUNG 1988, 46).

168 Nach BACKES (zit. nach KLINGENBERG/ASCHENBRENNER 1991, 72) lassen sich Reiseführer in drei Kategorien unterteilen:

> *"- diejenigen, in denen herausgestellt wird, daß das Land X zu den schönsten der Erde gehört. Das deckt sich in Bild und Text ungefähr mit den Verlautbarungen der betreffenden Fremdenverkehrsbehörden ...*
> *- die Reiseführer, bei denen klargestellt wird, daß im Land X, das zu den schönsten der Erde gehört, auch Menschen leben. Diese Menschen leben oft unter wesentlich einfacheren Bedingungen als wir, aber das sind sie so gewöhnt. Sie sind sehr freundlich zum Touristen, sofern er freundlich zu ihnen ist ...*
> *- und drittens die Reiseführer, die versuchen, einige Hinweise zu geben, warum die Menschen im schönen Land X unter wesentlich anderen Bedingungen leben als ihre Gäste. Warum sie auch dem nettesten Einzeltouristen deshalb nicht mit unverhohlener Freude begegnen können ..."*

lerkommentaren! Bestenfalls wird den einschlägigen Guide-Books Informationsgehalt auf vergleichsweise statischer landeskundlicher Ebene (Politik, Kultur, 'Sights') zugestanden, der praktische Reiseteil, als eigentliches Unterscheidungsmerkmal zu Spezialkulturreiseführern, gilt hingegen günstigenfalls als "*überaltert*", schlechtestenfalls als "*gänzlich unverwendbar*". Die Kritikpunkte der Rezensoren und Benützer erweisen sich somit keineswegs als deckungsgleich: Während erstere generell Anstoß an einschlägigen (Individual-)Reisetips nehmen, so ist es für zweitere Gruppe oftmals gerade die fehlende Präzision oder Veralterung im Informationsbereich, die zur abwertenden Beurteilung beiträgt und nicht die Kritikpunkte TÜTINGs[169] per se - ein unlösbarer Gegensatz und Widerspruch.
"*Everybody has it, everybody uses it, why do they say it's useless?*" (RON, GB, 21); das oben diskutierte Phänomen ermöglicht Erklärungsansätze wohl eher auf tiefenpsychologischer denn auf rationell-intellektueller Ebene. Sind es Versuche der Selbstrechtfertigung als 'Abenteurer', der auf Reiseführer gar nicht angewiesen ist? Ist es Neid auf geschäftstüchtige Alternativtouristen, die aus ihrem Hobby 'Reiselust' Geld zu machen verstehen (Motto: "*So einen Führer könnte ich auch schreiben*")? Oder handelt es sich schlicht um die Fehleinschätzung, daß jeder Reiseführer absolut 'up-to-date' zu sein hat - ein Ding der Unmöglichkeit!
Gänzlich verschieden präsentiert sich die Situation auf Seiten der Betroffenen, die in das AT-Geschäft involviert sind. Guest-House Besitzer, Guides, Busunternehmen - das Ziel aller ist klar: In einem Guidebook (lobende) Erwähnung zu finden, am besten in "*The Book*", dem südostasienweit gebrauchten und verstandenen Synonym für '*Lonely Planet*'-Reiseführer. Ein Aufscheinen in populären AT-Führern ist gleichbedeutend mit erhöhtem Bekanntheitsgrad, erleichterter Erreichbarkeit (Adreßnennung, Lageskizzen) und weitgehender Unabhängigkeit von Mundpropaganda und Verflechtungszwang[170].

Die marktsteuernde Position einschlägiger Reiseführer steht außer Zweifel, was auf 'Host'-Seite kritiklos akzeptiert wird - und werden muß. AT-Reiseführer basieren in großem Maße auf (subjektiven) Tips von Travellerseite, jede Auflehnung gegen das bestehende (eurozentrierte) Empfehlungssystem würde in der Eliminierung aus gängiger Individualreiseliteratur resultieren, was in weiterer Folge zu Geschäftsrückgang (ökonomische Ebene) und damit verbundenem Prestigeverlust (soziale Ebene) führt.

2. Alternative Ausrüstungsshops

Farbige Hochglanzprospekte mit bis zu hundert Seiten Umfang rühmen die Reiseerfahrung der AT-Shop Besitzer: "*Weil wir schon ... öfter dort waren*" (HOF & TURECEK Ausrüstungskatalog 1992, 2), werden Berater zu Experten, richtig ausgerüstet wird das Abenteuer kalkulierbar.
"*Trotzdem wird Ihnen nur das empfohlen, was sie wirklich brauchen*": Eintag-Slips (10 Stück, 95,-) und Outdoor-Seife (39,-), Überlebenssack (60,-) und Müslitopf (60,-), Rucksackalarmanlage (145,-) und tropensichere Fertiggerichte (Gulasch, 125g, 128,-), Limbo-Short (560,-),

169 Vgl. auch Teil 2/V
170 Vgl. Teil 2/V.II./1.1.4.

Sonora Sombrero (520,-) oder Multi-Pocket-Hose (980,-). Unverzichtbares also (?), das für Individualreisende als unabdingbar beworben wird.[171]

Abb.43: Die Ausrüstung: Billiges für Billigtouristen?

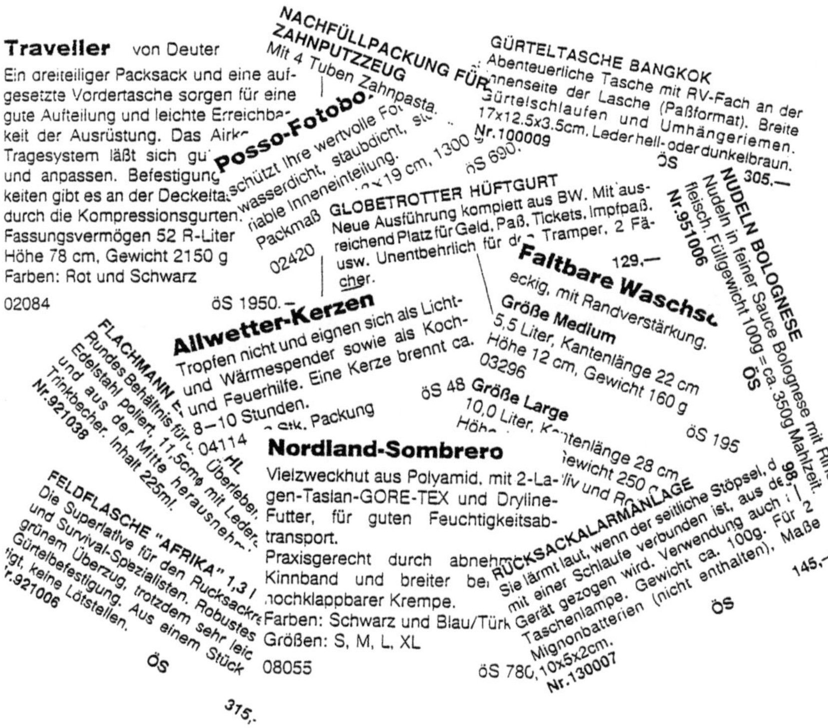

Quelle: Ausrüstungskataloge 1993 (HOF&TURECEK, ROBINSON), Wien

Sprechende Rucksackbezeichnungen ('Overland', 'Discovery', 'Great Escape') nehmen Reiseart und -motiv vorweg, Schlafsäcke ('Explorer', 'Wolf's Howl') und Zelte ('World's End') tun ihr übriges, um Selbstverständnis und Eigeneinschätzung von Individualreisenden als extreme Abenteurer fernab des Massentourismus zu fördern. Der Rucksack als Statussymbol und Namensgeber einer Reiseform, die anfangs als synonym zu "*Billigtourismus*" galt - eine relativierbare Illusion: Allein die Kosten des Rucksacks, Symbol für Freiheit und Ungebundenheit, im Ausmaß von etwa 2.000,- entsprechen in etwa dem Jahreseinkommen eines vietnamesischen Arbeiters![172]

[171] Quelle: Kataloge deutscher und österreichischer Ausrüstungsshops
[172] Quelle: Eigenerhebung

3. Alternative Reiseveranstalter

Oft in Verbindung mit 'Traveller-Clubs' oder 'Reisebuchläden', liegt der Angebotsschwerpunkt einschlägiger AT-Reisebüros in der Offerierung von (Billig-)Individualflugtickets zum einen und/oder auf organisierten 'Alternativreisen' zum anderen.
Je nach Organisierungsgrad und Preisniveau sind die jeweiligen Reiseleiter entweder Nebenerwerbs-Alternativtouristen (Basis Kostendeckung) oder professionell mit AT-Vergangenheit. Auf Routen, "*die erst Jahre später in bunten Reiseprospekten erscheinen*" (BÜRO FÜR STUDENTENREISEN, SELBSTVERSORGERTOUREN 1992), werden die eigenerkundeten oder etablierten Trampelpfade popularisiert und immer neuen Touristenschichten zugänglich gemacht. Der Übergang zu durchstrukturiertem Pauschalmassentourismus ist fließend und nur eine Frage der Zeit.

> Erwartungsvoll sitzen die kleinen Sven Hedins, Marco Polos und Livingstones im großräumigen Jet, auf dem Weg in den Busch. Es ist nicht jedermanns Sache, allein in den tropischen Regenwald - besser bekannt als die "grüne Hölle" - zu marschieren ... Wir sind alle Individualisten, die sich niemals dem Massentourismus verschreiben. Das sollen gefälligst "die anderen" tun. ... Der Reiseleiter wird's schon richten, wenn etwas schiefläuft. Zu abenteuerlich soll die Reise nun wieder auch nicht werden. Es könnte ja so vieles passieren unterwegs. (ADLER 1988, 13)

Organisierte Alternativreisen - "*anders als andere Reisen*" (Werbetext) - finden meist auf Selbstversorgerbasis ohne Vorbuchung vor Ort (Unterkunft, Verpflegung) statt; entweder mit öffentlichen Transportmitteln, in landesüblichen Billigunterkünften und mit ortsüblicher Kost (niedriger Organisationsgrad) oder mit organisationseigenem Bus/Truck, Zelt und heimischem Koch. Beiden Ausprägungsformen gemeinsam ist der generelle Anspruch der Exklusivität, der in der AT-typischen Ablehnung von 'Studienreisen', als verachtetes Synonym für herkömmlichen Tourismus, gipfelt.

> Sie starten in eine 'kleine' Expedition und wagen das Abenteuer, einmal ganz anders unterwegs zu sein. Sie werden dabei längst verschüttete 'Pfadfinder-Fähigkeiten' in sich entdecken und spüren, daß erst der Kontakt zu Land und Leuten das wahre und intensive Reiseerlebnis ausmacht. (NATUR & REISEN, ERLEBNISREISEN 1992, 3)

Sei es in der 'Wagenburg' beim heimischen Diner oder beim gruppenhaften Fototrip zu fotogenen Plätzen und Märkten: Auch der "*Heiligenschein der komfortverachtenden Pioniere*" (CANNAIN/HIMMELSEHER 1980, 112) kann die enge Bindung zu pauschalhaftem Massentourismus nicht überstrahlen, die zunehmende Vermarktung und Erschließung der 'letzten Paradiese' in Individual(kleingruppen)reisen[173] ist ein Trend der Zeit (vgl. MÄDER 1987, 127; STOHRBECK 1990, 28).

---

[173] SCHUCHAT (1983, 472) faßt in ihrer Untersuchung die Motive für Gruppenreisen zusammen: "*... people move in groups for safety, for assistance, for access and to get more for their money.*"

V.II. Die Zielländer

1. Einführung

1.1. Die Basisfunktion: Unterkunft und Verpflegung

Ausgehend von den Basisparametern Unterkunft und Verpflegung lassen sich zwei typische Infrastruktureinrichtungen unterscheiden, die auch in vielfältigen Misch- und Kombinationsformen auftreten können. Die exakte Abgrenzung gestaltet sich oftmals schwierig, da meist eine Vielzahl einander überlappender Funktionen wahrgenommen wird.

Die folgende Darstellung behandelt allgemeine Charakteristika beider billigtouristischer Infrastruktureinrichtungen; Anmerkungen zu 'reinen' Travellerlokalen finden sich im Anschluß an die allgemeingültigen Ausführungen.

1.1.1. Allgemeine Charakteristika

Ob *Guest House* in Thailand oder Malaysia, *Losmen* beziehungsweise *Homestay* in Indonesien, oder *Khach San* in Vietnam: Unterschiedlich sind lediglich die Regionalbezeichnungen, die grundlegenden Charakteristika der Billigunterkünfte Südostasiens scheinen ähnlich und sind bloß in ihren Ausprägungen von schwankender Intensität. Allen Beherbergungsbetrieben dieser Art gemeinsam ist der streng lokale Bezug; Finanzierung, Bau und Erhaltung erfolgen mit ortsüblichen Mitteln durch lokale Bauherren, nach VORLAUFER (1984, 147) eine Besonderheit des Untersuchungsraumes Südostasien. Die vielkritisierte Internationalisierung im Großhotel- und Package Tour Sektor fehlt im Bereich der 'budget accomodation' Südostasiens zur Gänze, womit der Forderung nach landesinterner Kontrolle, Steuerung und Gewinn Rechnung getragen ist.

1.1.2. Leitung und Organisation

Generell lassen sich zwei Unternehmensformen unterscheiden, deren Abgrenzung jedoch durch diverse Mischformen selten eindeutig ist: Familienbetriebe und Dienstnehmerbetriebe. In ersterer Betriebsform arbeiten Besitzer und Familienmitglieder (hierarchisch annähernd) gleichwertig mit, während bei der zweiten Basisstruktur der Eigentümer höchst selten eigentätig ist und anfallende Aufgaben an Saisonarbeitskräfte überträgt.

Als (vereinzelte) Sonderform gewinnt die asiatisch-westliche Mischstruktur vermehrte Bedeutung, die vorwiegend im ruralen Thailand anzutreffen ist: männliche Traveller aus den klassischen Herkunftsländern des Alternativtourismus suchen - teils gezielt - asiatische Partnerinnen und eröffnen gemeinsam Travellerlokale; westliches AT-*Know-How* unter asiatischer Patronanz[174], nach BACKES (1986, 212) keine beiden Seiten Vorteile bringende Kombination: *"Die sahnten dann bei der Familie ab, weil sie Kontakte zu den Touristen knüpften, sie kommandierten ... herum, mach Essen, bedien die Leute, und benutzten also die Familie, um bei den Touristen abzusahnen"*.

Die vielfach aus dem ländlichen Umland rekrutierten Arbeitskräfte - in der Regel männlich, Altersstufe 15-30 - werden qualifikationsabhängig zielgerichtet eingesetzt; Hauptqualifikation sind Sprachkenntnisse (vgl. VORLAUFER 1984, 107) - vor allem Englisch -, die Einsatzform richtet sich nach Zielgebiet, Betriebsgröße und Saison:

1. "QUARTIERKEILER":

Arbeitsort: Bahnhof, Busstation, Flughafen, Schiffsanlegestellen

Ausgerüstet mit Visitenkarten, Lageplänen und Fotomontagen soll das - oft neue und daher in keinem einschlägigen Guidebook aufscheinende - Guest House beworben und attraktiv gemacht werden.

2. "TREKKING- UND TOURGUIDES":

Speziell in *Nordthailand, Sabah/Sarawak* (Malaysia) und *Sumatra* (Indonesien) zu finden, arbeitet diese Gruppe meist eng - auf Erfolgshonorarbasis - mit mehreren Guest Houses zusammen und steht nur in Ausnahmefällen in einem Dienstverhältnis zum Betriebseigentümer.

3. "HAUSANGESTELLTE":

Sie arbeiten hausintern als Koch, Kellner, Zimmerjunge, Rezeptionist, etc., und sind verantwortlich für den reibungslosen Ablauf von Einchecken/ Auschecken und Bezahlung - der Gewinn, der durch überhöhte Preisangaben und gewiefte Verhandlungstaktik möglich ist, geht somit in ihre Tasche.

Großteils vereinen zwei bis drei Angestellte die genannten Funktionen in freier Aufteilung auf sich; hausinterne Positionswechsel sind die Regel, Wechsel zu anderen Dienstgebern jedoch selten, was ein erhöhtes Vertrauensverhältnis und gesteigerte 'Identifikation mit dem Betrieb' ermöglicht. Bei einem monatlichen Durchschnittseinkommen von umgerechnet etwa 300-500 ATS (Thailand),[175] bei freier Kost und Gratisquartier (Touristenzimmer in der Nebensaison), gilt dieser Job als begehrter erster Schritt in die Tourismusbranche und Sprungbrett zu einem (möglichen) eigenen Unternehmen.

---

[174] Nicht-thailändischen Staatsbürgern sind gewerbliche Tätigkeiten auf legaler Basis untersagt.

[175] Im Entlohnungsbereich auffallend ist die Diskrepanz zwischen eigenerhobenen Werten und offizieller Statistik: Derzufolge sollte ein thailändischer Koch bereits 1986, mit durchschnittlich 4.855 Baht Monatslohn (STATISTISCHES BUNDESAMT WIESBADEN 1990), das Drei- bis Vierfache dessen verdienen, was thailändische Tourismusarbeitskräfte 1992 als Höchstwerte angaben (Quelle: Eigenerhebung).

Die Einnahmen routinierter Privat-Guides liegen noch wesentlich höher: 40-80 ATS/Tag in Nordthailand, bis zu 120 ATS/Tag in Indonesien[176]. Die "*guide license*" ist etwa in Indonesien Traumziel nahezu aller Tourismusarbeitskräfte, in Thailand werden spezielle Trainingslager für potentielle Guides abgehalten.

> **Beispiel 1**: ***Chiang Rai (THAILAND)***
>
> Kim, 24, 'Hausbursche' im *Lek-Guest House* in Chiang Rai arbeitet nebenbei als Zuhälter und Drogenhändler - die Standard(neben)einkünfte meist ungelernter Tourismusbediensteter der unteren Lohnkategorie: *"Want lady tonight - I have, only 250 Baht"*. Sein Job bietet ihm unmittelbaren Kontakt zu Touristen, den er für *"some extra-money"* zu nützen versucht. Seine guten Englischkenntnisse verdankt er nach eigenen Angaben einzig dem ständigen Gesprächskontakt mit Touristen, einer Tatsache, die er durchaus zu schätzen weiß: *"In some years, when I speak English better, maybe I make own guest house"*.

1.1.3. Größe und Einrichtungsstandard

Die Zahl der Betten bzw. Bungalows (im Beach-Bereich) ist variabel und umfaßt allgemein eine Spannweite von zwei bis an die 100 Betten; letztere sind jedoch die Ausnahme und meist neu aus dem Boden gestampfte Bungalowburgen an 'beauty spots'. Die *Mae Sai Plaza* Bettenburg an der thai-burmesischen Grenze oder die Bungalowdörfer Südthailands (*Ko Samui, Krabi,* etc.) seien hier nur stellvertretend erwähnt, die eine Tendenz zu Depersonalisierung und Anonymität erkennen lassen: Bambushütte neben Bambushütte, Bambushütte über Bambushütte, vielreihig und eintönig einheitlich, die zahlreichen 'Geheimtipstränden' Südostasiens einen geflochtenen Einheitsstil aufzwingen.

Abgeschwächt, aber doch offensichtlich, besteht der Trend zur Niveauerhöhung bei Neubauten von Unterkünften der Billigkategorie - eine Tendenz, die ORLOVIUS/WETZELS (1983, 85f) bereits vor über einem Jahrzehnt für das Travellerzentrum *Toba-See* (Sumatra/Indonesien) feststellen konnten; die spartanischen Holzpfahlbaukonstruktionen (Marke Moskitonetz und Matratze) weichen mehr und mehr baulich 'höherwertigen' Bungalows mit eingebauten Sanitäreinrichtungen - Motto: Mehr Leistung, höherer Preis. Die Parallelen zur Privatzimmervermietungssituation Mitteleuropas sind offenkundig ...

Ungleich höher als in Europa ist die Zahl der Einbettzimmerunterkünfte - auch bei Neubauten, womit der travellerspezifischen Nachfragesituation in Südostasien (weitgehend Single-Tourismus) eindeutig Rechnung getragen wird; zusätzlich zu 'dormitory'-Unterkünften, die in Asien auf langjährige Tradition zurückblicken und im Gegensatz zu den westlichen Tourismusquellländern keineswegs (altersspezifisch) auf Jugendtourismus in Jugendherbergen[177] und YMCA/ YWCAs beschränkt ist.

---

[176] Quelle: Eigenerhebung

[177] Das (internationale) Jugendherbergsnetz ist in Südostasien keineswegs so engmaschig wie in Europa und hat nicht die Funktion der "*budget accomodation*" für Billigreisende. Guest Houses in etablierten Travellerzentren offerieren wesentlich preiswertere Unterkünfte in meist zentraler Lage als die spärlichen Jugendherbergen.

Nach STEINECKE/KLEMM (1985, 33) ist der Trend zum Single-Tourismus für alle Urlaubsformen nachweisbar und keineswegs auf Alternativtourismus beschränkt; ein Spiegelbild tiefgreifender gesellschaftlicher Veränderungen, die allmählich auch auf den Lebensbereich 'Reise' übergreift, in AT-Kreisen jedoch bereits seit den Anfängen der Alternativreisebewegung etabliert ist.

1.1.4. Verflechtungstendenz

Die wenigsten Einrichtungen der 'budget accomodation' fungieren isoliert an ihrem spezifischen Standort; schon aus Gründen der Umsatzmaximierung ist es ratsam, Kontakt zu lokalen/ regionalen Nachbarbetrieben ähnlicher Struktur und Touristenschicht aufzunehmen, um 'Travellerachsen' zu schaffen oder zu forcieren.

Die Notwendigkeit dazu besteht vor allem bei neugegründeten Guest Houses, die noch in keinem einschlägigen Guidebook aufscheinen. Der Informationsfluß erfolgt entweder passiv über "*business cards*" und Lagepläne, die den Partnerunternehmen zwecks Verteilung zur Verfügung gestellt werden, oder aktiv, in direkter Kontaktaufnahme mit Billigtouristenkreisen: "*When you go to Rantepao, you should stay at ..., it's a good place*!"

Beispiel 2: ***Achsenbildung (regionsübergreifend)***

Region/Staat: NORDTHAILAND

Ort:	Mae Hong Son	<->	Pai	<->	Chiang Rai
Name:	*Sawasdee G.H.*		*Duang G.H.*		*Lek G.H.*
Gründungsjahr:	1990		1987		1986

Beispiel 3: ***Achsenbildung (länderübergreifend)***

Länder:	VIETNAM	<->	KAMBODSCHA
Ort:	Ho Chi Minh-City	<->	Phnom Penh
Name:	*Prince Hotel*		*Capitol Hotel*

Die Vorteile liegen auf der Hand: gesicherte und vor allem rezente Information auf dem letzten Stand, die regional jedoch weniger bedeutsam ist als grenzüberschreitend.

In Nordthailand 'budget accomodation' zu finden ist angesichts der Überfülle an Anbietern keine Schwierigkeit; 'fellow travellers' sind in (billig)touristisch erschlossenen Gebieten die Hauptinformationsquelle für reisetechnische Belange und unterminieren die angestrebte Achsenbildungstendenz von einschlägigen Unternehmen der AT-Infrastruktur, die sich durch Angebot von Vorinformation Wettbewerbsvorteile gegenüber der Konkurrenz zu verschaffen versuchen.

Anders die Situation in Indochina: Durch das nahezu gänzliche Fehlen einschlägiger AT-Infrastruktur besteht zwar kein Konkurrenzverhältnis mit gleichstrukturierten Unternehmen, das insgesamt geringe (Billig-)Touristenaufkommen erschwert aber jedweden Informationsaustausch erheblich, der in Ermangelung aktueller Reiseführer[178] unabdingbar ist.

Guest House-Verflechtungen im Verwandtschaftsverhältnis sind naturgemäß seltener, dafür aber umso intensiver, da der Grad persönlichen Engagements bei der gegenseitigen 'Bewerbung' weit höher liegt.

Beispiel 4: ***Blockbildung (regionsübergreifend) - THAILAND***

1989 von vier Geschwistern gegründet, umfaßt der "Nr.4 Guest House"-Block der Familie Mitte 1992 sechs Betriebe (*Lampang* 1, *Mae Sot* 1, *Phitsanulok* 1, *Sukothai* 3), die die Nachbarstandorte mit ausführlichen Informationsbroschüren bewerben.

1.1.5. Konzentration und Dekonzentration

Beide räumliche Muster treten in unterschiedlicher Intensität auf, Mischformen sind die Regel. Generell scheint die Konzentrationstendenz im großstädtischen Raum wesentlich höher zu sein als in kleinstädtisch-rural geprägten Regionen, wo die AT-Unterkünfte - schon aufgrund geringerer Zahl und Größe - punktförmig im Raum verteilt sind.

PEARCE (1987, 180) spricht von Phänomen der Cluster-Bildung, deren Ausmaß von Faktoren wie Stadtgröße und Zugänglichkeit abhängig ist und mononuklearen oder polynuklearen Charakter aufweist. Im Gegensatz zu Europa befinden sich die touristischen Billigquartierviertel Südostasiens jedoch nicht an der Peripherie, sondern haben generell hohe Zentralität.

Je entlegener einschlägige AT-Betriebe lokalisiert sind, desto bedeutender werden adäquate Werbung und Verflechtungsbestrebungen mit peripheren Partnerbetrieben in Nachbarregionen zur Entwicklung gemeinsamer zielgerichteter Werbestrategien und Serviceleistungen, die über Unterkunft und Verpflegung hinausgehen.

'Beach-Tourismus', eine Zwischenform, ist mit der Werbenotwendigkeit von Binnenorten bei weitem schwächer konfrontiert. Die Attraktivität von *"sun, sand and sex"* ist Lockmittel genug, die AT-Unternehmen gruppieren sich vorwiegend linear, entlang der Ressource Strand.
Grundlegend anders ist die Situation im großstädtisch geprägten Raum, wo zu den Basiskomponenten (Essen, Trinken, Schlafen; eventuell lokales Sightseeing) der Faktor überregionaler/transkontinentaler Transport zunehmende Bedeutung gewinnt.

---

[178] Der "*Vietnam, Laos and Cambodia*"-Reiseführer des Branchenriesen 'Lonely Planet' (1st edition) wurde zwar 1991 publiziert, ist aber aufgrund der rasanten (wirtschafts)politischen Entwicklung der Indochinastaaten längst nicht mehr 'up to date'. Beide in Beispiel 3 genannten Hotels bleiben unerwähnt, trotz mehrjähriger Konzentration auf AT-Schichten.

Die etablierten metropolitanen Travellerzentren Südostasiens konzentrieren sich im wesentlichen auf ein bis zwei innerstädtische Hauptregionen, die, seit den Anfängen von Individualtourismus größeren Ausmaßes vor etwa zwanzig Jahren, nahezu unverändert geblieben sind: *Baglampoo* mit dem Kernstück *Kao San Road* in Bangkok (Thailand), *Chulia Road* in Penang (Malaysia), der Bereich *Bencoolen Street/Beach Road* in Singapur oder *Jalan Jaksa* in Jakarta (Indonesien) seien hier nur stellvertretend erwähnt; typisch für alle ist - im Zuge vermehrten Touristenzustroms - die strahlenförmige Ausweitung rund um ein Kernstück (Konzept der konzentrischen Kreise).

Kennzeichnend für alle großstädtischen Ballungsräume ist ihre Konsistenz im Lauf der vergangenen Jahrzehnte, die in kausalem Zusammenhang mit der Multifunktionalität der *"traveller-ghettos"* steht: eine sich gegenseitig bedingende Ballung von tourismusinfrastrukturellen Einrichtungen (Reisebüros, Souvenirshops, Fotoläden) ergänzen das ursprüngliche Basisangebot von Unterkunft und Verpflegung; Funktionen, die Guest Houses im außerstädtisch-peripheren Raum naturgemäß in ihrem Umfeld nicht wahrnehmen können, womit die enge räumliche Bindung an Reisebüros und Transportgesellschaften keine unmittelbare Notwendigkeit darstellt und punktförmige, teilweise monopolartige Entwicklung ermöglicht wird.

1.1.6. Preisniveau und Saisonalität

Das Preisniveau von AT-Beherbergungsbetrieben ist im Großraum Südostasien weitgehend einheitlich und bewegt sich im Bereich der 'budget accomodation' bei umgerechnet etwa 5-30 ATS/Person/Nacht im außerstädtischen Raum und 15-50 ATS/Person/Nacht im innerstädtischen Raum. Die preisliche Spannweite reflektiert Kriterien wie Lage, Ausstattung und Komfort und ist vor allem im peripheren Raum saisonal variabel[179]: Das Gesetz von Angebot und Nachfrage findet in der Preisgestaltung - in hohem Maße im jahreszeitlich-klimatisch stark beeinflußten Beach-Tourismus linearer Ausprägung - seinen deutlichen Niederschlag. Die interne Konkurrenz der weitgehend gleich strukturierten Nachbarunternehmen läßt keine andere Wahl.

> **Beispiel 5:** ***Saisonales Preisniveau in Krabi (SÜDTHAILAND)***
>
> In der sommerlichen Monsunzeit werden Bungalows der gehobenen Kategorie (Ziegelmauern, Holztür, interne Sanitäreinrichtungen) mangels quantitativ befriedigender Nachfrage zu Preisen von "Billigstbambushütten" (Bambuswände, Mattentür, externe Sanitäreinrichtungen) vermietet: 50 statt 130 Baht.

Ähnlich, aber in quantitativ geringerer Ausprägung stellt sich die Situation im punktuell strukturierten ländlich-peripheren Bereich dar. Aufgrund weit höherer Angebotsdiversifikation des Umlandes, die nicht ausschließlich auf der Attraktion von Sonne und Meer beruht, verbunden mit Lagevorteilen - das nächste Guest House liegt meist nicht in unmittelbarer Umgebung und somit selten in adäquater Gehdistanz - sind saisonale Preisnachlässe bei weitem weniger stark ausgeprägt als bei der erstdiskutierten Variante.

---

179 Vgl. auch VORLAUFER 1984, 152

Im Gegensatz zu beiden genannten (ländlichen) Erscheinungsformen, bildet Saisonalität für die Preisgestaltung im städtischen Raum eine vernachlässigbare Größe. Bedingt durch grundlegend höhere Nachfrage zum einen, verbunden mit saisonal unbeeinflußbarer Motivstruktur (Shopping, Stopover, Sightseeing) zum anderen, ist das Preisgefüge in Traveller-Ballungszentren jahreszeitlich annähernd homogen und schwankungsstabil. Kriterien wie Lage, Ausstattung und Serviceleistungsangebot bestimmen den Preis in weitaus höherem Ausmaß, der auf politische Ereignisse wesentlich sensiblere Reaktionen zeigt; die blutig niedergeschlagene Demokratiebewegung in *Bangkok* (Zentrum der Gewalt in unmittelbarer Nähe des AT-Zentrums Baglampoo/Kao San) im Mai 1992 zeitigte, infolge minimaler Nachfrage in der Folgewochen, spürbare Auswirkungen auf das bis dato starre Preisgefüge.

1.2. Zusatzfunktionen

Längst konzentrieren sich die Serviceleistungen einschlägiger AT-Betriebe nicht mehr ausschließlich auf die Standardbereiche Unterkunft und Verpflegung; zu groß ist die Konkurrenz durch ähnlich strukturierte Unternehmen, als daß ohne vermehrtes Zusatzangebot von Serviceleistungen Gewinne erzielbar wären. *"Same same, but different"* - ein asienweit geflügeltes Wort, das durchaus seine Berechtigung hat und deutlichen Niederschlag in der Formulierung und Gestaltung der Guest House-spezifischen Visitenkarten *("business cards")* findet.

Die Nähe zu Flughafen oder Busstation, die Verfügbarkeit von Waschservice oder vegetarischen Speisen, sowie Bereitstellung touristischer Information sind einige der 'Besonderheiten', die zielgruppengerichtet gleichartige AT-Unternehmen funktional unterscheiden und auf "*business cards*" detailliert genannt werden - neben den Standardhinweisen auf Komfort, Ruhe, Sicherheit und Billigkeit.

Länderspezifische Unterschiede sind im Untersuchungsgebiet genauso offenkundig wie regionale Besonderheiten: Genügt im alternativtouristisch nahezu unerschlossenen *Kambodscha* offenbar bereits eine (zweisprachige) Adreßnennung zur Geschäftsankurbelung, die im übrigen nicht nur auf westliche (Billig)touristen begrenzt ist (Landessprache und Englisch), dürfen in Vietnam mit seinem mehrjährigen Know-how-Vorsprung im AT-Bereich Hinweise auf Graumarkt-Travel Permits nicht fehlen.

Thailand ist zweifellos das AT-Zentrum des Untersuchungsgebietes schlechthin: Im Gegensatz zu Indochina sind die erhältlichen "*business cards*" ausschließlich zielgruppenorientiert in englischer Sprache formuliert und bieten eine Fülle differenzierender Information für nachfragende AT-Schichten.

In *Malaysia, Singapur* und *Indonesien* ist das *"business card"*-Wesen generell weniger etabliert als in Thailand; die Gründe dafür sind vielfältig, lassen sich aber auf zwei Hauptkomponenten reduzieren: Die längere Tradition Thailands als AT-Destination mag eine Ursache sein, räumliche Determinanten (Distanz, Zugänglichkeit) verhindern zum anderen die Popularisierung von Verflechtungserscheinungen in AT-Zonen.[180]

Je nach Engagement des Eigentümers und Betriebsgröße lassen sich somit generell folgende Zusatzfunktionen unterscheiden, die von einer Vielzahl von AT-Unternehmen wahrgenommen werden:

1.2.1. Informationsfunktion *(informing)*

Durch das weitgehende Fehlen effizienter lokaler 'Tourist Offices' kommt den AT-Betrieben als Informationsträger und -zentren entscheidende Bedeutung zu: Wandkarten, kopierte Ortsplanskizzen, Busfahrpläne, handgeschriebene Routenbeschreibungen und -skizzen mit Entfernungs- beziehungsweise Zeitangaben ermöglichen Individualtourismus auf lokaler Ebene und vereinfachen Tagesunternehmen 'auf eigene Faust' auch in Gebieten, die nicht von einschlägigen Guidebooks 'abgedeckt' werden.

Verbunden mit den häufig aufliegenden "*Books of Recommendations and Complaints*", die wertende Kommentare von 'fellow travellers' zu Region und Routenbeschreibungen enthalten, bilden Billigunterkünfte allgemein unverzichtbare Informationsquellen für Alternativtouristen. Im Gegensatz auch zu neuer Reiseführerliteratur ist die hier gebotene Information aus erster Hand zum einen und am neuesten Stand zum anderen - vom "*first hand experience*"-Erfahrungsaustausch mit gleichgesinnten Rucksacktouristen einmal ganz abgesehen ...

In der Mehrzahl der Fälle beschränkt sich die gebotene Information allerdings auf rein touristische Belange, die über lokales Sightseeing und Weitertransport kaum hinausgehen. 'Land und Leute kennenlernen' ist ein oft genanntes Motiv für Fernreisen, auch und vor allem in AT-Kreisen; Land und Leute in ihrem politischen Umfeld und Wirkungsbereich mit all seiner Problematik und Brisanz zu erleben, bleibt dennoch einer verschwindenden Minderheit vorbehalten, wird diesem Aspekt doch in der Informationsfülle der Guest Houses selten gebührende Beachtung eingeräumt.

Beispiel 6: ***Politische Information in Mae Sot (NORDTHAILAND)***
"Dear privileged and wealthy travellers, you like to be here and Karen people have to be here. Please, leave a donation for Burmese refugees." (Nr.4 Guest House, *Mae Sot*)[181]

Ein ungewohnt zynischer Appell, der die Relationen ins rechte Lot rückt. Expeditionen zu '*Burmese Refugee Camps*' mögen prickelnde fotogene Erlebnisse sein, die Kluft zwischen 'Host' and 'Guest', 'local people' und Alternativtouristen auf der Suche nach Abenteuer und Exotik wird dadurch kaum enger ...

180 Vgl. Teil 2/IV/3.6.

181 Die *Karen* sind eine der von der burmesischen Zentralregierung hauptverfolgten ethnischen (Separatisten-) Gruppen, deren Verbreitungsgebiet sich beiderseits der burmesisch-thailändischen Grenze erstreckt.

1.2.2. Verleihfunktion *(renting)*

Aufgrund des Fehlens lokaler Nachfrager/Anbieter bleibt das Leihservice von Individualtransportmitteln (Fahrrad, Motorrad, PKW) ebenfalls meist Aufgabe der AT-Unternehmen, die damit relativ problemlose Streifzüge (vgl. verfügbare Routenskizzen) auf lokaler (Fahrrad) und regionaler Ebene (Motorrad) ermöglichen. Während die beiden erstgenannten (einspurigen) Verkehrsmittel im Untersuchungsraum - abhängig von Straßenzustand und AT-Touristentradition - nahezu flächendeckend auf Leihbasis zur Verfügung stehen, findet sich Guest-House-dominierter PKW-Verleih größeren Ausmaßes außerhalb der Touristenhochburg *Thailand* lediglich auf *Bali* (Indonesien).

1.2.3. Verpflegungsfunktion *(fooding)*

Zahlreiche Guest Houses haben einen (meist angebotsmäßig beschränkten) Küchenbetrieb angeschlossen, der oft ausschließlich auf den Bedarf von Hausgästen ausgerichtet ist. Ähnlich eigenständigen Traveller-Lokalen ist das Speisen- und Getränkeangebot vorwiegend auf westlichen Geschmack zugeschnitten und liegt preislich deutlich über dem ortsüblichen Niveau von 'local food'. Beide Faktoren zusammen, verbunden mit Segregationseffekten auf Seiten westlicher AT, bewirken das weitgehende Fehlen ortsansässiger Kundenschichten. Interkultureller Kontakt ist somit weder in gemischtfunktionalen Betrieben (Unterkunft, Verpflegung) noch in reinen AT-Restaurants (Verpflegung) gegeben.

1.2.4. Unterhaltungsfunktion *(entertaining)*

Abhängig von Betriebsgröße und Lage (AT-Agglomeration?) betreiben AT-Unternehmen auch, auf kleiner Basis, Buchtauschläden (2nd hand), ein begehrter Umschlagplatz für englischsprachige Reise- und Unterhaltungsliteratur, die im peripheren Südostasien kaum erhältlich ist. (Mehrmalige) abendliche Videovorführungen von englischsprachigen Kinofilmen ergänzen das Unterhaltungsangebot; das 'Kinoprogramm' wird üblicherweise täglich geändert und auf Anschlagtafeln verkündet.

1.2.5. Reinigungsfunktion *(washing)*

Nahezu jede AT-Unterkunft bietet '*laundry facilities*', die Möglichkeit, Wäsche zu waschen bzw. waschen zu lassen - eine Serviceleistung, die entweder auf den betriebseigenen 'business cards' als Zusatzfunktion bereits angeführt ist oder, wie in der Mehrzahl der Fälle, auf Anfrage durchgeführt wird.

1.2.6. Verkaufsfunktion *(selling)*

Im Untersuchungsraum weniger häufig wahrgenommen wird die Verkaufsfunktion von Gütern westlicher Provenienz, die ausschließlich von westlichen (AT-)Touristen nachgefragt werden und im Verkaufssortiment lokaler Läden in peripheren Gebieten daher nicht aufscheinen: Hygieneartikel, Toilettenpapier, aber auch importierte 'Luxusartikel' (*Mars*-Schokolade, u.ä.).

1.3. Travellerlokale

Meist in unmittelbarer Umgebung von Billigbeherbergungsbetrieben gelegen oder in diese integriert, erfüllen reine Travellerrestaurants vielfach ähnliche Funktionen wie vorhin angeführt. Der Schwerpunkt der Betrachtung liegt hier demnach auf dem travellertypischen Ambiente, das auf westliche Nachfrageschichten zugeschnitten ist. Europäische Speisen und Getränke zu mehr oder weniger dezenter (westlicher) Hintergrundmusik machen das Flair dieser Lokale aus - und das nicht nur in urbanen Zentren, sondern auch in entlegensten Periphergebieten. Der Kontrast könnte nicht größer sein!
"*Recommended by Lonely Planet*": Anlaß genug, indonesische Garküchenkost in englischer Bezeichnung zum dreifachen ortsüblichen Preis anzubieten. Aus einem Riesenteller *Nasi Goreng*[182] vom Straßenhändler (500-1000 Rp.) wird im Lokal rasch eine halb so große Portion zu 3.000 Rp. ... "*Lucky hours*" mit Bier-Sonderangeboten ab 17h sind mittlerweile südostasienweit etabliert, englischsprachige Videofilme dienen ebenso als Aufhänger wie Prämien für besonders hohe Konsumation.

> **<u>Beispiel 7:</u>** ***Ampenan/Lombok (INDONESIEN)***
>
> Das örtliche *Middle East Restaurant* stellt für eine Konsumation von über 10.000 Rp. gratis zur Auswahl:
>
> * 1 Klopapierrolle
> * 1 Lombok/Sumbawa-(Straßen)Plan[183]
> * 1 Cola
> * 650ml Mineralwasser

"*Than 'you very much and see you a gain - ok*": Keine ganz uneigennützige Hoffnung am Ende der Speisekarte des *Suriah Indah Restaurants* in *Maumere* (Flores/ Indonesien), beträgt doch das Restauranteinkommen 400-600 ATS/Tag.[184] Je größer die Konkurrenz der Betriebe, die in städtischen Travelleragglomerationen dicht an dicht lokalisiert sind, desto eher müssen Besonderheiten gefunden werden, die das Lokal als außergewöhnlich ausweisen. Da der Spielraum in kulinarischer und preislicher Hinsicht begrenzt ist - die westliche Pommes Frites/Cola-Einheitseßkultur scheint unveränderbar - müssen andere Kriterien herhalten, um das stetig wachsende Travellerpotential zu binden; und damit die Chancen zu vergrößern, Eingang in die einschlägige Individualreiseführerliteratur zu finden, die ihrerseits Garantie für Besucherzustrom ist.

---

182 *Nasi Goreng* ('gebratener Reis') ist ein indonesisches Nationalgericht.
183 ... der im 'Tourist Information Office' gratis erhältlich ist.
184 Quelle: Eigenerhebung

2. Case Studies: Travellerzentren im urbanen Südostasien

Nach ALEMANN (1977, 178) gehen Fallstudien "*von einzelnen als (theoretisch) interessant erachteten Fällen aus*" und versuchen eine möglichst vollständige Beschreibung. Die Auswahl der folgenden drei Case Studies glaubt diesem Anspruch gerecht zu werden - vergleichend präsentiert werden die urbanen Billigtouristenzentren von BANGKOK, JAKARTA und HO CHI MINH CITY, die trotz landesspezifisch unterschiedlichem Ausprägungsgrad, alternativtouristischer Tradition und Etablierung systeminterne Parallelen erkennen lassen und induktive Schlußfolgerungen auf Entstehungsmuster und Entwicklungsgrad ermöglichen.

2.1. Case Study 1: BANGKOK - *KAO SAN ROAD (BAGLAMPOO)*

2.1.1. Einführung und Präsentation

Bangkoks *Kao San Road*[185], Kernstück des Baglampoo-Billigquartierviertels in unmittelbarer Nähe des Königspalastes, zählt heute zweifellos zu den herausragenden Erscheinungen im Bereich der Budget-Traveller-Infrastruktur, nimmt sie doch hinsichtlich Homogenität und Ausprägungsgrad backpackerspezifischer Nachfragepräferenzen eine uneingeschränkte Spitzenposition im Raum Südostasien ein. Begünstigt durch die zunehmende Bedeutung der thailändischen Hauptstadt als internationaler Flugknotenpunkt war der Bedeutungsaufschwung zur Informationsstation Nummer 1 im Lauf der letzten Jahrzehnte nur eine Frage der Zeit .

Anfang der 80er Jahre in der einschlägigen Reiseführerliteratur als eines von insgesamt drei Billigquartiervierteln Bangkoks nur kurz erwähnt (vgl. WHEELER 1982, 372ff), fand die fortschreitende Konzentration des Billigtourismussektors auf den Bereich *Kao San Road* bereits in den nächsten Ausgaben der "*gelben Bibel*" (Verlagseigendefinition) ihren Niederschlag: Baglampoo gilt bereits Mitte der 80er Jahre als führende Travelleragglomeration (WHEELER 1988, 717ff)[186], als sich die vormaligen Mitkonkurrenten in Nachbarstadtteilen der Sechs-Millionen-Metropole an budgetär hochklassigeren Nachfrageschichten orientieren und der *Baglampoo-Area* daher kampflos die Monopolstellung im Billigtouristenbereich überlassen.
WHEELERS (1989, 586) treffende Beschreibung gibt einen authentischen Einblick in die 'Travellerszene' Bangkoks, die auf flächenmäßig beschränktem Raum - etwa ein Quadratkilometer - sämtliche (billig)touristisch benötigten infrastrukturellen Leistungen bieten kann.

Die Angebotspalette ist vielseitig und reflektiert den Bedarf individualreisender Billigtouristen. Neben Leistungen in den Bereichen Unterkunft und Verpflegung bietet das System *Kao San* eine abgeschlossene Welt in sich, ausschließlich ausgerichtet auf Erwartungen und Bedürfnisse westlicher Billig- und Billigstreisender, die aus verschiedensten Motiven Station in Baglampoo

---

[185] Im Rahmen dieser Arbeit wurde der Thai-Schreibweise '*Kao San*' vor dem ebenfalls gebräuchlichen '*Khao San*' der Vorzug eingeräumt.

[186] Die deutsche Ausgabe 1988 (Verlag Schettler) ist eine nahezu wortwörtliche Übersetzung der englischsprachigen Originalausgabe (Verlag Lonely Planet) von 1985.

machen: gemeinsames Bindeglied und Lockmittel ist ohne Zweifel die Vielfalt von Angebot und Leistung am unteren Ende der Preispyramide.

> Khao San Rd. is an amazingly cosmopolitan place these days. Back in the old Asia overland days of the early '70s there were the three "Ks" - travellers' "bottlenecks" where you were bound to meet up with anybody travelling trans-Asia. These days you could substitute Khao San for Kabul to make it three with Kuta and Kathmandu. All along the road there are little signs indicating it's a travellers' "hangout" - countless small guest houses, restaurants with fruit salad and muesli on the menu, at night they spill out first across the sidewalk and then right into the street. Loud rock booms out from the cassette sellers, clothes are sold from shops and sidewalk stalls, books are bought and traded, travel agents offer cheap tickets and fake student cards, there are places to store your baggage or wash your clothes, buses and taxis seem to come and go constantly, disgorging one band of backpackers and picking up another, who are patiently waiting with their packs by the roadside. This one block of intense activity is definitely the travellers' centre of Bangkok.

Die Fluktuation unter den Anbietern ist naturgemäß groß; bei Quadratmetermietpreisen von 8.000 bis 20.000 Baht/Monat[187] und erdrückender Konkurrenzsituation wird die Abwanderung von Anbietern der ersten Stunde verständlich, der verstärkte Zustrom von ortsfremden Händlerschichten ist ein unübersehbares Phänomen. Filialen etablierter Ketten aus Textil- und Schmuckbereich prägen zunehmend das Straßenbild und geben der ursprünglichen "*Undergroundkultur*" mit Tausch- und Second-Hand Kaufcharakter reiseessentieller Güter (Zelt, Schlafsack, Kamera) ein völlig neues Gesicht: die *Kao San Road* auf dem Weg zu einer Shoppingstraße europäischen Zuschnitts?

Unter Zugrundelegung des Geschäftsanteils, der Kreditkarten als Zahlungsmittel akzeptiert, scheint dieser Schluß nicht unbegründet: 38 Shops, darunter allerdings 28 aus dem Textilbereich (Boutique, Schneider, Seide, Stoffe) bieten diese Zahlungsmöglichkeit, die noch vor einem Jahrzehnt als 'typisch touristisch' in weiten Teilen der damaligen Travellergeneration verpönt war.

Die Entwicklung der *Kao San Road* scheint symptomatisch für den Wertewandel im Reiseverhalten Individualreisender, wie die Etablierung der Textilbranche noch vor dem Souvenirsektor (21 Läden) zeigt: Die Feindbilder und Kontrapunkte der antikonsum-orientierten Alternativtourismusszene der 70er Jahre sind heute auch in unbestrittenen Billiggegenden präsent und akzeptiert, ein Beweis für weitgehende Neuorientierung und zunehmende Verwestlichung, was das Gros der Bangkok-Backpacker allerdings zu goutieren scheint. Billigwohnen ist 1992 nicht mehr unbedingt gleichbedeutend mit der Ablehnung von Seidenhemden und Maßanzügen ...

In diesem Zusammenhang auffallend erscheint die weitgehende Mißbilligung der Tourismusmaschinerie *Kao San* unter den Interviewpartnern; mit wenigen Ausnahmen sind sie alle irgendwann im Reiseverlauf (der gegenwärtigen oder vergangener Asientouren) in Bangkoks

---

187 Quelle: Eigenerhebung

Billigquartierviertel *Baglampoo/Kao San* abgestiegen, dennoch bleiben die Kommentare der in ganz Südostasien befragten 'long-term backpacker' durchwegs negativ[188]:

"*I hate Kao San.*" (Ann, 27, USA)

"*Mag ich überhaupt nicht.*" (Klaus, 39, D)

"*Too many trendy people there.*" (Ange, 33, AUS)

Verblüffend, wie einhellig ablehnend die Bewertung ausfällt! Tenor: 'Jeder war dort und keinem hat es gefallen'. Besonders negativ wurde das florierende Geschäftsleben eingestuft, das jedoch seinerseits gerade durch sein Boomen die Gegenargumente liefert - der Schluß liegt nahe, daß Bewohner- und Käuferschichten der *Kao San Road* nicht unbedingt ident sind: Auf der einen Seite 'long-term traveller' mit Hauptaugenmerk auf Unterkunft, Verpflegung und Transport, auf der anderen 'short-term traveller' ('Urlauber'), mit Unterkunftsstandort eventuell auch außerhalb des Baglampoo-Bereiches, die durch Aussicht auf die Agglomeration von Billiganbietern (westliche Betrachtungsebene!) Shoppingtrips zu wesentlichen Bestandteilen ihres Asienaufenthaltes machen.

So eindeutig negativ die Bewertung der (touristischen) Lebensqualität ausfällt ('Guest'-Ebene), so wenig Einblick gelang in die Position der 'Host'-Ebene[189] (Thailändische Geschäftsleute, Restaurant- und Guest House-Besitzer). "*It's our job*", das ist der (diplomatische) gemeinsame Nenner der Antworten (wirtschaflich profitierender) Tourismusbetroffener, die sich selbstredend zu keiner Touristenkritik hinreißen lassen. Selbst in den vormals ausschließlich familienbetriebenen Unterkunfts- und Verpflegungsbetrieben geht der Trend zur Einstellung fremdsprachenkundiger Zugezogener, die außer Informations- und direkter Servicefunktion (eindimensional touristisch) keinen näheren Bezug zu ihrer 'Arbeitsstraße' haben; mehr jedoch als die fahrenden 'Nachtschichthändler' aus allen Teilen Thailands, die nach Geschäftsschluß der baulich fixen Läden (20-21h) Jahrmarktatmosphäre verbreiten...

Uneingeschränkte Verkehrssprache ist *Englisch*; *Deutsch* und *Französisch* spielen untergeordnete Rollen, während die Landessprache *Thai* selbst als Kommunikationsmittel keinerlei Bedeutung hat: Nur vier Geschäfte weisen Hinweisschilder in Thai-Schrift auf, die Speisekarten in den Restaurants bieten, wenn überhaupt, Thai-Landeskost nur in englischer Übersetzung an, die "*Herrenschneider*"-Schilder in Boutiquen sind zielgruppenorientierte Praxis. Angesichts der überwältigenden Orientierung der Angebotspalette auf (Billig-)Touristen ist auch die sprachliche Anpassung nicht überraschend, bringt aber das idealisierte Wunschthesengebäude vom *"angepaßten Reisen der Alternativtouristen"* - die Beherrschung der Landessprache ist eine Voraussetzung - gehörig ins Wanken.

---

188 Das psychologische Konzept des *"crowding"* (PEARCE/STRINGER 1992, 148) als Auslöser von Streß und Unbehagen ist auf alle Touristenagglomerationen anwendbar: Feindbild Nummer 1 jedes Touristen sind andere Touristen ...

189 Vgl. BYSTRZANOWSKI 1989

2.1.2. Funktionsanalyse

Die etwa 700 m lange *Kao San Road* ist eine Parallelstraße zur *Ratchdamnoen Klang Road* und liegt im südlichen Abschnitt des Stadtteils Baglampoo, etwa einen Kilometer nordöstlich des touristisch attraktiven Königspalastes von Bangkok. Die thematische Kartierung der bestehenden Infrastruktureinrichtungen erfolgte im Zuge des Feldforschungsaufenthaltes des Autors in den Monaten Mai und Juni 1992; erhoben wurden insgesamt 134 Einheiten, die hinsichtlich Angebot und Preisschema überwiegend der Budget-Traveller-Infrastruktur zuzurechnen sind, teils aber auch gehobenen Ansprüchen - vor allem im Textilbereich - gerecht werden.

Zahl und Funktion der kartierten Einheiten ist laufenden Veränderungen unterworfen und stellt naturgemäß keine statisch-fixe Variable dar; die vorliegende Analyse reflektiert den mehrfach revidierten Stand von Mitte 1992[190]. Mittlerweile zweifellos aufgetretene quantitative Schwankungen in der Ausprägungsintensität einzelner Funktionen sind unvermeidbar, stellen jedoch nach der Überzeugung des Autors keine wesentliche Beeinflussung der erhobenen Trends dar, die seit gut einem Jahrzehnt das Erscheinungsbild der *Kao San Road* prägen.

2.1.2.1. Aspekte backpackerspezifischer Infrastruktur

2.1.2.1.1. Beherbergung und Verpflegung

Mit einigen wenigen Guest Houses, die in der einschlägigen Reiseführerliteratur anfangs infolge geringer Anzahl noch namentlich erwähnt waren (vgl. WHEELER 1982), hat der Aufstieg der *Kao San Road* Ende der 70er Jahre begonnen; der unkontrollierte Aufschwung von Billigunterkünften im Lauf des letzten Jahrzehnts veranlaßte die Reiseführerautoren, auf Vollständigkeit der Namensnennungen gänzlich zu verzichten (vgl. LOOSE 1992) oder auf eine Kurzempfehlungsliste für den gesamten Bereich Baglampoo zu beschränken (vgl. WHEELER 1988) - je nach Zugehörigkeitsdefinition (Dispersionstrend) finden sich hier etwa 40-50 Klein- und Kleinstanbieter unter der 120 Baht-Grenze[191].

Die Dispersion aus dem Kernstück *Kao San Road* in ruhigere Nachbarstraßenzüge ist unübersehbar; lediglich acht Guest Houses (mit Anschluß an Travellerrestaurants) und ein Betrieb ohne Restaurantanschluß liegen unmittelbar im Untersuchungsbereich, weitere neun in Seiten-(sack)gassen. Nahezu alle Guest Houses im Bereich Baglampoo erfüllen zumindest minimale Verpflegungsaufgaben, die von Getränkeverkauf (Kaffee, Tee, Juice, Cold Drinks) bis zu vollem Restaurantbetrieb reichen. Abhängig von Lage und Betriebsgröße (Bettenangebot) sind erstere zumeist unter Familienleitung, während letztere auf den Einsatz von Thai-Hilfskräften mit Fremdsprachenkenntnissen angewiesen sind; bei Gratisunterkunft und -verpflegung beträgt die Entlohnung dieser Mitarbeiter etwa 100 Baht/Tag[192].

---

190 Letzter Stichtag war der 28.Juni 1992

191 Der Preis versteht sich auf Basis Doppelzimmer/Nacht.

192 Quelle: Eigenerhebung

Insgesamt finden sich in der *Kao San Road* 13 Lokale, die aufgrund von Speisenangebot und Ausstattung als *"Travellerlokale"* einzustufen sind, acht weitere verfügen über Guest House-Anschluß. Nur fünf dieser 21 Restaurants verfügen über ein Tischangebot von weniger als fünf, regelmäßige englischsprachige Videovorführungen (Videorecorder!) finden in zwei Lokalen statt. TV-Geräte besitzen insgesamt fünf Restaurants, die Zahl der Info-Pinboards ist allgemein bescheiden - nur ein Lokal ermöglicht diese Art von Informationsaustausch.

Abgesehen von einem 'Thai-Lokal' (Definitionskriterium: Garküche, beschränkte Anzahl traditioneller Gerichte), unterscheiden sich die Gaststätten voneinander nur unwesentlich: Die auf westlichen Geschmack zugeschnittene Menupalette ist in ganz Südostasien einheitlich, keineswegs nur auf Bangkok und Thailand beschränkt und typisch für die Travellersubkultur insgesamt:

<u>**Beispiel 8:**</u> ***Breakfast Menu, V.I.P Guest House (Kao San Road, Bangkok)***

**** V.I.P. Breakfast: 35 Baht***

Two Eggs (boiled, scrambled, fried, poached or omelette)
Two Toasts
Ham or Sausage
Coffee or Tea

**** V.I.P. Health Breakfast: 40 Baht***

"Unlike Bangkok, this breakfast is 100% natural and unpolluted"

Portion of Natural Muesli and plain yoghurt
One Orange Juice (freshly squezed)
Coffee or Tea

Nicht unbedingt ein traditionell-typisches Thai-Frühstück, das aber nichtsdestoweniger reißenden Anklang findet: Die nahezu ausschließlich westlichen Industrieländern entstammende Kundenschicht weiß die Beibehaltung des gewohnten Speiseplans zu schätzen, noch dazu in einem Entwicklungsland wie Thailand, wo zumindest das Frühstück *"unpolluted"* sein soll.
Der Öko-Trick ist Rechtfertigung genug für das nicht allzu niedrige Preisniveau: *"Special home-made brown bread"* liegt deutlich über dem durchschnittlichen Thai-Erschwinglichkeitsbereich, auch *"Chicken Cutlet Viennese Style in French Bread"* (30 Baht) oder *"frische Schnitzelbrot und Ketchup"* (sic!) und der unvermeidliche *"Banana Pancake"*, gleichsam asienweit synonym für Globetrotter-Eßkultur, scheinen nicht unbedingt landesübliche Produkte des täglichen Bedarfs zu sein.
So preiswert die *"western-style"* Gerichte im europäischen Vergleichsmaßstab auch sein mögen, für Landesverhältnisse sind sie erstens unerschwinglich teuer[193] und zweitens keineswegs

[193] Zur Veranschaulichung des thailändischen Lohnniveaus einige Durchschnittsmonatslöhne ausgewählter Berufsgruppen: (1 Baht = ca 4,5 ATS)

Maschinennäher:	*2.784 Baht*	*Koch:*	*4.855 Baht*
Lehrer (High School):	*6.512 Baht*	*Zahnarzt:*	*19.964 Baht*

Die Angaben beziehen sich jeweils auf männliche Arbeitskräfte, Bezugsjahr ist 1986.
(Quelle: STATISTISCHES BUNDESAMT WIESBADEN, Länderbericht THAILAND 1990: 99)

landesweit etabliert - Grund dafür, daß die westliche Travellerszene unter sich bleibt, wie die *Kao San Road* generell westeuropäisch-australisch-nordamerikanisches Territorium zu sein scheint, in dem der Thai-Bevölkerung bloß Peripherrollen auf Tourismusdienstleistungsebene (TucTuc-Fahrer, Kellner, etc.) zukommen.

Keineswegs verwunderlich ist in diesem Zusammenhang die jeweilige Namensgebung von Unterkünften und Verpflegungsstellen: *Friendly Guest House, V.I.P Guest House, Good Luck Guest House, Privacy Guest House, Mum's Guest House* - Namen, die Gefühle von Sicherheit und Geborgenheit vermitteln. Wer ißt nicht gerne Pizza im '*Grand Guest House*' oder geht auf einen '*Mekong*' ins '*Hello*'?[194]

Travellerzentren als Ort der Begegnung und Information: Neben der reinen Verpflegungsfunktion kommt den einschlägigen Etablissements durch das alltägliche Sammelsurium westlicher Globetrotter aus/nach Süd-, Ost- und Südostasien eine entscheidende Rolle als Informationsquelle mit einer Aktualität zu, die auch der bestrecherchierte Reiseführer nicht bieten kann; ein unbestreitbares Charakteristikum, das auch in der *Kao San*-kritischen Travellerzielgruppe Anerkennung findet: "*The only good thing about Kao San is that you meet people*" (RICHARD, 31, GB).

2.1.2.1.2. Transport

Neben Visabesorgung und Flugbuchung (domestic und international) sind spezielle Agenten auf (informeller) nationaler Ebene tätig und ermöglichen Billigstfahrten in populäre Touristenzentren Süd- und Nordthailands: Sind schon die Angebote (Air-Con) für die Badedestinationen *Krabi, Phuket* oder *Ko Samui* günstiger als die der öffentlich-legalen Transportmittel (Non-Air-Con), so sind die Buspreise für die 500-km Fahrt nach Chiang Mai wohl nur mehr symbolisch zu verstehen: Jahrelang 50 Baht, gar nur mehr 30 Baht ab Juni 1992 - kein ganz uneigennütziges Geschenk der Busunternehmer allerdings, wie LOOSE (1992, 198) in seinem *Thailand-Travellerhandbuch* hervorstreicht:

> Vorsicht! In der Khao San Rd. werden preisgünstige Nachtfahrten ... mit illegalen klimatisierten Bussen nach Chiang Mai angeboten. ... In Chiang Mai halten sie an einer Tankstelle außerhalb der Stadt, und die Traveller werden in die Pickups der Gästehäuser verteilt. Gleich nach der Ankunft versucht man euch auf penetrante Art und Weise eine Trekking-Tour aufzudrängen, denn übermüdete Traveller sind leicht zu beeinflussen. Da die Guesthouse-Besitzer ... potentielle Kunden frei Haus geliefert bekommen, übernehmen sie gern einen Teil der Fahrtkosten. In einigen Bussen wurde zudem von ... "Freunden" des Fahrers selbst Handgepäck ... durchsucht und Wertgegenstände gestohlen.

Insgesamt 21 Reisebüros sind in der *Kao San Road* vertreten, vom Kleinstanbieter limitierter routenspezifischer Bustouren (lokales Sightseeing/ Langstreckentourbusse) bis hin zu Airline-Agenten, die Billigtickets auch renommierter Fluglinien destinationsunabhängig zu Graumarkt-

---

194 "*Mekong Whisky*" ist ein populäres Thai-Produkt, das *Hello Restaurant* eines von 21 Traveller-Lokalen in der Kao San Road.

tarifen verkaufen. Die Fluktuation vor allem unter Kleinanbietern mit beschränkter Destinationspalette ist demgemäß hoch, der enorme Konkurrenzdruck zwingt teils zu unseriösen Geschäftspraktiken, Konkurse auf Kosten westlicher Kunden sind kein Ding der Seltenheit.[195]

2.1.2.1.3. Bücher und Kassetten

Drei fixe Buch- und zwei Kassettenläden scheinen angesichts sonstiger Sektorenagglomerationen zunächst quantitativ wenig; diese Zahl muß allerdings um die fahrenden Händler ohne eigenes Geschäftslokal ergänzt werden, die bereits tagsüber travellerspezifisches Angebot im Straßenverkauf absetzen.
Während es bei den Musikkassetten erwartungsgemäß vorwiegend westliche Interpreten (Raubkopien in Originalcover) - meist "Oldies" - sind, die in ähnlicher Preis- und Qualitätsklasse auch in zahlreichen Baglampoo-fernen Großkaufhäusern Bangkoks, wie auch des peripheren Thailands erwerblich sind, ist das Bücherangebot speziell auf die Hauptnachfragerschicht westlicher Rucksacktouristen zugeschnitten:
Vorwiegend englischsprachige Second-Hand Literatur, ist die Angebotspalette im wesentlichen zweigeteilt. Zum einen Belletristik, zum anderen Reiseführer - marktbeherrschend in letzterer Gattung ist eindeutig der australische Lonely-Planet Verlag, dessen "*travel survival kits*" für (südost)asiatische Nachbarstaaten die Bedeutung Bangkoks als Touristenumschlagplatz unterstreicht; speziell in "*Long-term traveller*"-Kreisen ist es durchaus üblich, nach Verlassen eines Landes den nunmehr nicht länger benötigten Reiseführer zu verkaufen/tauschen und zielgerecht zu ersetzen.

Der Erwerb fremdsprachiger Unterhaltungsliteratur basiert im Großraum Südostasien generell auf Tauschebene - travellerintern direkt oder travellerextern über Zwischenhändler. Kauf und Verkauf von Taschenbuchliteratur (reduziertes Volumen und Gewicht) ist weitverbreitete Praxis und oft die einzige Möglichkeit, Literatur in der jeweiligen Muttersprache beziehungsweise in geläufiger Fremdsprache (in beiden Fällen meist Englisch) zu erstehen; das Sortiment der *Kao-San*-Buchhändler umfaßt auch international weniger gängige Autoren und Sprachen (Beispiel: Niederländisch, Schwedisch), was - in Ergänzung zu deutsch- und französischsprachiger Literatur - die Internationalität Bangkoks als Schmelztiegel des Südostasien-Billigtourismus zu untermauern vermag.

2.1.2.2. Aspekte allgemein-touristischer Infrastruktur

Neben den genannten backpackerspezifischen Einrichtungen findet sich in der *Kao San Road* eine Fülle von touristischer Infrastruktur, die nicht ausschließlich typisch für Billigtourismus-Segregationen ist. Als bemerkenswert muß die Dichte der branchengleichen Konkurrenten gelten, was bei allgemein fehlender Angebotsdiversifikation zu enormem Preisdruck unter den Anbietern führt.

---

195 Quelle: Eigenerhebung

So bieten 19 Souvenirhändler, teilweise in Kombination mit Buch- oder Juwelierartikeln, weitgehend dieselbe Produktpalette auf demselben Preisniveau an: *Hilltribe*-Taschen und -bekleidung stehen hoch im Kurs, dazu Opiumpfeifen und sonstige Gebrauchsgegenstände Nord- und Nordostthailands - *"Airport Art"*, die bei Touristen aller Reisestile großen Anklang findet und keineswegs nur auf die Nachfrage finanzschwächerer Rucksacktouristenschichten zugeschnitten ist.

Einen zweiten Angebotsschwerpunkt neben *"Handicraft"*-Artikeln stellt Copy-Markenbekleidung renommierter Trademarks dar (Beispiel: *Benetton, Adidas, Gucci*).
Zahlenmäßig weit schwächer vertreten ist die Gruppe der Schuh- und Lederhändler, die, mit einer Ausnahme bereits durchwegs auf Kreditkartenniveau, punkto Angebotshomogenität eine deutliche Affinität zum *Kao San*-Branchenleader aus der Textilbranche erkennen lassen: Die Massierung von insgesamt 27 einschlägigen Betrieben (Boutique, Seiden-/Stoffhändler, Schneider) - ausnahmslos mit Air-Con-Ausstattung - in Baglampoos touristischer Hauptstraße muß als Kontrapunkt zur sonstigen Straßenverkaufs- und Tauschsituation gelten, schon die Namensgebung verrät den angestrebten (hochrangigen) internationalen Touch: *Valentino, Chanel, Milan, Boss, Dior, Vogue, Armani* - diese (wahllos zusammengestellte) Liste ließe sich beliebig fortsetzen und läßt Rückschlüsse auf die Zielgruppe zu; eine Zielgruppe, die angesichts des regen Kaufinteresses auch auf Rucksacktouristenseite nicht mehr so eindeutig abgrenzbar ist wie noch Ende der 70er Jahre. Die Reiseart *"Backpacking"* allein indiziert nicht direkt Verzicht auf (Copy-)Designkleidung für die bürgerliche Zeit danach ...

Ähnliches gilt für die Juwelier- und Goldschmiedbranche, die mit sechs Anbietern (darunter eine Angebotskombination mit Uhren) zwar eine vergleichsweise geringe Dichte aufweist, sich aber ähnlich großen Zustroms erfreut - trotz der Straßenverkaufskonkurrenz von Imitationsuhren (Beispiele: *Rolex, Cartier*) und Pseudo-*Hilltribe* Schmuck.

Stichwort Finanzen: Zehn Wechselstuben (Kleinfilialen renommierter Thai-Banken) sorgen - mit längeren Öffnungszeiten als die Mutterbanken selbst - für das Weitersprudeln touristischer Devisen zu landesweit offiziellen Kursen.

In der 700m-Welt der *Kao San Road* ist auch die ärztliche Versorgung garantiert, die durch vier (Fach-)Ärzte/Kleinkliniken mit angeschlossenen Apotheken gewährleistet wird. Vier Copy-/Fotoshops (Paßfotos für Visaanträge!), ein Optiker, ein Friseur, eine Wäscherei, vier Gemischtwarenhändler und drei Oversea-Call-Offices (OSC) ergänzen das Dienstleistungsangebot des Systems *Kao San*, dessen theoretische Mikrokosmosnatur durch eine Polizeistation am Westende des Straßenzugs noch untermauert wird.

Theoretisch wäre es im Reiseverlauf während des gesamten Bangkok-Aufenthaltes nicht nötig, den Raum Baglampoo auch nur einmal eigenständig zu verlassen - und viele Individualtouristen (Package Tourismus ist hier nicht etabliert) tun es auch nicht ...

Abb.44: Kao San Road:
Eine funktionale Darstellung

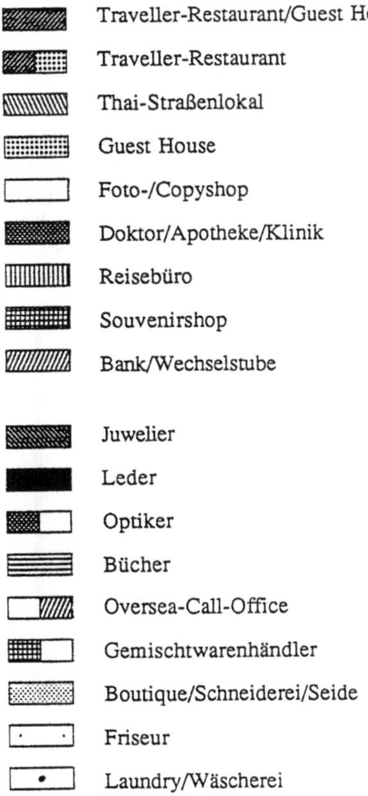

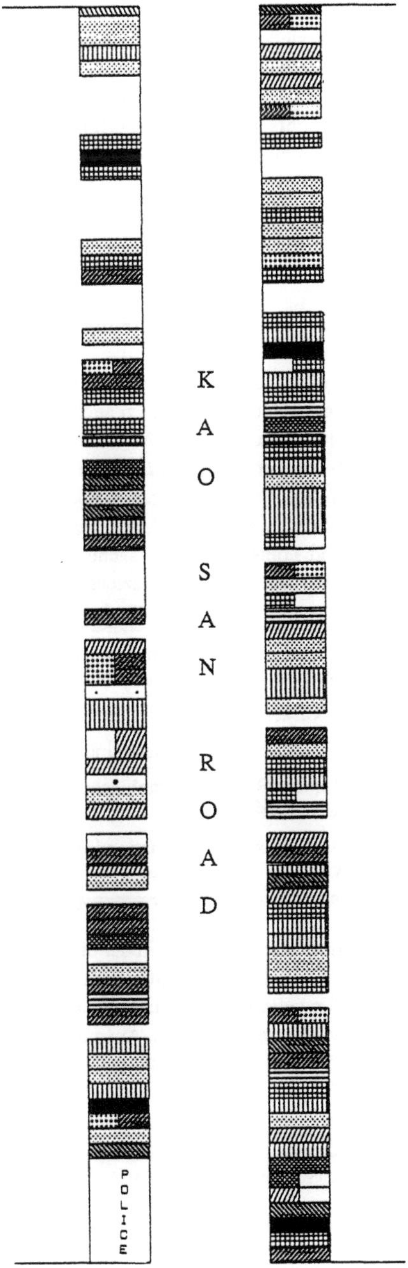

Quelle: Feldarbeit 1992, eigene Darstellung

In keiner anderen südostasiatischen Stadt findet sich eine derart ausgeprägte billigtouristische Schaltzentrale, die mit preislich extrem attraktiven Anschlußangeboten über ganz Thailand[196] die Backpackerströme in Sekundärzentren weiterleitet und - routenspezifisch - die Benutzung von Lokaltransportmitteln damit unterminiert. Die Verlockung "*gereist zu werden*" gewinnt somit angesichts des nahezu perfekten Infrastrukturnetzes über die individualtouristische Wunschvorstellung vom "*Selber Reisen*" (Buchtitel) oftmals die Überhand.

2.2. Case Study 2: JAKARTA - *JALAN JAKSA*

2.2.1. Allgemeine Einführung

Wie *Bangkok* ist *Jakarta* Landeshauptstadt eines pro-individualtouristischen Staates; wie die thailändische Hauptstadt verfügt auch die indonesische Metropole über ein ausgeprägtes Travellerviertel im Stadtzentrum. Nur wenige hundert Meter südlich des *Merdeka-Square* gelegen, weist dessen Kernstück *Jalan Jaksa* zwar in entscheidenden Grundzügen Parallelen zu Bangkoks *Kao San Road* auf, erreicht aber weder quantitativ noch qualitativ den Bedeutungsgrad Baglampoos als Kernstück landesweiter individualtouristischer Erschließung in Sachen Information und Transport. Die Ursachen dafür mögen vielfältig sein, lassen sich aber im wesentlichen auf wenige Kriterien reduzieren, die untereinander in engem Zusammenhang stehen:

(1) Jakarta (wie auch Indonesien gesamt) weist insgesamt eine wesentlich geringere Zahl an Touristenankünften auf als Bangkok (und Thailand)

(2) Kürzere Tradition Indonesiens als Tourismusdestination

(3) Vergleichsweise mangelnde (kulturelle) Attraktivität Jakartas

(4) Indonesiens geographische Situation als Inselstaat, die "*long-distance bustrips*" erschwert[197]

(5) Jakartas Zentralsituation inmitten des Archipels bewirkt eine Peripherlage zu individualtouristisch attraktiven Nachbarstaaten

Bereits Ende der 70er Jahre in der einschlägigen Reiseführerliteratur als "*das*" Billigviertel angeführt (WHEELER 1982, 90), stand die *Jalan Jaksa* stadtintern nie in Konkurrenzsituation mit anderen Travellergegenden und war diesbezüglich stets uneingeschränkter Monopolhalter - auf damals wie heute geringerem Ausprägungs- und Entwicklungsniveau.

---

196 Limitiert bestehen auch internationale Anschlußmöglichkeiten in Südrichtung: *Kao San*-Travel Agents offerieren Langstreckenbusse nach MALAYSIA (Penang, Kuala Lumpur) und SINGAPUR - meist die Standardroute von "*long-term travellers*" auf dem Landweg Richtung Australien.

197 Nichtsdestoweniger sind Langstreckenbusfahrten (private companies) zumindest in den touristisch erschlossenen Gebieten Indonesiens (*Sumatra, Java, Bali, Lombok*) voll etabliert; Aufgaben wie Werbung, Propagierung oder Ticketverkauf/-reservierung werden jedoch von den Reisebüros der *Jalan Jaksa* kaum wahrgenommen.

Eine Funktionsanalyse ergibt folgendes Bild: Der etwa 500 m lange Straßenzug verläuft in Nord-Süd Richtung etwa 400m südlich des *Merdeka Square*, dem Paradeplatz von "*New Jakarta*". Zwar funktional Kern der touristischen Billigzone Jakartas, die im Gegensatz zu Bangkoks *Baglampoo Area* auf einige Nebengassen mit vereinzelter Guest House-Funktion beschränkt ist, scheint die *Jalan Jaksa* keineswegs als reine Touristenstraße mit spezifischer Infrastruktur definierbar; 30 Einrichtungen mit privater Nutzung (meist Einfamilienhäuser mit Vorgarten) stehen 29 Einheiten der Tourismusinfrastruktur gegenüber.

Die Mischnutzung der Straße schlägt sich in vermindertem Lärmaufkommen und damit in höherer Lebensqualität der indonesischen Anrainer nieder, die durchwegs gehobenen Bevölkerungsschichten zugehören: Zwei Tierärzte und ein Anwalt riegeln ihre Anwesen jedoch mit Stacheldrahtverhauen gegen touristische Invasionen ab, was ein gespanntes Host-Guest Verhältnis zu indizieren scheint. Im Gegensatz zu Bangkoks *Kao San Road* ist die Geschoßhöhe mit Ausnahme zweier Hotelanlagen im Südteil der Straße allgemein gering, die Gebäude sind vorwiegend eingeschoßig.

2.2.2. Funktionsanalyse

2.2.2.1. Aspekte backpackerspezifischer Infrastruktur

Sechs Travellerlokale ohne Beherbergungsfunktion, nur ein Restaurant mit angeschlossenem Guest House-Betrieb zeigen eine insgesamt eher schwache Bindung der beiden Funktionen. Fünf Einheiten mit ausschließlicher Beherbergungsfunktion (private Leitung) stehen zwei mehrstöckige Hotelbetriebe der mittleren Preiskategorie gegenüber, womit - im Gegensatz zum thailändischen Pendant - die Dominanz von Restaurantbetrieben unterbleibt.

Sowohl Travellerlokale als auch -quartiere sind intermittierend mit Privatgrundstücken über den gesamten Straßenzug aufgefächert, spezielle straßeninterne Segregationstendenzen daher nicht feststellbar. Die Namensgebung der einschlägigen Betriebe ist nicht ausschließlich dem angloamerikanischen Sprachschatz entnommen: *Bloemsteen Hostel, Noordwijk Hostel* oder *Djody Restaurant* lassen niederländische Wurzeln erkennen, auch der höhere sprachliche Landeseinfluß ist unverkennbar (Beispiele: Restaurant *Bagus*, Hotel *Tator*[198]), wogegen die thai-typischen Anglophilismen in der *Jalan Jaksa* weitgehend fehlen (Ausnahmen: *Angie's Cafè, Memories Cafè*).

Die Speisenpalette in den Backpacker-Lokalen Jakartas trägt allerdings dem südostasiatischen Billigtouristengeschmack weitgehend Rechnung. Internationalisierter 'Travellerfood' westlichen Zuschnitts dominiert auch hier den Menuplan - unter Beibehaltung der asienweit üblichen Spielregeln: Vorwiegend westliche Gerichte (von *Beef Goulash* und *Pommes Frites* zu *Alamy Pizza, Banana Pancake* und *Heineken Beer*) zu westlicher Musik und/oder westlichen Videofilmen inmitten internationalem (westlichem) Travellerpublikum; all das zu Preisen, die eklatant

198 "*Bagus*" bedeutet in der Landessprache Bahasa Indonesia etwa "ausgezeichnet, super", "*Tator*" steht für "Tana Toraja", die einzige touristisch erschlossene Region auf der indonesischen Sundainsel Sulawesi.

über dem durchschnittlichen indonesischen Erschwinglichkeitsbereich liegen: Ein *Beef Goulash* (Memories Cafe) um 6.000 Rp. - das sind 10-12 Nationalspeisen *Nasi Goreng* im Straßenverkauf, aber nur drei bis vier qualitätsmäßig ebenbürtige Portionen in *Jalan Jaksa*s "In"-Lokalen! Kostenminimierung und Landeskontakt im weitesten Sinn scheinen somit keineswegs die Reisemaxime breiter (Billig)touristenschichten zu sein.

Abb.45: Jalan Jaksa: Eine funktionale Darstellung

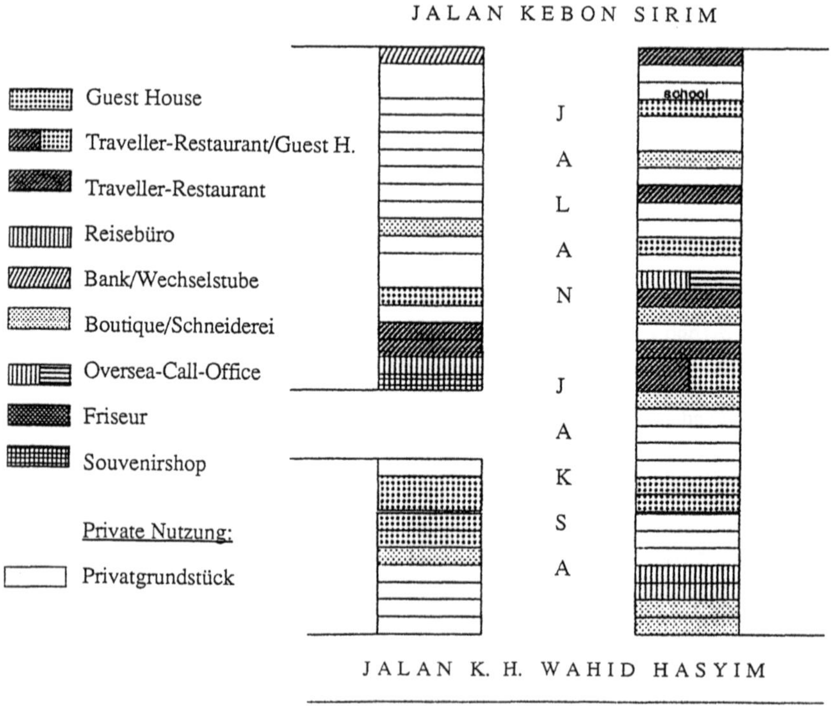

Quelle: Eigenerhebung 1992

Die vier Reisebüros - davon eines mit OSC-Funktion - können punkto Flugverbindungen (Arbeitsschwerpunkt) mit den Billiganbietern *Bangkoks*, *Penangs* oder *Singapurs* weder preislich noch in der Destinationsvielfalt mithalten, womit Jakartas vernachlässigbare Rolle als Südostasien-Flugknoten Bestätigung erfährt. Durch das Fehlen individualtouristisch attraktiver, weil reisetechnisch restriktiver und touristisch unerschlossener Nachbarstaaten[199], ist auch die Visabeschaffungsfunktion keine vordringliche Aufgabe (das gänzliche Fehlen von Copy-/Fotoshops sei als Indiz am Rande nur kurz erwähnt), und lokale Sightseeing-Programme á la *Kao San Road* werden kaum offeriert.

2.2.2.2. *Aspekte allgemein-touristischer Infrastruktur*

Auffallend ist auch in Jakartas *Jalan Jaksa* die Ballung von Betrieben der Textilbranche, die im Gegensatz zu Bangkok jedoch grundlegend verschiedene Ausprägungsformen aufweisen: Die *Kao San* Air-Con Boutiquen mit (pseudo)internationaler Markenware finden ihr indonesisches Pendant in Privatschneidereien, die in Hinterhofmanier, ohne Schaufensterunterstützung, kleinmaßstäbig im Familienbetrieb Textilfertigprodukte erzeugen. Der Kreditkartenzahlungsmodus ist in der *Jalan Jaksa* insgesamt noch wenig etabliert und findet speziell im Textilbereich noch keine Anwendung.

Souvenirläden à la Thailand sind in Indonesien generell auf Touristenzentren beschränkt; mit Ausnahme der landesabdeckenden Handicraft-Collection in Jakartas Kaufhaus *Sarinah* sind die jeweils präsentierten Souvenirs orts- und regionstypisch und im einzigen Souvenirladen der Straße auf javanische Produkte beschränkt.

Die Existenz von jeweils nur einer Bank/einem Friseurbetrieb streicht gemeinsam mit dem gänzlichen Fehlen zahlreicher anderer tertiärer Einrichtungen die funktional tieferrangige Position von Jakartas Travellerzentrum hervor - ein Indiz dafür, daß die quantitative Größe einer Metropole keine direkte Auswirkung auf Vorhandensein und Ausprägungsgrad backpackerspezifischer Infrastruktur in südostasiatischen Städten hat, die von einem Faktorenbündel aus (kultureller) Attraktivität, (billig)touristischer Tradition und irrational faßbaren Konzepten (Klischees, Präferenzmodelle) beeinflußt wird.

2.3. Case Study 3: HO CHI MINH CITY - *PHAM NGU LAO ROAD*

2.3.1. Individualtourismus in Indochina: Ein Einstieg

Obwohl Millionenstadt wie Bangkok oder Jakarta, präsentiert sich die vietnamesische Metropole punkto AT-Aufkommen und -infrastruktur gänzlich verschieden; begründet durch die späte (theoretische) Öffnung für Individualtourismus Ende der 80er Jahre, der wiederum erst begünstigt durch den Zerfall des sowjetisch-kommunistischen Systems mit Neuorientierung an westlichen Wert- und Wirtschaftssystemen einigermaßen nennenswertes Ausmaß erreichte,

---

199 Vgl.*Thailand*, dessen Funktion als Ausgangspunkt für Reisen nach INDOCHINA (*Kambodscha, Laos, Vietnam*) und MYANMAR unbestritten ist.

nimmt das nahezu vollständige Fehlen spezifisch individualtouristischer Einrichtungen nicht weiter wunder.
Trotz zögernder Erleichterung und Lockerung im Bereich des Individualtourismus ist die touristische Hauptmaxime Vietnams nach wie vor der 'Package Tourismus', leicht kontrollier- und steuerbarer devisenträchtiger Gegenpol und Kontrapunkt zur routenmäßig unlenkbaren (Billig)-Reiseform von Alternativtourismus.

Die landesweit einzige nennenswerte AT-Infrastruktur findet sich in *Ho Chi Minh City* - eine Tatsache, die konform mit Bangkoks Rolle als Flugknoten nicht weiter zu erstaunen vermag. Ho Chi Minh City ist die international meistangeflogene Stadt nicht nur Vietnams, sondern ganz Indochinas, und gilt somit, begünstigt durch allgemein restriktive Einreisebestimmungen[200], zu Recht auch als Tor zu *Laos* und *Kambodscha:* Individualreise-Visa für die beiden letztgenannten Staaten sind im politisch offeneren Ho Chi Minh City problemloser zu erhalten als in Vietnams fundamentalistisch-starrer Hauptstadt Hanoi.

Basierend auf einem AT-Potential, das für die Verhältnisse Indochinas enorm, für die urbanen Travellerhochburgen des nicht-kommunistischen Südostasien aber als minimal-vernachlässigbar einzuschätzen ist, entwickelte sich Ende der 80er Jahre eine Travellersubkultur kleinsten Rahmens, die aufgrund politisch motivierter Reiserestriktionen zu florieren begann: Neben der Bereitstellung westlicher Gerichte (*"Traveller Food"*) bestand die Hauptfunktion der AT-Betriebe in der Beschaffung illegaler (Graumarkt-)Travel Permits, die erst zum Verlassen der ehemaligen Hauptstadt Südvietnams berechtigten - eine Funktion, die Vietnam-spezifische Züge zeigt und infolge prokapitalistischer und vergleichsweise wenig dirigistischer (Tourismus)politik im außer-indochinesischen Teil des Untersuchungsraumes nicht erforderlich ist.

'Travel Permits' waren bis Anfang 1994[201] das Basisanliegen in Vietnams Individualtouristenszene; ohne diese offiziell nur bei Tourbuchung über die staatlichen Reiseagenturen *Vietnam Tourist* und *Saigon Tourist* (gegen harte Devisen) erhältlichen Reisegenehmigungen sind eigenbestimmte Reisen erschwert bis unmöglich. Unternehmen, die derartige Serviceleistungen in Graumarktmanier bieten können, verfügen über ungeheure Wettbewerbsvorteile gegenüber etwaigen Mitkonkurrenten ohne 'Draht zum Staat'.

2.3.2. Funktionsanalyse

Bis Anfang der 90er Jahre bestand das AT-spezifische Angebot aus wenigen punktförmig über das Stadtgebiet verstreuten (halboffiziellen) Unternehmen, deren Lage in Geheimtipmanier in

---

200 Für westliche Individualtouristen existierte bis Mai 1992 nur eine Überlandgrenzverbindung nach Kambodscha, der Landgrenzübergang nach China befand sich zum Erhebungszeitpunkt (Juni 1992) erst in der Phase der 'theoretischen Öffnung'. Die Standardeinreiseroute nach Vietnam führt somit über die Flughäfen *Ho Chi Minh City* und *Hanoi.*

201 Travel Permits wurden im März 1994 für die Haupttouristenziele abgeschafft. (Anm.des Autors)

den Travellerkreisen der AT-Zentren der Nachbarstaaten (vor allem Thailand) weitergegeben wurden[202].
Zur ersten nennenswerten Konzentration von einschlägigen AT-Betrieben in Ho Chi Minh City kam es ab Jahresbeginn 1992[203], als sich in der *Pham Ngu Lao Road* um die bereits bestehenden (Billig)hotels '*Prince*' und '*Vien Dong*' einige neugegründete (private) Guest Houses mit AT-Zielgruppenorientierung zu gruppieren begannen, die innerhalb weniger Wochen/Monate um einige 'Travellerlokale' ergänzt wurden.

Als Folge permanent wachsender Konkurrenz - fremdsprachenkundige Mitarbeiter gründen eigene Betriebe - und des Verlustes der de facto-Monopolstellung (im 'Permit-Business') der AT-Unternehmen der ersten Stunde ist das Preisgefüge labil mit stetig sinkender Tendenz. Innerhalb weniger Wochen sank der Preis für (Graumarkt) Travel Permits von 25 US-$ (Anfang März 1992) auf 15 US-$ (Ende April 1992) und weiter auf 10 US-$ (Mitte Mai 1992)[204]; eine erste (AT-erfreuliche) Reaktion auf den freien Markt ...

Eine Detailfunktionsanalyse für Vietnams einzige AT-Infrastrukturagglomeration ergibt folgende Erkenntnisse: Verglichen selbst mit peripheren AT-Zentren des nicht-kommunistischen Südostasien nehmen sich die billigtouristischen Einrichtungen mit ihrer vergleichsweise kurzen Tradition höchst bescheiden aus. Zwei Hotels der Billigkategorie und drei familienbetriebene Guest Houses in unmittelbarer Umgebung (Seitenstraßen) machen das Beherbergungsangebot des *Pham Ngu Lao Road*-Distrikts aus, der sich etwa ein bis zwei Kilometer westlich des alten Stadtkerns am *Saigon River* erstreckt.

Bis auf das bereits vor Einsetzen quantitativ nennenswerten AT bestehende Hotel '*Vien Dong*' sind sämtliche Betriebe vorwiegend auf westliche Individualtouristen ausgerichtet; vietnamesische Gäste scheinen zumindest in den Verpflegungsbetrieben nicht unbedingt gerne gesehen, was die Eliterolle der neugegründeten AT-Betriebe offenbar unterstreichen soll. Die Namensgebung ist großteils westlich-zielgerichtet (Beispiel: *"Apocalypse Now"*, eine Bar der ersten AT-Stunde im Stadtzentrum), mit wenigen Ausnahmen jedoch meist zweisprachig und dadurch in keiner Weise mit der totalen Touristenorientierung etwa Bangkoks vergleichbar.

Sämtliche fünf Beherbergungsbetriebe offerieren, wie die beiden 'Traveller-Restaurants', neben Graumarkt-Travel Permits auch Hilfestellung bei sonstigen reisetechnisch-administrativen Tätigkeiten (Visaverlängerung, Registrierung), die offiziell den beiden staatlichen Tourist Companies '*Vietnam Tourist*' und '*Saigon Tourist*' vorbehalten wären; alle derartigen Transaktionen geschehen über Verbindungsleute in kleinen, teils halbstaatlichen Travel Agencies[205]. Trotz

---

202 Die ungeheuer kurze Tradition Vietnams als AT-Destination zeigt sich deutlich im einschlägigen Reiseführerangebot. Erst 1991 erschien die erste Indochina-Ausgabe des Branchenriesen 'Lonely Planet' (*"Vietnam, Laos and Cambodia- a travel survival kit"*), ein Indiz für die bis dato unrentable Nachfragesituation. Nur ein Jahr darauf finden sich bereits in zahlreichen staatlichen Postämtern Vietnams gebundene Raubkopien (incl.Cover-Farbkopie!) dieses Individualreiseführers, dessen Verbreitung eigentlich kontraproduktiv zur staatlichen Tourismusintention ist ...

203 Quelle: Eigenerhebung

204 Quelle: Eigenerhebung

205 Quelle: Eigenerhebung

horrendem Preiskampf stellen diese vietnam-typischen Serviceleistungen offenbar die Haupteinnahmequelle schlechthin dar und machen sonst anfallende Gewinne (Unterkunft und Verpflegung) vergleichsweise unerheblich[206].
Im Gegensatz zu Jakartas *Jalan Jaksa* und Bangkoks *Kao San Road* erfüllen die AT-Betriebe Ho Chi Minh Citys somit illegale Reisebürofunktionen, die legal nur von den beiden obengenannten staatlichen Reiseagenturen wahrgenommen werden könnten, die durch ihre Monopolstellung aber die Angebots- und Preisvielfalt (auf nationaler und internationaler Ebene) der AT-Zentren Thailands und auch Indonesiens vermissen lassen. Ähnliche Aspekte gelten für die Bankfunktion ausnahmslos aller AT-Unternehmen, die das Fehlen lizensierter (staatlicher) Banken in Schwarzmarktmanier wettmachen.

So kurz die AT-Tradition der *Pham Ngu Lao Road* auch sein mag, die Umstellung auf spezifischen 'Traveller Food' mit englischsprachiger Speisekarte ist großteils vollzogen. Die '*Banana Pancake*'-Welle macht auch vor Indochina nicht halt, ist vorerst (Juni 1992) aber auf Ho Chi Minh City beschränkt: Wie lange noch ...?
Während die (Zusatz-)Funktionen "*informing*", "*fooding*", "*washing*" und "*renting*" - nahezu jeder Betrieb offeriert Fahrradverleih - auf quantitativ der vergleichsweise geringen Nachfrage angepaßten Ebene durchaus wahrgenommen werden, fehlen für die videotechnischen "*entertaining*"- Maßnahmen etwa Thailands einerseits die elektronischen Voraussetzungen (permanente Elektrizität, TV- und Videogeräte), andererseits das benötigte interessierte AT-Klientel: Vor allem die Kleinbetriebe verfügen selten über einen Fassungsraum für mehr als zehn Personen.

Allgemein touristische Infrastruktur (Souvenirläden, Kassettenshops, Boutiquen westliche Stils) fehlt im Bereich der *Pham Ngu Lao Road* gänzlich und macht die Einschätzung befragter Individualtouristen zum Ausprägungsgrad einschlägiger AT-Infrastruktur zusätzlich interessant: Stößt die (Billig-)Touristenagglomeration *Kao San* (Bangkok) auf weitgehende Ablehnung unter betroffenen Backpackern, so wird die stetig wachsende, vorerst noch kleinmaßstäbige Tourismusmaschinerie in Ho Chi Minh Citys Travellerzentrum generell goutiert und als durchaus positiv empfunden. Der Backpacker-Zusammenhalt ist in Indochina zwangsläufig hoch, aktuelle reisetechnische Information essentiell und infolge rascher tiefgreifender politischer Veränderungen auch von ausgabemäßig neuen Reiseführern nicht zu bieten.

2.4. Billigtourismus in Bangkok, Jakarta und Ho Chi Minh City: Eine zusammenfassende Darstellung

Bangkok als langjährig-traditionelle (billig)touristische Agglomeration, *Jakarta* mit ähnlich langer Tradition aber weitaus geringerer landesausstrahlender Bedeutung und schließlich *Ho Chi Minh City*, die Stadt mit der zweifellos jüngsten individualtouristischen Tradition und nichtsdestoweniger erheblichen Relevanz für die AT-Erschließung ganz Indochinas: Drei Fallbeispie-

[206] Nach KOTTE (1992) beträgt der durchschnittliche Monatslohn eines vietnamesischen Arbeiters 1991 etwa 20-35 US-$ - eine Summe, die ein AT-Betrieb 1991 allein durch die Bereitstellung eines einzigen illegalen Travel Permits umsetzt. Zum Vergleich: Selbst in einem preislich höherrangigen 'Traveller-Restaurant' kostet eine dreigängige Mahlzeit selten mehr als umgerechnet 1 US-$ (die im Gegensatz zu obengenannten Graumarkttätigkeiten auch in der inflationären Landeswährung *Dong* bezahlt werden können)!

le, deren einzige Gemeinsamkeit zunächst in ihrer Position als metropolitane Zentren im Großraum Südostasien zu liegen scheint. Durchwegs in unmittelbarer Umgebung des kulturellen (Bangkok, Ho Chi Minh City) oder politisch-administrativen Zentrums (Jakarta) gelegen[207], bestehen somit eindeutige Lagevorteile gegenüber internationalen Großhotelanlagen im suburbanen Raum.

Tab.11: *Kao San Road* (Bangkok), *Jalan Jaksa* (Jakarta) und *Pham Ngu Lao Road* (Ho Chi Minh City): Die Basisdaten

	Bangkok	*Jakarta*	*Ho Chi Minh City*
Etabliert seit	70er Jahre	70er Jahre	90er Jahre
Lage	zentral	zentral	zentral
Ausdehnung	1 km^2	600 m^2	100 m^2
Tendenz	Stagnation	Stagnation	stetiges Wachstum
Erwähnung in AT-Reiseführern	ja	ja	nein
Verkehrssprache	Englisch	Englisch	Englisch/ Französisch
Ausprägungsgrad der AT-Infrastruktur	hoch	mäßig	gering

Quelle: Eigenerhebung 1992

Ein Kurzvergleich der drei diskutierten urbanen AT-Zentren streicht jedoch deutliche Parallelen in Entstehung und Ausprägung spezifischer Traveller-Infrastruktur heraus. In sämtlichen Fallbeispielen ist die Bedeutung als (hierarchisch verschiedenrangiger) internationaler Flugknotenpunkt als Entwicklungsanstoß offenkundig, ein selbstverstärkender Effekt, der allerdings von der vergleichsweise unterrepräsentierten AT-Schicht weitgehend unabhängig ist.

Je früher ein AT-Distrikt stadt- und landesinterne Etablierung erreicht, desto eher sind räumliche wie auch inhaltliche Dispersionseffekte in AT-verwandte Wirtschaftsektoren zu erwarten; die anfangs auf (billig)touristische Einrichtungen beschränkte zielgerichtete Traveller-Infrastruktur tendiert mit zunehmender Akzeptanz und fortschreitender Alterung zur Angebotserweiterung auf allgemein touristische Sektoren, die allerdings - wie im Fallbeispiel *Bangkok* deutlich wird - in 'echten' AT-Kreisen auf Ablehnung zu stoßen scheint.
Primäraufgabe der städtischen AT-Kerne scheint somit neben den Standardfunktionen Unterkunft und Verpflegung die Bereitstellung von (landeskundlicher) Information und Hilfestellung

[207] Für eine exakte kartographische Lokalisierung der diskutierten Travelleragglomerationen vgl. SPREITZHOFER 1994a, 235-47

in reisetechnischen Belangen zu sein - auf informeller (illegaler) Basis (Beispiel Vietnam) also volumsmäßig limitierte identische Funktionen, die AT-Zentren in pro-kapitalistischen Nachbarstaaten (Beispiele Thailand und Indonesien) übernehmen. Die jeweilige Staatsform hat somit bestenfalls auf den Grad individualtouristischer Ausprägung, nicht aber auf AT-spezifisches Erscheinungsbild per se ihre Auswirkung. Der Schluß der Existenz einer travellertypischen Einheitskultur liegt nahe, die unabhängig von Förderung, Duldung oder Mißbilligung durch Regierungssysteme ihre landestypische Ausformung findet.

Tab.12: *Kao San Road* (Bangkok), *Jalan Jaksa* (Jakarta) und *Pham Ngu Lao Road* (Ho Chi Minh City): Funktionsanalyse im Vergleich

Infrastrukturleistung (Einheiten)	*Bangkok*	*Jakarta*	*Ho Chi Minh City*
Unterkunft	9	8	5
Verpflegung	21	7	4
Reisebüros	21	-	-
Bücher/Kassetten	5	-	-
Wäscherei	1	-	4
Foto/Copy-Shops	4	1	1
Souvenirläden	19	1	-
Banken	10	1	-
OSC-Office	3	1	-
Spital/Arzt	4	-	-
Juwelier/Goldschmied	6	-	-
Optiker	1	-	-
Friseur	1	-	-
Boutique/Schneider	27	7	-

Quelle: Eigenerhebung 1992

Ob West oder Ost, ob Vietnam oder Thailand, die travellertypische Menupalette Südostasiens bleibt grenzübergreifend gleich und variiert nur abhängig von AT-Tradition und Grad der Nachfrage; Kriterien, die selbstredend auch auf die Zusatzfunktionen *"informing"*, *"washing"*, *"fooding"*, *"renting"* und *"selling"* zutreffen, die mit längerer AT-Tradition, damit verbunden höherem AT-Aufkommen ('Guest'-Seite) und verstärkter Konkurrenz auf Anbieterebene ('Host'-Seite) mit hoher Wahrscheinlichkeit von AT-zielgerichteten Unternehmen wahrgenommen werden. Je länger die individualtouristische Tradition eines AT-ausgerichteten urbanen Travellerbereiches, desto höher ist der Spezialisierungsgrad einschlägiger Betriebe. Das Beispiel Vietnam beweist die vergleichsweise hohe Wahrnehmung AT-relevanter Funktionen auf privat-informeller Ebene, die in den etablierten Travellerhochburgen (Thailand, Indonesien) zu splitting-Erscheinungen auf funktionaler Ebene führen.

VI. Die interkulturelle Begegnung: 'Arm' trifft 'Arm'?

1. Soziokultureller Wandel als multifunktionales System

1.1. Brennpunkt 1: Fotographieren als Trophäenjagd?

Fernreisen sind Prestigesache - für Pauschaltouristen und Individualtraveller, ob bewußt oder unbewußt. Prestige ist durch Trophäen vermittelbar, Beweise, daß man 'dort' war: authentisches Bildmaterial bietet nach der Rückkehr exotische Impressionen geistig fremder Kulturkreise und erhöht - unabhängig von der Reiseform - Bewunderung, Achtung und Autorität des reisenden Abenteurers. "*Wie von einem inneren Zwang getrieben, sammeln Touristen ihre Reisegewinne*" (PUCHNER 1985, 16).

Der Fotomotivkatalog ist im wesentlichen dreiteilig und zeigt deutliche Orientierung an Aufmachung und Stil von Fotozeitschriften: Neben Landschaftsimpressionen (Traum der unzerstörten Natur) und Gefühlsmotiven (Sonnenuntergänge) sind Menschen das Hauptziel westlicher (Reise-)Fotographen; 'Ziel' im wahrsten Sinne des Wortes, wie der Verhaltensforscher C.ADLER ausführt: Fotographieren ist ein aggressiver Akt, 'Auf-jemand-Zielen' (Speer, Gewehr, Kamera) gilt als bedrohlich (1988, 56f) und macht die ablehnende Haltung Einheimischer zu Fotographen und Fotos verständlich - Fotos, die sie in den seltensten Fällen zu Gesicht bekommen und zumeist in ihrem Sinnzusammenhang auch nicht verstehen können: Alltägliches wird pittoresk (METTNER 1983, 167).

Die bevorzugte Abbildung von 'typischen' farbenprächtigen Vertretern des Volkes (ruraler Arbeitsalltag, Marktszenen) stellt nur einen kaleidoskopartigen Ausschnitt aus dem Alltagsleben in Drittweltländern dar und ist selektiv gesteuert durch Landesimage und Einstellungsmuster Fernreisender. Fotographiert wird das Erwartete, von westlichen Medien Suggerierte, nur in den seltensten Fällen die Realität der westlichen Aspekte Südostasiens: Überlebensgroßen *Mitsubishi*-Plakaten, *Coca-Cola* Neonplaketten oder *McDonald's* Imbißstuben wollten viele entkommen und finden sie doch wieder - die Flucht ist mißglückt ...

Neo-kolonialistische Züge sind unverkennbar: Fotographieren ist eine Form der Besitzergreifung, die ohne Rücksicht auf kulturelle Hindernisgründe erfolgt. *Indonesien* und *Malaysia* etwa sind verfassungsgemäß islamische Staaten, in denen Fotographieren als Seelenraub gilt; wie auch immer, oft genug ist die Seele doch verkäuflich, gegen Geld (oder zumindest das Versprechen eines Erinnerungsfotos) posieren auch die stolzesten Moslems in *Aceh* (Sumatra/ Indonesien) oder *Kota Bahru* (Malaysia) - nur: gefragt werden sie selten und auf Erinnerungsfotos warten viele noch immer vergeblich ...

Fotographieren kann als Versuch gewertet werden, das kommunikative Vakuum zu füllen, mit dem Traveller wie Touristen konfrontiert sind. Der Einsatz der Kamera als Schutzschild gegen das andrängende Neue ist bewährte Praxis, allein das Hantieren mit ihr schützt vor Desorientierung:

> Die Kamera ordnet die Welt um, Fotographieren spiegelt also die Verweigerung von Erfahrung, indem das Neue auf die Suche nach fotogenen Gegenständen beschränkt und Erfahrung in ein Souvenir verwandelt wird. (KIENECKER 1987, 355)

Die Erkenntnisse aus dem Feldforschungsaufenthalt des Autors in Südostasien vermögen die einleitenden Betrachtungen nur zu untermauern. Die Kritik unsensiblen Fotographierens ist für Alternativtouristen zumindest ebenso berechtigt wie für deren Feindbild: "*Gehobene Touristen mit kulturellem Hintergrund und Freaktouristen fotographieren um die Wette*" (BERGMANN/ HAMMANN/OCKENFUSS 1981, 37) - sei es bei religiösen Veranstaltungen der Caodai-Sekte in *Tay Ninh* (Vietnam), bei Begräbniszeremonien der Toraja (Sulawesi/Indonesien) oder Hochzeiten der Karo-Batak in *Brastagi* (Sumatra/Indonesien).

Private Feiern und/oder religiöse Zeremonien bieten fotogene Versammlungen traditionell gekleideter Einheimischer und sind nach Reiseschluß begehrte authentische Beweismittel für die 'Primitivität' der bereisten Kulturen - auch wenn die männliche Dorfjugend nach Ende der Zeremonien wieder in ihre '*stone-washed*' Jeansjacken schlüpfen und auf ihren *Honda*-Motorrädern hochtourig davonbrausen: Dieser Aspekt ist in der heimatlichen Dia-Show nicht mehr vorhanden, fototechnisch relevant ist einzig die Exotik ... "*They were wilder than I expected*" (HANS, 36, NL). ADLER (1988, 79) kommentiert sarkastisch:

> Das Bewußtsein um unsere kulturelle Überlegenheit und die daraus resultierende Selbstüberschätzung lassen uns die Feier wie ein Schauspiel aus einer längst vergangenen Epoche erscheinen. Wir sind die Zeugen, wahrscheinlich die letzten, die dieses Schauspiel miterleben können. Also gilt es zu dokumentieren, was fotographierbar ist.

Die beginnende Vermarktung religiöser Zeremonien ist ein unverkennbarer Trend in Untersuchungsgebiet; je nach (alternativ-)touristischer Tradition und Erschließung ist die zunehmende Praxis von Eintrittsgeldern und Fotogebühren für 'fotogene' Veranstaltungen offensichtlich: Im hinduistisch geprägten *Bali* (Indonesien) - als touristische Destination seit den 30er Jahren historisch erster Anziehungspunkt der Region (DRESS 1979) - hat die regelmäßige, nahezu tägliche Veranstaltung spezifisch-touristischer Zeremonien (gekürzt und vereinfacht) bereits vieljährige Tradition, im Travellergebiet *Toba-See* (Sumatra/Indonesien) finden auf Samosir Island seit geraumer Zeit rituelle Tänze gegen Entgelt statt. Der Verkauf von Eintrittskarten für Hochzeiten und Begräbnisse ist dagegen eine neue Entwicklung und reflektiert die zunehmende Massenhaftigkeit von individualtouristischem Alternativtourismus.

Skrupel hinsichtlich Fotographieren sind unter den Befragten weitgehend unbekannt, für gelungene Aufnahmen mischt man sich durchaus auch unter 'Touristen', um zu 'Pflichtfotos' für die Daheimgebliebenen zu kommen. Interner oder externer Erwartungsdruck?

Gewissensberuhigend wirkt die Auswahl nicht-touristischer Motive, um zumindest partielle Abgrenzung zu den Menschen zu erreichen, "*an deren Bauch eine Kamera baumelt und deren Gesichter von einer Linse verdeckt werden*" (ADLER 1988, 56) - touristische Prototypen, zu denen Alternativtouristen Abstand halten wollen.

(6)

Fotographiert wird nicht die Sehenswürdigkeit, sondern der Bettler davor; nicht die *King Rama-Statue* in Bangkok, sondern die Obdachlosen in ihrem Schatten; nicht das Museum der '*Dutch East India Company*' an Jakartas Segelfrachtschiffhafen *Sunda Kelapa*, sondern die Slums dahinter.
Der Blick der befragten Alternativtouristen beschränkt sich nicht auf 'sights', er geht hinter die Kulissen, ohne Zweifel - nur: Den Slum-Bewohnern ist mit technisch noch so brillanten Aufnahmen nicht gedient. Fotographieren ist eine egozentrierte Handlung auf unterschiedlicher Motivebene.

92,6% aller befragten Alternativtouristen sind zumindest im Besitz einer Kamera, zwei verfügen sogar über mehr als ein Gerät. Die These vom 'reichen' Traveller wird durch das Überwiegen von vergleichsweise teuren Spiegelreflexkameras gestützt, die 53,1% verwenden; nur 39,5% besitzen (billigere) kleinformatige Kompaktkameras. 92,8% aller Kameras wurden in den westlichen Herkunftsländern erworben, der Rest in *Australien* (1,7%) und dem Elektronikparadies *Singapur* (5,5%).

Abb.46: Reisekarriere und Fotographieren I.
Kameraverwendung und Kameramodell

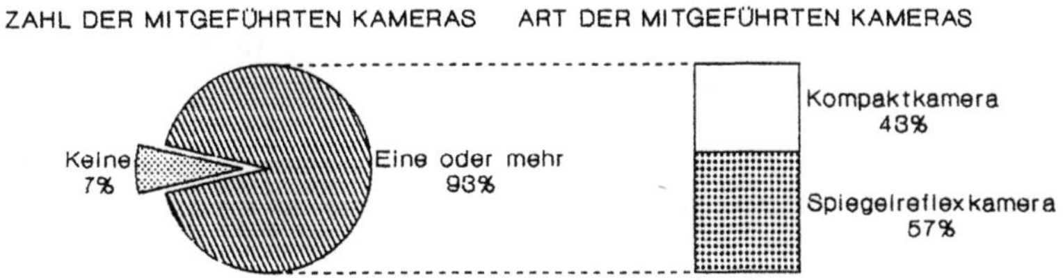

Quelle: Eigenerhebung 1992

Abb.47: Reisekarriere und Fotographieren II. Kameraverwendung und Reisekarriere

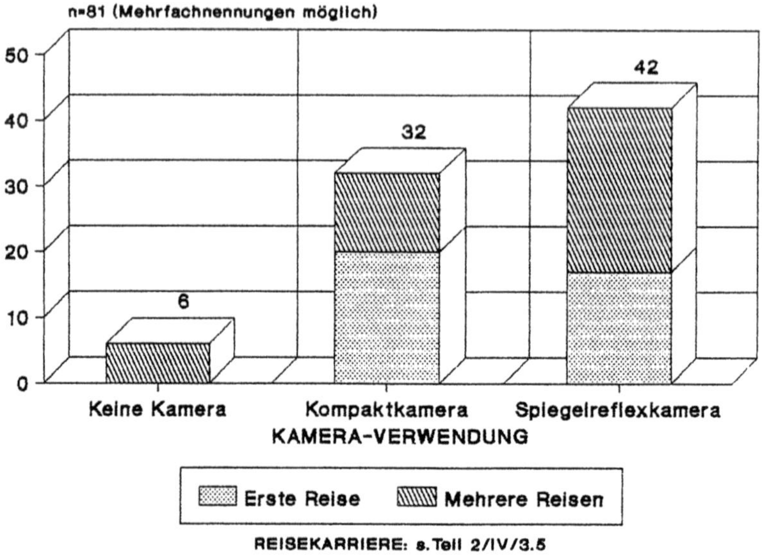

Quelle: Eigenerhebung 1992

Kamerabesitz allein ist jedoch kein Indiz für Dauerbenutzung: Unter den Befragten ergibt sich eine enorme Bandbreite von zwei bis 180 Filme (für jeweils ein Jahr Reisezeit). Professionelle Verwertung des Bildmaterials nach Ende der Reise planen nur drei Befragte, die - im Bewußtsein der inflationären Entwicklung von Südostasien-Diavorträgen - zielgerichtet Exklusivdestinationen wie *Irian Jaya* (Indonesien) ansteuern: Das Geheimtiprad dreht sich unaufhörlich weiter ...

Bemerkenswerte Ergebnisse liefert ein Blick auf den Zusammenhang zwischen Kameraverwendung und Reisekarriere: Während in der Gruppe, die sich auf der ersten mehrmonatigen Alternativreise befindet, die Besitzer von Kompaktkameras noch knapp überwiegen (20 zu 18), indiziert eine Analyse der reiseerfahrenen Gruppe (mehr als eine Alternativreise) eine Polarisierung - Tendenz: Qualitativ besser fotographieren oder gar nicht fotographieren.

Zwei Drittel Spiegelreflexkameras (66,6%) stehen nunmehr ein Drittel Kompaktkameras gegenüber, sämtliche Nicht-Fotographen befinden sich zumindest auf der zweiten AT-Reise und sind großteils im Bereich der 'long-term' Traveller zu finden: Die Mehrzahl hat *"früher"* noch fotographiert, jetzt ist alles bereits *"zu vertraut"*, um noch fotographisches Interesse zu wecken.

1.2. Brennpunkt 2: Hilltribes in Nordthailand - Trekking and Drugs. Ethnotourismus auf Billigbasis

Alternativtouristen und Drogen: Zwei Begriffe, die gemeinhin als eng verwoben gelten und vielfältige, teils historisch bedingte Assoziationen hervorrufen. War die genannte Bindung in den alternativtouristischen Anfangsjahren durch das Hippie-Ideen verpflichtete Travellerpublikum offenkundig, so gestaltet sich eine diesbezügliche Betrachtung der 90er so vielschichtig wie widersprüchlich.

Die folgende multidimensionale Analyse der Situation Nordthailands ist in ihren Kernaussagen auf den gesamten südostasiatischen Untersuchungsraum ausweitbar und reflektiert das Aufeinanderprallen ökonomischer wie ideologischer Interessen und Erwartungshaltungen vor dem Hintergrund soziokulturellen Wandels.

Differenzierbar sind vier Interessensgruppen:

(a) Die thailändische Regierung, verantwortlich für Imagepflege und -schaffung, auf tourismuspolitischer Planungsebene

(b) Die Hilltribes selbst, vermarktet wider Willen

(c) Die Trekkingtouristen, großteils der Gruppe der Alternativreisenden zugehörig[208]

(d) Trekkingagenturen, mit Sitz verstärkt auch außerhalb der Hilltribe-Zentren, auf Vermarkterebene

Abb.48: Interessensgruppen im Hilltribe-Trekking Nordthailands

S <--> HILLTRIBES
T
A <--> TREKKINGAGENTUREN
A
T <--> TREKKER

Quelle: Eigendarstellung

1.2.1. Die Regierung: Drogen als Imageträger?

Hauptaufgabe der staatlichen Tourismusorganisation ist die Pflege und Schaffung von Leitbildern zur Kontrastsetzung zu Regionen mit ähnlichem natur- und sozialräumlichem Profil.Der *TAT*-Werbeoffensive zufolge handelt sich bei Nordthailand um ein "*Shangri-La*", dessen

208 Vgl. DEARDEN/HARRON 1992, 1994

Hauptstadt *Chiang Mai* als "*Rose des Nordens*" apostrophiert wird (CHIANG MAI TOURIST INFORMATION 1992, 2f)[209].

> The Thais are a naturally happy people. Their carefree attitude to life is mirrored in their smiles. From the northernmost provinces to the deep south, smiling faces greet the visitor at every turn. (CHIANG MAI TRAVEL HOLIDAY, 1.6.1992, 28)

'Take it easy' - die Generalwerbelinie der Verheißung von Glück, Schönheit und einfachem Leben findet selbstredend auch für den wirtschaftlich peripheren Rückzugsraum der Hilltribes ihren Niederschlag, indem präindustrielle Stammesverbände als exotische Wilde verkauft werden; aggressiver Ethnotourismus pur als Devisenbringer und Kontrapunkt zum Beach-Tourismus Südthailands.
Die gezielte Tourismusförderung des letzten Jahrzehnts beruht auf folgender Erkenntnis:

> It is not possible to keep apparently distinct minority cultures intact in imposed isolation. Absolute isolation was never a reality and such a policy has never been either an objective of Thai governments or of the highlanders.
>
> (McKINNON/VIENNE 1989, introduction)

Verschlüsselt dargestellt oder gänzlich unerwähnt bleibt eine der traditionellen Haupteinnahmequellen der Hilltribes: Opium. Bestenfalls als überkommene Anbauform am Rande erwähnt (CHIANG RAI TOURIST INFORMATION 1992, 2), bleibt die florierende Drogenproduktion Nordthailands aus 'Heile Welt'- Pamphleten ausgeklammert, die den Mythos *Goldenes Dreieck* auf Nostalgiebasis erfassen und den Bezug zur Gegenwart bewußt nicht herstellen.

> Vor allem die Bergstämme geben der Gegend ein besonderes Gepräge, etwa die Meo, Karen, Yao, Lisu, Lawa, Laku und Akha - jeder mit seiner ureigenen Kultur, Religion, Sprache, Tracht und eigenständiger Lebensweise. Trotzdem sind sie gastfreundlich und heißen in ihren von der Zivilisation noch unberührten Dörfern Besucher gern willkommen. (THAILAND, CHIANG MAI UND NORDTHAILAND. TAT 1992, 9)

Außer lapidaren Randbemerkungen deutet nichts auf das Vorhandensein eines massiven Drogenproblems hin: "*... avoid narcotics, both during travel and at hilltribe villages. There are severe penalties for such usage*" (CHIANG MAI TOURIST INFORMATION 1992, 8). Eine milde und sehr halbherzige Lösung der Problematik[210], die Thailand - auch auf Grund weitgehend fehlender Exekution bestehender Gesetzesmöglichkeiten - verglichen mit den ASEAN-Nachbarstaaten des Untersuchungsraumes zum Drogen-Dorado macht. Allein im Hilltribe-Bereich wurden 1988 auf nahezu 5.000 ha Opium produziert (BANGKOK POST, 21.1.1990)!

In Malaysia und Singapur steht auf Drogenkonsum die Todesstrafe, und auch in Indonesien reicht der Strafrahmen für derartige Delikte von einem Jahr Haft bis zur Todesstrafe.

---

209 Aus der TAT-Reihe "*Exotic Thailand. See more of the country, meet more of the people*"

210 Auch die Anfang 1992 angelaufene länderübergreifende Antidrogenkampagne der 'Golden Triangle'-Staaten (*Laos, Myanmar, Thailand*) beinhaltet außer Absichtserklärungen keinen konkreten Maßnahmenkatalog (BANGKOK POST, 15.3.1992, 4).

1.2.2. Die Hilltribes: Drogen und Völkerverständigung?

75% der Fläche Nordthailands sind als Hügelland (500-2.500 m Sh.) klassifizierbar, besiedelt von den '*Hilltribes*', dem gängigen Überbegriff für 23 ethnische Minderheiten, die durch den traditionell praktizierten Brandrodungsfeldbau für ökologisch bedenkliche Erosionserscheinungen verantwortlich gemacht werden.[211]

Die regierungspolitisch motiviert verschleierte Reduktion der Hilltribes auf Drogen ist nach TURNER/ASH (1975, 268) als gezielte Fortführung der staatlichen Werbelinie interpretierbar: Primitivität, Glück und einfaches Leben werden nachgefragt und müssen daher dargeboten werden - zumindest werbesprachlich.

Drogen mögen in den Industrieländern als 'in' und 'alternativ' im weitesten Sinn gelten, in den Ländern der Dritten Welt bedeutet Drogenkonsum dagegen Rückständigkeit, beschränkt auf Tribes und agrarische Subsistenzgesellschaften. Die Nachfrage nach Drogen bedeutet für Autochthone gehobener (Bildungs-)Schichten demnach die Imitation von verachtetem Überkommenem; dieser Aspekt ist in konsequenter Fortführung des Gedankens auf sämtliche Ziel- und Motivationsgruppen des Ethnotourismus anwendbar und scheint der Völkerverständigung auf Travellerebene keineswegs förderlich. Das gesuchte Urtümliche existiert, zweifellos, doch nicht länderübergreifend und flächendeckend wie allgemein suggeriert: *Falco*-Songs als Bordmusik klimatisierter Luxusbusse ist die andere Seite der Realität ...

Die "*Kulturdistanz*" (ADLER 1975, 246) zwischen Hilltribes und Alternativtouristen ist gewaltig, zwar anders gelagert, doch um nichts geringer als bei einer Begegnung mit pauschalreisenden Gruppentouristen. Die erstrebte beidseitige Solidaritätsbekundung von gleich zu gleich - hier arme Traveller, da arme Einheimische, dort die reichen Touristen - muß unterbleiben, zu groß sind die Unterschiede zwischen Reisenden und Bereisten, kaum wahrnehmbar die selbst errichtete Distanzwand mit eigendefinierten Abgrenzungskriterien zu "*Neckermännern*".

> *The farang[212] were always so dirty from the bad road. I felt sorry for them.*
> (SOMCHAI, 24, *HMONG*-Tribe)[213]

> *Some farang look like ghosts, they cut their hair in strange ways ... Most farang are alright ... It is good if they come to this village because I can sell embroidery.*
> (MOI-BU SEWA, 28, *YAO*-Tribe)[214]

Die ökonomische Anpassung scheint somit rascher durchgeführt, als eine Kluftüberbrückung zwischen Host und Guest überhaupt ansatzweise möglich ist.

---

211 124.000 ha Wald werden dieserart jährlich vernichtet. (BANGKOK POST, 21.1.1990; ACHAKULWISUT 1992)

212 '*Farang*' bedeutet 'Fremder' und ist eine Ableitung des Thai-Begriffes für Franzosen ('*farangset*').

213 Quelle: BOYES/PIRABAN 1988, 31

214 Quelle: BOYES/PIRABAN 1989, 41f

1.2.3. Die Trekker: Drogen als Reisemotiv?

Drogen als gemeinsames Bindeglied konträrer Kulturen? Angesichts der mehr oder weniger offenen Tips und Empfehlungen in privaten Guest Houses, den Sammelstellen alternativreisender Traveller und Ausgangspunkten von Trekkingtouren mit hauseigenen Guides, liegt dieser Schluß nahe.

Nach außen hin Hüter von Gesetz und Ordnung, lehnen Guesthouse-Besitzer Drogenkonsum offiziell vehement ab - um ihn, umsatzsteigernd, auf den eigengeleiteten Trekkingtouren, durchaus zu tolerieren oder sogar zu pushen: geschäftsfördernde Scheinheiligkeit.

> *WARNING: Possessing or smoking of any drug, especially opium or heroin, is a violation of Thai law. It will also not be permitted on our premises and while you go trekking with our guide.*

Quelle: DUANG GUEST HOUSE, *Pai* (Nordthailand)[215]

Soweit die Ausgangssituation im Tal, die auf unübersehbaren Verbots- und Hinweistafeln jedermann nahegebracht wird. Die Realität, fernab von (wohlwissenden und kollaborierenden) Thai-Behörden, sieht allerdings anders aus, wie ein Blick in das hauseigene "*Book of Recommendations and Complaints*" beweist.

> *Staying with the villagers was amazing. Go there if you want to see 'Another World'. Experience the mountains, the people and the opium. You won't regret it.* (ADRIAN, UK)

> *Trying the opium pipe - ... those who did were quite happy with the experience.* (JOAN, Wales)

Die Darstellung oder Erwähnung von Drogenerlebnissen steht insgesamt an erster Stelle, gefolgt von Eintragungen der Marke "*I had a great time*" und überrascht-verärgerten Kommentaren: "*Some of the children ran away when they saw us*".

Problembewußtsein hinsichtlich Kulturwandel fehlt nahezu völlig, wichtig ist das eigene Erleben und Verhalten in sozial und regional gänzlich unbekannter Umgebung. DEARDEN/HARRONs (1992, 99ff) Studie über das Reiseverhalten individualreisender Trekker in Nordthailand vermag diesen Ansatz zu stützen. In wesentlichen Merkmalszügen als klassische Alternativtouristen einstufbar, definiert COHEN (1979a) Trekker als "*budget, world-traveller, explorer types fringing on the hippy culture*".

Die Trekking-Motivation dieser Grupe - etwa 100.000 pro Jahr (DEARDEN/HARRON 1992, 100) - beruht großteils auf der Attraktivität der Hilltribes selbst (Sehen, Übernachten, Fotographieren). In Verbindung mit anderen Aktivitäten (Rafting, Elephantenritt) verlieren die ersehnten Eindrücke jedoch rasch an Bedeutung und relativieren somit die These vom landeskundlich überdurchschnittlich interessierten, problembewußten Alternativtouristen.

---

215 Quelle: Eigenerhebung

Eintragungen wie die folgende sind Raritäten und keineswegs repräsentativ für alternativtouristisches Durchschnittsdenken:

> In Chiang Mai and the north it is clear how rapidly culture can be destroyed by excess tourism, and above all disrespectful attitudes towards hilltribe culture. If you do not want to alterate the people more than you already do by being there, ... at least dress properly. (N.N., CATHAY GUEST HOUSE, HAD YAI)

Drogen als Trekkingmotivation spielen in DEARDEN/HARRONs Untersuchung keine entscheidende Rolle, sondern gelten als integrierender Teil des Trekking-Erlebnisses; auch unter Berücksichtigung der Tatsache, daß die Dunkelziffer der Opium-Tester höher liegen mag, scheint ein Anteil von 7% als Primärmotivation gering; diese Tatsache ist als Übergang zu einer neuen AT-Generation interpretierbar, die - ungleich der Hippie-dominierten Vorgängergeneration der 70er - Südostasienreisen nicht mehr unbedingt mit dem Austesten von (in Industrieländern) verpönten Suchtgiften gleichsetzt, sondern vielschichtige Interessen verfolgen. (Versuchsweiser) Drogenkonsum gehört für viele dazu ...

Dominant sind egozentrierte Interessen in einer alternativtouristischen Scheinwelt, in der weder für Einheimische ('Die Kulisse') noch für andere Touristen ('Das Feindbild') Platz ist. Selbstfindung geht vor Kontakte, Gruppenerlebnisse vor Eigeninitiative - die individuelle Begegnung mit Angehörigen der Hilltribes wird von Individualtouristen zumeist gescheut.

1.2.4. Die Trekkingagenturen: Makler der Authentizität?

Trekkingagenturen fällt in der Regel die Mittlerrolle der interkulturellen Begegnung zu: *"I never do organized tours, but in this case you have to"* (JOAN, 23, GB) - diese Feststellung scheint symptomatisch und kann als Erklärung für die gigantische Nachfrage und den damit verbundenen Boom an Trekking Offices herangezogen werden.

In *Chiang Mai*, Thailands zweitgrößter Stadt und Zentrum des Trekkingwesens[216], stieg die Zahl der Trekking-Agenturen von rund einem Dutzend (1977) über 54 (1985) auf weit über 100 Anfang der 90er Jahre,[217] die ein bis sechstägige Touren in ganz Nordthailand organisieren; dazu kommen noch unzählige lokale Anbieter vor Ort.

Die von Trekkern allgemein positiv perzipierte Rolle der Trekking-Agenturen[218] stößt in der Tourismuskritik jedoch nicht auf ungeteilte Zustimmung: Guides, wie Tour Operators, agieren in den Dorfgemeinschaften als "*cultural brokers*" (HARRON/WEILER 1992) und fungieren somit als Makler der Hilltribe-Kultur. Oft nur Außenseiter in den präsentierten Dörfern oder überhaupt außenstehend, bewahren sie die Trekkingteilnehmer vor mühsamer Kontaktaufnahme und initiieren die klischeehaft erwarteten Vorgänge:

---

216 Die Tourismuseinnahmen der Stadt werden auf 5 MIO US-$ jährlich geschätzt (GRAY 1989).

217 1992 sind 80 Trekking Agencies staatlich registriert und scheinen in den offiziellen Touristenbroschüren auf, eine unbestimmte Zahl ist illegal tätig. Quellen: CHIANG MAI TOURIST INFORMATION 1992 (TAT); DEARDEN/HARRON 1992; Eigenerhebung 1992

218 Vgl. DEARDEN/HARRON 1992, 1994

> Trekking agencies offer their customers an 'opium experience' while on the trail and provide opportunities for 'authentic photographs' by getting tribesmen to smoke their opium pipes or engage in courtship rituals. (GRAY 1989)

Authentizität für Alternativtouristen ist somit ein ökonomisch motiviertes Produkt, das im Schneeballprinzip Devisen bringt und in weiterer Folge neue Interessentenmärkte erschließt.

Den Trend erkennend, wurde das 'Angebot' Hilltribes - Hauptattraktion in der Explorer-Phase - um Rafting und Elefantenritterlebnisse bereichert. Der Durchschnittstraveller der 90er goutiert das modifizierte Angebot, findet das Preis-Leistungsverhältnis[219] (etwa 100 US-$/3 Tage) ausgewogen (DEARDEN/HARRON 1992, 100f; SEEWUTHIWONG 1989, 412) und empfiehlt die Tour weiter: An Freunde und (Reise-)Bekannte, eventuell durch Zuschriften an Individualreiseführerverlage.

Tab.13: Ethnotourismus in Nordthailand II: Die Trekkingbewertung[220]

Frage: '*How do you feel about your trekking experience?*'

Trekking...	*Strongly agree*	*Agree*	*Neutral*	*Disagree*	*Strongly disagree*	*No response*
is enjoyable	54	43	3	0	1	0
is worth the $ spent	44	36	5	5	1	0
is touristy	13	40	24	20	3	1
is risky	1	19	13	49	17	0
is a good experience	58	40	3	0	0	0
is exhausting	14	22	17	39	7	1
exploits hilltribes	4	39	25	26	3	1
is a way to see remote areas	33	53	8	4	1	1

Quelle: DEARDEN/HARRON 1992, 101

Nordthailand befindet sich zur Zeit in einer Übergangsphase zu beginnendem Pauschaltourismus, was die Speerspitzenfunktion der Alternativtouristen der frühen 70er zu untermauern vermag. Wichtigstes Unterscheidungskriterium der Trekkingagenturen ist die touristische Unberührtheit der 'speziellen' Dörfer dieses Veranstalters. Keinen anderen Touristen zu sehen - vielfach sogar mit Geldrückgabegarantie verbunden - scheint Beweis für die Authentizität des Gesehenen und die Originalität des eigenen Tuns zu sein. Und mehr scheint nicht gefragt ...
Die folgende Auswahl von Werbeslogans[221] der Trekkingagenturen Nordthailands ist repräsentativ für die generelle Werbelinie einer Region, die in hohem Maße von der Vermarktung ihrer Ethno-Minderheiten lebt:

---

219 Vgl. Teil 2/IV/3.4: Zahlreiche Langzeit-Traveller meiden Nordthailand aus budgetären Überlegungen.

220 Je nach Fragestellung liegt die Befragtenzahl dieser Untersuchung zwischen 100 und 300.

221 Quelle: Eigenerhebung 1992; Es handelt sich um Originalzitate ohne sprachliche Richtigstellung.

PINAN TOURS, ***Chiang Mai***

Trekking to remote and non-tourist areas (guarantee 100%)
Experienced and friendly guides
Excellent food

FOLKWAYS TREKKING, ***Chiang Mai***

Money back guarantee, no other tourist groups in our areas
Motorcycle trekking to all kinds of hill-tribes - much more fun than usual treks

NORTH STAR TOUR, ***Chiang Mai***

Extraordinary trek to real primitive tribes of North Land
We lead to go far from civilization
Guaranteed quite different from other commercial trek

WING, ***Chiang Mai***

Come and enjoy the charm of Northern Thailand at, its best as you delight in the unique culture and customs and its gentle gracious people

MARKES, ***Chiang Mai***

This trip most be authentic way to see the life of tribes we guarantee for million per cent

LONGNECK VILLAGE CONTACT CENTER, ***Mae Hong Son***

We are not going to trek for picnic. Our purpose is to get touch with the beauties, the hilltribe who will give you something interesting to answer practically

2. Alternativtourismus und Völkerverständigung: Jahrmarkt der Ideale

Zweckmäßig erscheint eine Dreiteilung der Betrachtung, die die Beziehung zwischen Einheimischen, Alternativtouristen und pauschalreisenden Gruppentouristen illustrieren soll.

Abb.49: Tourismus und seine Berührungsebenen

Einheimische

/ \

Alternativtouristen — *Pauschaltouristen*

Quelle: Eigendarstellung

2.1. Ebene 1: Einheimische contra Alternativtouristen

Rucksacktouristen nehmen in der Regel das Vorrecht in Anspruch, die besseren Reisenden zu sein - um jeden Preis, in jeder Hinsicht: Zum einen durch 'angepaßtes Reisen' mit intensivem Kontakt zur einheimischen Bevölkerung, zum anderen durch bewußte Abgrenzung zu Pauschaltouristen, die generell als Personifizierung neo-kolonialer Verhaltensmuster hauptverantwortlich für soziale und ökonomische Wandelprozesse in Drittweltländern gemacht werden.

Bei tiefergehender Betrachtung erweisen sich die idealisierten Vorstellungen allerdings als Illusion, die Thesengebäude zur Stützung des alternativtouristischen Hierarchieschemas (gut <-> böse) als brüchig. Reiseart und -budget mögen unterschiedlich sein: Gleich bleibt jedoch der soziale Hintergrund, der quasi als Netz und Rettungsanker fungiert; (extremes) Billigreisen ist meist eine Sache des Wollens und nicht des Müssens, keine Zwangssituation, sondern selbst auferlegter Reisestil.

Ebenfalls gleich bleibt die soziale Herkunft: Unabhängig von Reisemotivation und -ideologie sind die Industriestaaten westlicher Prägung die Quelländer des Ferntourismus.

Als gleich erweisen sich somit auch die Vorstellungsbilder und Images, die mit den Zielländern verbunden werden. Klischees sind gesellschaftlich beeinflußt und latente Begleiter der Erwartungshaltung Reisender - egal ob Rucksackträger oder nicht. *"The people are so friendly"* (ANN, 27, USA), außerdem wirken sie *"glücklich und fleißig"* (JEANETTE, 30, CH).

Wie in der vorangegangenen allgemein gehaltenen Diskussion angeklungen[222], tendieren Klischees im Reiseverlauf eher zur Verfestigung denn zur Auflösung. Die vorliegende Feldstudie zeitigt ähnliche Ergebnisse: Sowohl konkret angesprochene wie auch indirekt offensichtliche Wahrnehmungsmuster - bezüglich der gegenwärtigen Reise oder auch im Rückblick auf vorangegangene Reisen - ergeben eine deutliche Dominanz von schablonenhafter Perzeption, die der stereotypbeschönigenden Darstellungsweise von Reisekatalogen höchst ähnlich ist und die synthetische Absonderung von 'Normaltouristen' ad absurdum führt.

Dennoch, so parallel Motivstrukturen und Vorstellungsmuster Südostasienreisender auch sein mögen, so unterschiedlich erweisen sich vielfach Reisestil und touristisches Selbstverständnis. Das Mißverständnis ist beiderseitig: Auch wenn die Alternativtouristen der 90er nur mehr in den seltensten Fällen dem Hippie-Schema der Anfangsjahre entsprechen - *"long-haired, work-shy, promiscuous, drug-taking degenerates"* (TURNER/ASH 1975, 255) - bestätigen sie doch allein durch ihre Anwesenheit das Klischee einer erstrebenswerten Lebensweise in einer besseren, sorgenfreien Welt[223]:

Jung und reich, im Besitz von Luxusgütern (Kamera, Walkman), leben sie *"according to the subterrenean values of hedonism and individual expressivity"* (TURNER/ASH 1975, 256) und werden zum Vorbild der gleichaltrigen, jungen Bevölkerung der Länder der Dritten Welt.

---

222 Vgl. Teil 1/IV/3.1.4.

223 Vgl. auch EMMONS 1992, 32

> Reisende, zumeist jüngere, neigen zu der Ansicht, daß sie überall und jederzeit im fremden Land willkommen sind. Literatur, die von der grenzenlosen Gastfreundschaft einfacher Menschen in abgelegenen Regionen schwärmt, tut ein übriges, um diesen Irrglauben zu verfestigen. (MALETZKE 1986, 29)

Umso größer ist das Erstaunen, wenn der erwartete 'Normalfall' (= bedingungslose Gastfreundschaft) nicht eintritt. "*Es war eigenartig, die sind nur herumgestanden und haben geschaut. Keine Spur von Freundlichkeit*" (ANDREAS, 26, A) - ein selbstverstärkender Effekt, der vor allem in den Anfangsjahren des Rucksacktourismus die Ausbildung von Travellerenklaven in alternativtouristisch toleranten Gesellschaften ermöglicht und gefördert hat.

> Seine und nur seine ökonomischen Verhältnisse bestimmen, wohin er reist und wie lange er sich die Gastfreundschaft angedeihen läßt - auf die er im Prinzip gar nicht angewiesen ist. Sein und nur sein Ego wird aufgepäppelt, wenn er ... vollbeladen mit exotischen Erlebnissen und Souvenirs die Heimreise antritt. (FEHR 1986, 49)

Zweifellos höher ist in der Regel die Kontaktintensität zwischen Einheimischen und Travellern; diese bleiben im Normalfall länger an einem Ort, nützen die landeseigene Infrastruktur und weisen durch die gesamt höhere Reisedauer generell eine größere Zahl von Sozialkontakten mit autochthoner Bevölkerung auf - eine Globalaussage, die allerdings einer Relativierung bedarf: Auch bei summiert höherer Kontaktzahl bleibt die Tatsache, daß jede interkulturelle Kommunikation einer gemeinsamen Kommunikationsbasis bedarf - im Falle Südostasien der Verkehrssprache Englisch, da die Kenntnis der jeweiligen Landessprachen in Backpackerkreisen selten über grundlegende reisetechnische Phrasen hinausgeht. *Berapa harga? Mahal*[224]...

Die Zahl potentieller Kontaktpartner ist somit bereits drastisch begrenzt[225] und umfaßt im wesentlichen Arbeitnehmer der AT-Infrastruktur (Souvenirhändler, Guides, Reisebüroangestellte, Kellner, etc.), Tourismusinvolvierte also, deren Kontakte zwangsläufig geschäftlicher Natur sind.

> *"Avoid KUTA Beach! You, the traveller, are there to service the locals, i.e. buy their stuff, fill their vans, eat their shit, sleep on old, disused matresses."*
> (Book of Recommendations and Complaints, Had Yai, Thailand)

Sie werden oftmals zu Repräsentanten der Gesamtbevölkerung, die in den Nimbus der aufdringlichen Lästigkeit verfällt:

"I can't stand them any more." (PAUL, 26, USA)

"Wenn die Leute dauernd was von mir wollen, ist das kein Urlaub für mich." (GERALD, 24, A)

Unmittelbare Folge sind Isolation und Segregation in den Schutzzonen der einschlägigen (Billig)Infrastruktur.[226] Die überwältigende Mehrheit der Bevölkerung erscheint als farbenfrohe

224 Vgl. Bahasa Indonesia (Landessprache): *Wieviel kostet es? Zu teuer ...*

225 Von 81 Befragten geben nur fünf an, bei einheimischen Freunden/Bekannten ohne Bezug zur AT-Infrastruktur gelebt zu haben.

226 Vgl. Teil 2/IV.II

Kulisse, imagegerecht und anonym; Blickkontakte enden in beiderseitiger Verständnislosigkeit, die zu überwinden Alternativtouristen selten willens und Einheimische nicht in der Lage sind.

(7)

"*People were shocked when I just wore a T-shirt.*" (JOSEPH, 33, CAN)

"*Also ich finde es störend, daß die die ganze Zeit den Fernseher anhaben.*" (KARL-HEINZ, 29, D)

Enttäuschte Erwartungshaltung, gepaart mit westlichem Überlegenheitsgefühl, kennzeichnet auch die folgenden Kommentare:

"*Locals always laugh at my shorts.*" (MARK, 24, GB)

"*Irgendwie steckt das alles hier noch in den Kinderschuhen. Die Leute haben Erziehung zu besseren Manieren nötig.*" (ELMAR, 24, A)

2.2. Ebene 2: Einheimische contra Einheimische

Scheitert die Kontaktaufnahme zwischen 'Arm' und 'Reich' - wenn von Alternativtouristen überhaupt angestrebt - an vielfältigen Barrieren sprachlicher und kultureller Natur, so birgt allein das Aufeinanderprallen konträrer sozialer Welten ausreichend Konfliktstoff.

Auch bei noch so langem Aufenthalt in den Travellerenklaven Südostasiens: Nur die wenigsten Billigtouristen werden zu echten 'Aussteigern' mit gänzlicher Verlagerung des Lebensmittelpunktes nach Asien. Das rastlose Weiterziehen auf der Suche nach neuen Paradiesen liegt im Wesen des Rucksacktourismus - was bleibt, sind kaleidoskopartige Einblicke in unbekannte Welten, meist zusammenhanglos, doch umso eindrucksvoller. Die Einschätzung als Landesexperte unter Daheimgebliebenen steigert den Prestigewert und führt in weiterer Folge zum Selbstverständnis als Südostasienkenner: Oft schon aufgrund weniger Wochen Aufenthalt in einem Land.

Anders gestaltet sich die Situation entlang der Travellerachsen Südostasiens, an denen Einheimische Tag für Tag, in stetig steigendem Ausmaß, mit den Erscheinungen des Billigtourismus konfrontiert sind: Neue Gesichter, doch konform in Ansprüchen und Erwartungen, denen es zu entsprechen galt. Die Adaption an die Erfordernisse von massenhaftem Rucksacktourismus war nur eine Frage der Zeit und des persönlichen wie finanziellen Engagements.

In urbanen Zonen breit gefächert über eine Vielzahl von Profiteuren aus dem Alternativtourismus, ist die Zahl Tourismusinvolvierter im peripheren Raum begrenzt. Die Betreiber billigtouristischer Einrichtungen sind allzu oft im Besitz einer Monopolstellung, was in vormals weitgehend intakten Dorfgesellschaften zu Spannungen und Aggressionen nicht zuletzt gegen die Backpacker selbst führt. Das entstehende Zweiklassensystem stößt auf Kritik seitens der (meist schweigenden) Mehrheit, die als lebende Kulisse fungiert und über die Rolle als ungefragtes und unbedanktes Fotoobjekt nicht hinauskommt.

Ethnonepp pur also auf Kosten gutgläubiger Rucksacktouristen, die für die Erforschung unbekannt dargestellter Kulturen - mit Guide, sicher ist sicher - Summen im Ausmaß von Halbjahreseinkommen (im Landesmaßstab) auszugeben bereit scheinen und dennoch die Eigeneinschätzung des Billigreisens aufrechtzuerhalten imstande sind.

Beispiel 9: ***Moni/Flores (INDONESIEN)***

Ein geschäftstüchtiger Truck-Besitzer organisiert seit 1990 'sunrise-tours' zum Gipfel des Vulkans *Kelimutu.* Der Preis beträgt für die Auffahrt 2.500 Rp./ Person[227], weitere 2.500 Rp./Person für die Abfahrt, auf der der Truck auch als Bambustransporter und Verkehrsmittel für Einheimische dient - der 'local price' beträgt allerdings nur 250 Rp./Person (!). Kommentar eines Losmenbesitzers: *"That's too much. But you can't do anything."* Grundloser Neid?! Der Truck transportiert täglich 30-40 Individualreisende bergwärts, was - nur unter Berücksichtigung der Bergfahrt - einem Wocheneinkommen von etwa 700.000 Rp. entspricht: Das Zehnfache eines Flughafenoffiziers einer Spezialeinheit, bei einem Arbeitsaufwand von täglich drei Stunden ...

"It's a great experience, you shouldn't say that one day is ten dollars for sitting in the jungle doing nothing" (SCOTT, 23, USA) - die finanzielle Komponente ist allgegenwärtig, der Spargedanke um jeden Preis wird für 'Exklusives' jedoch kurzfristig verdrängt. Den Ego-Trip zur persönlichen Horizonterweiterung lassen sich auch eingefleischte Billigreisende Summen kosten, die für die derart Tourismuszwangsbeglückten unvorstellbar sind und deren Identität zum einen nachhaltig gefährden, zum anderen ohne adäquaten Nutzen bleiben: Die Ethno-Einnahmen gehen in die Kassen von Agenturen und Privatguides.

227 Zur Umrechnung: 1.000 Rp.= ca. 6,5 ATS

Beispiel 10: ***Siberut Island/Sumatra (INDONESIEN)***

Selbsternannte Guides belagern die AT-Zentren *Padang* und *Bukitinggi*, die Ausgangsorte für Siberut-Treks, mit eigenverfertigten Informationsbroschüren über Trips zu den "*Steinzeitmenschen*". Der Preis ist hoch (100 US-$) und beinhaltet eigentlich nur die Führer-Gebühr für 10 Tage; angeratene Geschenke für die *"primitive people"* (Originalzitat) sind Zigaretten und Süßigkeiten, verkappte Eintrittsgebühren, ohne die die mit Alternativtouristen beglückten Inselbewohner "*very angry*" würden, was wiederum *"very dangerous"* werden könnte ...

"I'm happy I was there now before the tourists come.[228] Und: "*They were wilder than I expected*" (HANS, 36, NL). Besonders in Erinnerung blieben die abendlichen Lagerfeuergesänge in englischer und deutscher Sprache - bezeichnend für den effektiven Tiefgang derartiger Konfrontationen zweier Welten ...

Beide Beispiele zeigen deutlich die Diskrepanzen und tiefgreifenden Folgewirkungen von Alternativtourismus auf: Eine flexible, sprachgewandte Elite versteht es, die Touristenströme zu lenken und zu binden, während das Gros der Bevölkerung zwar die Weiterentwicklung mitzutragen hat, ohne jedoch davon sozial oder wirtschaftlich zu profitieren. Die Folge ist eine permanente Auseinanderentwicklung Involvierter und Nichtinvolvierter, die bis zum Feindbild 'Guest-House-Besitzer' ausufern kann: "*Be careful with your belongings, there are many bad people in this village*" - die Identifikation Einheimischer im AT-Business geht eindeutig in Richtung westlicher Traveller, nach Überzeugung des Autors nicht nur aus Motiven der Geschäftssicherung.

Wenn schon Touristen, dann westliche - das scheint der Tenor angesichts des beginnenden Binnentourismus innerhalb Südostasiens, der vorwiegend Jugendliche aus sozial höheren Bildungsschichten auf die Spuren westlicher Rucksacktouristen treibt. Diese Entwicklung ist nicht zuletzt eine Folge der alternativtouristischen Vorbildwirkung und zum anderen - hinsichtlich der Routenwahl - in Zusammenhang mit der Dominanz der in Südostasien allseits erhältlichen LP-Produkte bei gleichzeitigem Fehlen adäquater Reiseführer in den jeweiligen Landessprachen zu sehen.

> Indonesian people make lots of rubbish and throw everything away. European people take small things with them and don't use cassette recorders in the jungle.

Diese Charakterisierung des unterschiedlichen Reiseverhaltens durch einen Mountain-Guide am *Mt.Rinjani*/Lombok (Indonesien) fand der Autor oftmals bestätigt. Während westliche Alternativtouristen vielfach als solche akzeptiert scheinen, stoßen asiatische Billigtouristen großteils auf vehemente Ablehnung, verkörpern sie doch die enormen internen Disparitäten Südostasiens. Das Phänomen des Billigreisens durch Angehörige von Industrienationen ist asienweit akzeptiert; für ähnliche Aktivitäten Einheimischer fehlt jedoch vorerst jedes Verständnis.

[228] Anmerkung des Autors: Nahezu identische Kommentare vernahm der Autor bereits auf einer Südostasienreise 1990.

2.3. Ebene 3: Touristen contra Touristen

Während das Schlagwort der Völkerverständigung weder für die interkulturelle Begegnung (Alternativtouristen <-> Einheimische) anwendbar ist noch auf das Zusammenleben wie die Sozialstruktur der Bereisten positive Auswirkungen zeitigt, eröffnet sich zumindest in der innertouristischen Begegnung die kleine Chance, länderspezifische Vorurteile abzubauen: "*Der Klaus ist eigentlich ganz nett, obwohl er ein Piefke ist*" (ELMAR, 24, A).

Die gegenseitige Abhängigkeit voneinander bewirkt ein enormes Zusammengehörigkeitsgefühl unter Travellern, die oft außer Reiseform -und zielen wenig gemeinsam haben und verschiedenstem sozialen und kulturellen Hintergrund entstammen. In der Rolle als Informationsquelle und Ansprechpartner in einem, erfüllem gleichgesinnte Rucksackreisende eine Vielzahl an Funktionen; Kontakte innerhalb Angehöriger ähnlicher Kulturkreise gestalten sich - aufgrund gemeinsamer Reiseinteressen sowie geringer sozialer und sprachlicher Barrieren[229] - bei weitem intensiver und tiefgehender als interkulturelle, einseitig gewünschte Begegnungen mit der Lokalbevölkerung.

Die vielfach an den Tag gelegte Segregationstendenz zu der ansässigen Bevölkerung zeigt oft genug ritualisierte Züge, das gewünschte Kennenlernen von 'Land und Leuten' geht meist über Streifzüge in das Umland von 'sicheren' AT-zentren nicht hinaus - stundenweise und tageweise, nur selten länger, meist in Begleitung von Reisepartnern auf Zeit.[230]

Derartige Kontakte mögen zeitlich auf die Reisedauer beschränkt sein und auch bei beabsichtigtem Briefkontakt nach der Rückkehr nur mehr eine Weile andauern; dennoch handelt es sich dabei um die Form der Völkerverständigung, die durch Fernreisen noch am ehesten begünstigt wird.

3. Focus Alternativtouristen: Selbstverständnis und Selbstkritik

Keine Annäherung der erstarrten Fronten eröffnen Dritt-Welt-Reisen in der Konfrontation zwischen Pauschal- und Alternativreisenden.

> "*Asia is different. People don't know the difference between traveller and wealthy tourist.*" (JOSEPH, 33, CAN)

Während, wie auch nach der Reise unverändert, bleibt die Eigeneinschätzung als 'besserer', weil landesverträglicher reisender Traveller, der durch längere Reise- und Aufenthaltsdauer tiefere Einblicke in die südostasiatische Gesellschaft für sich reklamiert. "*Die neo-elitäre Selbsteinschätzung der antibürgerlichen Alternativtouristen ähnelt der Selbsteinschätzung ihres gesellschaftlichen Widerparts verblüffend*" (PRAHL/STEINECKE 1981, 250).

---

229 Vgl. Teil 2/IV/2.2.
230 Vgl. Teil 2/IV/3.3.

Von wenigen Ausnahmen abgesehen bekennen sich die Befragten dieser Studie nicht zur Touristenrolle und erklären sich damit für die negativen Konsequenzen des Drittwelttourismus nicht verantwortlich - Konsequenzen, die zwar klar erkannt, nicht aber mit dem Rucksackreisestil in Verbindung gebracht werden: "*Die Touris machen alles kaputt*" (KLAUS, 39, D).

Dieser Kritikpunkt schließt Traveller zunächst nur marginal ein; erst bei massenhaftem Auftreten wird auch aus AT-Kreisen vereinzelt Kritik laut, die jedoch stets nur die Quantität, nicht aber das Phänomen Rucksacktourismus selbst in Frage stellt. Backpacking lebt von Trendsettern, und Trendsetter leben vom Backpacking[231] - jede fundierte Kritik wäre somit geschäftsstörend und ökonomisch kontraproduktiv, geeignet, die anlaufende Maschinerie Alternativtourismus zumindest ins Stocken zu bringen. Erkenntnisse wie folgende bleiben daher Einzelfälle:

> "*If you 'discover' a magical place or an off-the-beaten-path way, keep it to yourself ... If you post a note into a book that no one goes there, everyone will.*"

Und:

> "*... I'm from the US ... I realize that my country is responsible for immeasurable oppression and suffering in the Third World through the dictators we prop up and the wars we sponsor.*" (Book of Recommendations and Complaints, Had Yai, Thailand)

231 Vgl. Teil 2/V.I./1-3

VII. Alternativtourismus und seine Kritik: Das Scheitern einer Illusion?

Entzündete sich in den 70er Jahren die Hauptkritik am Reiseverhalten und Lebensstil der Hippiebewegung in ihren "*marginal paradises*" (COHEN 1982), so erweiterte sich mit der Aufweichung des ursprünglich gesellschaftlich-eindimensionalen Zielpublikums auch die Kritikplattform.

"*Travellers being primarily concerned with relaxation, drugs and having a good time in their own company, rather than with the native people and their culture*" (COHEN 1989b, 132) - der Vorwurf fehlender Völkerverständigung und authentischen interkulturellen Kontakts, erklärtes (theoretisches) Ziel und Grundlage individualtouristischen Reisens, wird in den späten 80er Jahren zum Kernpunkt tourismuskritischer Literatur aller Lager.

> ... these young people, coming from affluent societies and exploring the Asian world in an unstructured manner, tend to follow fairly well-defined patterns and trails which are ultimately as, if not more damaging as those of the mass tourist they so readily despise. (ROEKAERTS/SAVAT 1989, 43)

Der kontinuierliche Aus- und Aufbau AT-spezifischer Einrichtungen bewirkte im Lauf der letzten beiden Jahrzehnte verstärkte (Alternativ-)Kommerzialisierung nicht nur in den westlichen Quelländern, sondern führte vielmehr zur Schaffung AT-typischer Infrastruktur zum einen und zur Popularisierung backpackereigener überregionaler Trampelpfade zum anderen: Südostasien als Startzone und Kernregion des Dritt-Welt-Backpacking ist in genannte Entwicklung selbstredend zur Gänze involviert.

> ... the free-ranging, adventurous tourist can also have an ambiguous effect on communities otherwise relatively protected from the crasser impact of package tourism. There are now well-publicized alternative tourist routes in South-East Asia ... which bring increasing numbers of visitors to towns and villages outside the large capital cities. Prices for local food, transport and accomodation rise along the alternative tourist track offsetting the new jobs and the extra income earned.
> (SHOESMITH 1983, 18)

Preiserhöhungen auf breiter Basis - eine Entwicklung, die somit keineswegs ausschließlich auf den verachteten Sündenbock 'Pauschaltourist' zurückzuführen ist. Die heutige Massenhaftigkeit der anfänglich durchwegs links-alternativem Gedankengut verpflichteten (kleinmaßstäbigen) Traveller-Szene führt nach BECKER (1990, 587) zusammenfassend zu

* Überlastung der gerade aktuellen alternativen Reiseziele
* Durchsetzen des eigenen Lebensstils
* Ausbeutung traditioneller Gastfreundschaft
* Kommerzialisierung
* Veränderung der Dorfstrukturen

Alternativtourismus heute kann durchaus als neue, diversifizierte Form von Massentourismus gelten, dem Feindbild Nummer 1 von Rucksacktouristen damals wie heute. Trifft dieser Kritikansatz in vollem Ausmaß zwar nur auf die urbanen Travelleragglomerationen und periphere Subzentren des Untersuchungsraumes zu, so scheinen Verbindung und Übergang zu massentouristischen Erscheinungsformen auch für die 'explorer'- Formen des AT nur eine Frage der Zeit: Lokal/regional begrenzte Geheimtips werden früher oder später (etwa durch Leserzuschriften) Bestandteil der AT-Reiseführerliteratur, Information, die auch für Pauschalreiseveranstalter von nicht geringem Interesse ist - das Rad beginnt zu rollen ...

Tourismuskritiker betonen unisono die Vorläuferrolle des Alternativtourismus für planmäßige (massenhafte) pauschaltouristische Erschließung[232]: *"'Travellers' are thus often the spearhead of masstourist penetration of an area"* (COHEN 1989b, 134), die *"Wegbereiter demokratischer Massenströme"* (MÄDER 1987, 132) sind sich ihrer Bedeutung jedoch weitgehend nicht bewußt. Gefordert wird vermehrte Einsicht in Travellerkreisen selbst, die bis dato großteils kritiklos (sozio-)kulturellen Entwicklungen[233] in den Dritt-Welt-Zielländern gegenüberstanden und ihren Teil zur "*Coca-Kolonisierung*" (KRIPPENDORF 1984, 182) auch peripherer Regionen beitrugen.

> Der Alternativtourist muß einsehen, daß er nie seiner Zivilisation entfliehen kann, daß nie Gast und Gastgeber einander gleichberechtigt gegenüberstehen. Er hat immer das Rückflugticket zur zweiten Existenz daheim in der Tasche ... So unterstützt er in der 3.Welt den Glauben an die Vorzüge kapitalistischer Verhältnisse und verfestigt sie so, selbst wenn er sie kritisiert und vor ihnen flieht. (GÖTH 1981, 23)

Tenor jeder Kritik bleibt die Tatsache, daß "*dieser Tourismus nur für die Touristen alternativ sei, nicht jedoch aber für die einheimische Bevölkerung*" (SARR 1988, 4). Ludmilla TÜTING, Tourismuskritikerin der ersten Stunde, schätzt 80% der Rucksackreisenden als gewöhnliche Länderkonsumenten ein, "*die völlig unreflektiert vor allem Entwicklungsländer abhaken und genauso wie Pauschaltourismus zu den negativen Auswirkungen des Massentourismus beitragen*" (KIENECKER 1987, 330). Dennoch: "*... it would be an over-reaction to argue as some do that tourism is only a spoiler*" (RICHTER 1989, 193). Kann es alternativen Tourismus per se überhaupt geben? Handelt es sich nicht bloß um eine subjektive Wunschvorstellung für die einen und/oder ökonomische Marktnische für die anderen?

Nach FREYER (1991, 392) sind die Globetrotter zu "*Globetrotteln*" degradiert, die ersten Kritiker des Pauschaltourismus stehen Ende der 80er Jahre selbst im Kreuzfeuer der Kritik: Als massentouristische Erscheinung mit massentourismusähnlichen Zügen oder massentourismusbedingenden Folgen, deren idealistisch-idealisierende Vorstellung vom angepaßten Reisen mit völkerverbindendem Charakter zum Scheitern verurteilt war.

Die Erkenntnis, daß Alternativtourismus keine Lösung der Probleme für Gesellschaft, Kultur und Umwelt darstellt, ist in der touristischen Fachliteratur heute unbestritten: Alternativtourismus ist kein Modell für den Tourismus der Zukunft (STEINECKE 1986, 102).

---

232 vgl. auch ASCHENBRENNER 1991, 31; BECKER 1990, 587; DEARDEN/HARRON 1992, 102; KRIPPENDORF 1984, 86; SCHERRER 1986, 78; TÜTING 1978, 57; et al.

233 MAURER/ADAMASCHEK (1992, 18ff) betonen die permanente Verletzung der Menschenrechte in Dritt-Welt-Reiseländern, die Touristen im Regelfall weder an der Reise selbst zu hindern vermag noch die Nutzung des Serviceangebots 'Menschenrechtsverletzung' (vgl. Sextourismus, Expeditionstourismus) verringern kann.

Zusammenfassung und Ausblick

The world is a book, and those who stay at home read only one page.
(ST. AUGUSTINE)

In der vorliegenden Arbeit wurde versucht, das Phänomen Drittwelttourismus möglichst vielschichtig zu diskutieren und in seinen Ursachen und Folgen für Reisende wie Bereiste exemplarisch darzustellen.

Nach theoretisch-historischer Präsentation des wissenschaftlichen Diskussionsstandes, lag das Hauptaugenmerk der Betrachtung regional auf Südostasien, thematisch auf Alternativtourismus; versucht wurde eine kritische Analyse dieser Subkategorie des Ferntourismus, die - nach alternativtouristischem Selbstverständnis - insgesamt sozialverträglicher und umweltschonender agiert als das Feindbild des organisierten Pauschaltourismus, der gemeinhin als Sündenbock für jegliche gesellschaftliche wie ökonomische Veränderung und Abhängigkeit galt und unverändert gilt.

Ziel dieser Studie war die Demystifizierung eines Begriffes vor dem Hintergrund rapiden politischen und gesellschaftlichen Wandels im Untersuchungsgroßraum Südostasien[234]. Die Erkenntnisse der vorgenommenen Feldstudie sind so vielschichtig wie das Phänomen selbst und korrespondieren vielfach mit den Ergebnissen ansatzweise ähnlicher Arbeiten vergangener Jahre.

(1) Alternativtourismus heute ist weitgehend ideologiefrei, großteils Privileg der westlichen (jugendlichen) Bildungselite, und verfügt außer konformen äußerlichen Erscheinungsformen (Rucksack!) und unorganisierter Reiseform über wenig Gemeinsamkeiten.

(2) Alternativtourismus nimmt auch in Südostasien die Vorreiterrolle für großflächigen Pauschaltourismus ein; die Erforschung der 'letzten weißen Flecken' auf der touristischen Landkarte ("*Geheimtips*") macht Traveller damit unbewußt zu Speerspitzen des Massentourismus.

(3) Alternativtourismus selbst ist Anfang der 90er vielfach eine massentouristische Erscheinung, begünstigt und gesteuert durch boomende AT-Industrien in den Herkunftsländern und adäquate AT-Infrastruktur in den Zielländern; die Ausbildung grenzüberschreitender Standardrouten ('Trampelpfade') ist offenkundig, die - basierend auf einschlägiger Reiseführerliteratur - zyklusförmig zunächst massenhaften Alternativtourismus und in weiterer Folge organisierten Pauschaltourismus nach sich ziehen.

234 Abgrenzungskriterien und Definition: Vgl.Teil 1/I

(4) Die Reisemotivation für Alternativtourismus ist nicht grundsätzlich verschieden, sondern lediglich eine verstärkte Version der Basismotive für Fernreisen - deutlich zum Tragen kommt die Dominanz der 'push'-Komponente (Flucht statt Anziehung).

(5) Die Flucht vor persönlichen und privaten Krisensituationen zum einen, gepaart mit allgemeiner Gesellschafts- und Zivilisationskritik zum anderen, bewirkt in weiterer Folge das Scheitern der Völkerverständigungsillusion; egozentrierte Motive der Selbstbestätigung und -findung prägen das alternativtouristische Tun. Die Dritte Welt wird zur Spielwiese der Selbsterfahrung, Einheimische sind zur Kulisse degradiert.

(6) Die (theoretisch) intensiven Kontakte zur Lokalbevölkerung beschränken sich weitgehend auf eine englischsprechende Minderheit aus dem AT-Business; bestehende finanzielle wie soziale Disparitäten zwischen Tourismusintegrierten und Nichtintegrierten erfahren damit eine zusätzliche Verschärfung.

(7) Alternativtourismus ist demzufolge keine Alternative zum Ferntourismus heutiger Prägung, sondern vielmehr eine Subkategorie mit parallelen Erscheinungsformen auf Niedrigpreisebene; die gängige elitäre Selbsteinschätzung als Antitouristen ist somit nicht haltbar: Auch Alternativtouristen sind Touristen, die Dritt-Welt-Gesellschaften allein durch ihre Anwesenheit vielfach nachhaltiger zu prägen imstande sind als organisierter, punktuell beschränkter Pauschaltourismus.

Ferntourismus heute ist zwar quantitativ vernachlässigbar, in seinen gesellschaftlichen und politisch-ökonomischen Auswirkungen auf die Entwicklungsländer Asiens aber ein entscheidender Faktor und weder steuerfähig noch kontrollierbar.

Bei aller berechtigter Kritik am Tourismus sei jedoch abschließend nochmals festgestellt: Tourismus ist Fixpunkt der westlichen Lebenswelt genauso wie ökonomisch unverzichtbare Devisenquelle in zahlreichen Staaten der Dritten Welt. Touristen bleiben immer Touristen, unter welchen terminologischen Deckmäntelchen sie sich auch bewegen - unterschiedlich ist lediglich der Bewußtseinsgrad dieser desillusionierenden Tatsache.

Jede Diskussion über eine Abschaffung des Tourismus ist jedoch müßig.
Und: **Wer wirklich alternativ sein will, der muß zu Hause bleiben ...**

ABBILDUNGSVERZEICHNIS

TABELLENVERZEICHNIS

QUELLENVERZEICHNIS DER CARTOONS

ABKÜRZUNGSVERZEICHNIS

ASEAN	Association of South-East Asian Nations
AT	Alternativtourismus, Alternativtourist(en)
EWL	Entwicklungsland
IATA	International Air Traffic Association
ITB	Internationale Tourismusbörse
LP	Verlag *Lonely Planet*
ÖIR	Österreichisches Institut für Raumforschung
ÖROK	Österreichische Raumordnungskonferenz
ÖSZA	Österreichisches Statistisches Zentralamt
WTO	World Tourism Organization

LITERATURVERZEICHNIS

ACHAKULWISUTA, A. (1992): *Helping Hilltribes Survive.* In: Bangkok Post 29.5.1992, 31f

ADAMS, K.T. (1984): *Come to Tana Toraja, "Land of Heavenly Kings": Travel Agents as Brokers in Ethnicity.* In: Annals of Tourism Research, vol.11 (3), Pergamon Press, New York: 469-86

ADLER, C. (1981): Tourists: Cannibals of Culture; on the sociocultural and socioeconomic aspects and negative effects of tourism. Ethno Verlag, Angelsried

--- (1988): Achtung Touristen! Der Beitrag eines Verhaltensforschers zum Thema Ferntourismus nebst Anregungen zum besseren Verhalten im Ausland. 3.Aufl., Peter Rump Verlag, Bielefeld

ADLER, J. (1985): *Youth on the Road: Reflections on the History of Tramping.* In: Annals of Tourism Research, vol.12 (3), Pergamon Press, New York: 335-54

ADLER, P.S. (1975): *The Transitional Experience: an alternative view of Culture Shock.* In: Journal of Human Psychology, 15, 13-23

AKTION DRITTE WELT, Hrsg. (1986): "Klar, schön war's, aber..." Tourismus und Dritte Welt. 2.Aufl., Freiburg/Breisgau

ALATAS, S.H. (1977): The myth of the lazy native. London

ALEMANN, H.von (1977): Der Forschungsprozeß. Eine Einführung in die Praxis der empirischen Sozialforschung. Teubner Studienskripten 30, Stuttgart

ALLISON, T. (1991): *Krabi - A True Star of Siam.* In: ASIA-Magazine, vol.30, Nr.4-6, Dec.13-15, Hongkong: 45-51

ANDESNER, O. (1981): Fremdenverkehrspolitische Entwicklungsplanung, dargestellt am Beispiel Thailand. Dissertation Wirtschaftsuniversität Wien

AP, J., VAR, T., DIN, K. (1991): *Malaysian Perceptions of Tourism.* In: Annals of Tourism Research, vol.18 (2), Pergamon Press, New York: 321-23

ARMANSKI, G. (1986): Die kostbarsten Tage des Jahres. Tourismus - Ursachen, Formen, Folgen. 2.Aufl., Peter Rump Verlag, Bielefeld

ASCHENBRENNER, E. (1991): *Massentourismus - Dekadenz oder Demokratie?* In: KLINGENBERG, et al. 1991, 21-35

ASIAWEEK, weekly magazine, Hongkong. Diverse Ausgaben

ATTESLANDER, P. (1991): Methoden der empirischen Sozialforschung. Berlin/New York

AWANOHARA, S. (1975): *Protesting the Sexual Imperialists.* In: Far Eastern Economic Review, March 14: 5-6

BACKES, I. (1986): Das Frauen Reisebuch. Rowohlt, Reinbek

--- (1990): *Alternative Reiseführer.* In: Dies. et al: Wegweiser in die Fremde? Bensberger Protokolle Nr.57. Bergisch Gladbach

BANGKOK POST, Thailand, Diverse Ausgaben

BARANG, M., Rigg, J. (1988): *Tourism in Thailand.* In: South. London Nr.98 (Dec.*1988), 71-78

BAR ON, R. (1989): Travel and Tourism Data. A comprehensive research handbook on the world travel industry. Redwood, Cambridge

BARRES, E. (1978): Vorurteile. Opladen

BECKER, C. (1990): *Entwicklung und strukturelle Bedeutung neuer Formen des Tourismus.* In: STOHRBECK 1990, 585-601

BECKER, F. (1986): *Ein unheimlich duftes Travellerfeeling.* In: MALETZKE 1986, 144-52

BEHRENDT, R. (1968): Soziale Strategien für Entwicklungsländer. Entwurf einer Entwicklungssoziologie. Frankfurt

BELLER, H., PFÄFFLIN, G., RUF, W. (1983): *Problemfeld Ferntourismus am Beispiel eines Projektes auf Bali in Indonesien: den Touristen wie den Göttern dienen.* In: Dennhardt, J.; Pater, S. (Hrsg.): Entwicklung muß von unten kommen. Rowohlt 7412, Reinbek: 251-86

BERGMANN, K., HAMMANN, W., OCKENFUSS, S. (1981): Abhauen. Flucht ins Glück. Rowohlt, Reinbek

BERNECKER, P., KASPAR, C., MAZANEC, J. (1984): Zur Entwicklung der Fremdenverkehrsforschung und -lehre der letzten Jahre. Schriftenreihe für empirische Tourismusforschung und hospitality management, Bd.3, Wien

BEUTEL, M., et al. (1980): Tourismus. Ein kritisches Bilderbuch. Bensheim

BEYER, U. (1992): *Kirche und Massentourismus auf Bali.* In: Der Überblick 2/92, 79f

BLEISTEIN, R. (1987): *Themen der Tourismuskritik.* In: Touristik und Verkehr 3, 5-9

BÖVENTER, E.von (1989): Ökonomische Theorie des Tourismus. Campus, Frankfurt/ Main

BOLDT, K., SCHADE, K.F. (1990): *Du großer hungriger Geier.* In: epd-Entwicklungspolitik 6-7/1990

BONIFACE, B.G., COOPER, C.P. (1987): The Geography of Travel and Tourism. London

BOYES, J., PIRABAN, S. (1988): Hmong Voices. A collection of interviews with the people of a white Hmong village in Northern Thailand. Hilltribes of Northern Thailand Series. Chiang Rai

--- (1989): A Life Apart - viewed from the hills. Jareuk, Chiang Mai

BRAUN, O.L., LOHMANN, M.(1989): Die Reiseentscheidung. Einige Ergebnisse zum Stand der Forschung. Starnberger Studienkreis für Tourismus, Starnberg

BRAUNRATH, B. (1994): *Die Illusion von der Freizeitgesellschaft.* In: KURIER, 3.7.1994, 4-5

BRISLIN, R., Hrsg. (1986): Intercultural Interactions. A practical guide. London

BRUNER, E. (1991): Transformation of self in tourism. In: Annals of Tourism Research, vol.18 (2), Pergamon Press, New York: 238-50

BRUYN, S. (1963): *The Methodology of Participant Observation.* In: Human Organization 21, 224ff

BUGNICOURT, J. (1978): *Sex, Sonne, Sand.* In: Tourismus. Entwicklung und Gefährdung? Starnberger Studienkreis für Tourismus, Starnberg: 52-55

BURKART, A.J., MEDLIK, S. (1981): Tourism. Past, Present and Future. 2nd edition, London

BURMAN, E. (1989): The World Before Columbus 1100-1492. Allen, London

BUTLER, R. (1990): *Alternative Tourism: Pious Hope or Trojan Hope?* In: Journal of Travel Research 28 (3) 1990, 40-45

BYSTRZANOWSKI, J., Hrsg. (1989): Tourism as a factor of change. A sociocultural study. European Coordination Centre for Research and Documentation in Social Sciences, Slovak Academy of Sciences Press, Vienna

CADY, J.F. (1977): The South-East Asian World. Forum Press, St.Louis

CANNAIN, M., HIMMELSEHER, S. (1980): Tips und Tricks für Tramps und Travellers. Reinbek

CASTLERAGH, D. (1971): Das Zeitalter der großen Entdeckungen. Lekturama, London

CAZES, G.H. (1989): *Alternative Tourism: Reflections on an Ambiguous Concept.* In: SINGH/THEUNS/GO 1989, 117-26

CHIANG MAI TRAVEL HOLIDAY. June 1, 1992

CHIB, S.N. (1980): *Tourism and the Third World.* In: Third World Quarterly. London 2 (*1980) 2, 283-94

CHUTIKUL, S.L. (1982): *ASEAN: Promise on Perils.* In: RENNER/PEELER 1982, 12-14

COHEN, E. (1972): *Toward a Sociology of International Tourism.* In: Social Research 39(1), 164-81

--- (1973): *Nomads from Affluence: Notes on the Phenomenon of 'drifter'- tourism.* In: International Journal of Comparative Sociology 14 (1-2), 89-103

--- **(1979a):** *The impact of tourism on the hill tribes of Northern Thailand.* In: Internationales Asienforum. München 10 (*1979) 1/2, 5-38

--- **(1979b):** *A Phenomenology of Tourist Experiences.* In: Sociology 13, 179-201

--- **(1982):** *Marginal Paradises: Bungalow Tourism on the Islands of Southern Thailand.* In: Annals of Tourism Research, vol.9 (2), Pergamon Press, New York: 189-228

--- **(1988):** *Tourism and AIDS in Thailand.* In: Annals of Tourism Research, vol.15 (4), Pergamon Press, New York: 467-486

--- **(1989a):** *"Primitive and Remote": Hill Tribe Trekking in Thailand.* In: Annals of Tourism Research, vol.16 (1), Pergamon Press, New York: 30-61

--- **(1989b):** *'Alternative Tourism' - A Critique.* In: SINGH/THEUNS/GO 1989, 127-42

CONDON, J.C., YOUSEF, F. (1975): An Introduction to Intercultural Communication. London

COOPER, C. (1992): *Life Cycle Concept and Tourism.* In: JOHNSON/THOMAS 1992, 145-60

CRAIG, J.A. (1987): Culture Shock - Singapore and Malaysia. Times Books International, Singapore

CRYSTAL, E. (1977): *Tourism in Toraja (Sulawesi, Indonesia).* In: Hosts and Guests. The Anthropology of Tourism, ed. by V.L.Smith, O., University of Pennsylvania Press: 109-26

DANN, G. (1977): *Anomie, ego-enhancement and tourism.* In: Annals of Tourism Research, vol.4, Pergamon Press, New York: 184-94

DATZER, R. (1983): Informationsverhalten von Urlaubsreisenden. Ein Ansatz des verhaltenswissenschaftlichen Marketing. Starnberger Studienkreis für Tourismus, Starnberg

DAVIDSON, R. (1984): Tourism. Pitman, London

DEARDEN, P., HARRON, S. (1992): *Tourism and the Hilltribes of Thailand.* In: WEILER/HALL 1992, 95-104

--- **(1994):** *Alternative Tourism and Adaptive Change.* In: Annals of Tourism Research, vol.21 (1), Pergamon Press, New York: 81-103

DE KADT, E., Hrsg. (1979): Tourism - Passport to Development? New York

DERNOI, L.A. (1981): *Towards a new style in North-South Relations: The example of Alternative Tourism.* In: IFDA Dossier. Nyon Nr.25(Sept.-Okt.*1981), 68-72

DER STANDARD. *ITB: Bis zur Jahrtausendwende 500 Mio. Touristen.* 6.3.1989, 16

DEVAN, J. (1987): *The Economic Development of the ASEAN Countries.* In: WEST/ALTING 1987, 159-78

DIE PRESSE. *Welttourismus wächst weiter kräftig.* 6.3.1990, 11

DIENEMANN, P. (1992): *In Thailand springen nur noch die Neulinge überall ins Meer.* In: Salzburger Nachrichten, Nr.56, 7.3.1992, X

DILLINGER'S REISE- UND FREMDENZEITUNG, Wien. Div. Ausg. 1897-1901

DIN, A.K.H. (1982): *Tourism in Malaysia: Competing Needs in a Plural Society.* In: Annals of Tourism Research, vol.9 (3), Pergamon Press, New York: 453-80

DIN, K. (1990): *Toward an Integrated Approach to Tourism Development: Observations from Malaysia.* In: SINGH/THEUNS/GO 1990, 181-203

DIXON, C.J. (1991): South-East Asia in the World Economy. Cambridge University Press, Cambridge

DIXON, C.J., HEFFERNAN, M., ed. (1991): Colonialism and Development in the Contemporary World. Mansell, London

DONNER, W. (1984): Thailand ohne Tempel. Lebensfragen eines Tropenlandes. Fischer, Frankfurt/Main

DOSWELL, R. (1978): Case Studies in Tourism. Barrie/Jenkins, London

DRAINE, C., HALL, B. (1987): Culture Shock - Indonesia. Times Books International. Singapore

DRESS, G. (1979): Wirtschafts- und sozialgeographische Aspekte des Tourismus in Entwicklungsländern. Dargestellt am Beispiel der Insel Bali in Indonesien. München (zugl. Dissertation München 1977)

DRITTE WELT TOURISMUS. AUFSTAND DER BEREISTEN? (Dossier). In: Mosquito 5/1986:13-20

DROSG, A. (1990): Die Bedeutung des Landesimages für Export und Tourismus: eine Untersuchung des Zusammenhanges zwischen dem Image des Herkunftslandes und dem Erfolg von Exportprodukten und Tourismus. Dissertation Wirtschaftsuniversität Wien

DUALA-M'BEDY, M. (1977): Xenologie. Freiburg/München

DUDEN Fremdwörterbuch, Bd.5 (1990), 5.Aufl., Mannheim

DÜRR, H., HANISCH, R., Hrsg. (1986): Südostasien. Tradition und Gegenwart. Westermann, Braunschweig

ECUMENICAL COALITION ON THIRD WORLD TOURISM (ECTWT) + THIRD WORLD TOURISM ECUMENICAL EUROPEAN NETWORK (TEN), Hrsg. (1986): Third World people and tourism. Approaches to a dialogue. Bangkok/Stuttgart

EDWARDS, A. (1985): *International Tourism Forecasts to 1995.* Special Report No. 188. (EIU - The Economist Intelligence Unit), London

EGENSCHWILER, M. (1990): Perspektiven des Linienluftverkehrs. In: KASPAR 1990, 131-44

ELIAS, N. (1976): Über den Prozeß der Zivilisation. Soziogenetische und psychogenetische Untersuchungen. 2 Bd., Frankfurt

EMMERSON, D.K. (1984): *South East Asia: What's in a name?* In: Journal of South East Asian Studies, 15, 1: 1-21

EMMONS, R. (1992): *The Dangerous Tourist.* In: Bangkok Post, 5.4.1992, 32

ENGLISH, E.P. (1986): The Great Escape: an Examination of North-South Tourism. North-South Institute, Ottawa

ENZENSBERGER, H.M. (1962): *Eine Theorie des Tourismus.* In: Ders.: Einzelheiten I. Frankfurt/Main

EULER, C., Hrsg. (1989): "Eingeborene" - ausgebucht. Ökologische Zerstörung durch Tourismus. Focus, Gießen

FAHRENHOLTZ, H., LORENZ, H. (1986): *Auf alternativen Pfaden.* In: AKTION DRITTE WELT 1986, 128-40

FEHR, B. (1981): *Alternativtourismus - eine Alternative?* In: BERGMANN/HAMMANN/OCKENFUSS 1981, 46-51

FISCHER WELTALMANACH (1991): Zahlen, Daten, Fakten. Fischer, Frankfurt/Main

FOHRBECK, K., WIESAND, A.J. (1983): "Wir Eingeborenen". Zivilisierte Wilde und exotische Europäer - Magie und Aufklärung im Kulturvergleich. Reinbek

FREYER, W. (1987): *Tourismus in der Dritten Welt. Ernüchterung ist an Stelle der Euphorie getreten.* In: Entwicklung und Zusammenarbeit, 7/1987: 18-19

--- **(1991):** Tourismus. Einführung in die Fremdenverkehrsökonomie. 3.Aufl., Oldenbourg, München

FRIEDRICHS, J., LÜDTKE, H. (1971): Teilnehmende Beobachtung. Berlin

FRITZ, H. (1984): *Gedanken zu einer umstrittenen Form des Reisens. Was heißt schon alternativ?* In: Frankfurter Rundschau Nr.222, 22.9.1984: M3

FURNHAM, A. (1984): *Tourism and Culture Shock.* In: Annals of Tourism Research, vol.11 (1), Pergamon Press, New York: 41-58

FURNHAM, A., BOCHNER, S. (1989): Culture Shock. Psychological Reactions to unfamiliar Environments. Routledge, London/New York

FUSSELL, P. (1979): *The Stationary Tourist.* In: Harper's (April), 31-38

GARCIA, A. (1989): *'Macht euch die Erde untertan' - das Bild von Abenteuer-, Trekking- und Erlebnisreisen in aktuellen Prospekten.* In: EULER 1989, 179-89

GENSEL, J. (1987): Tourismus in die Dritte Welt. Ein Beitrag zur Entwicklung? Ein systematischer Überblick über bisherige Erfahrungen im Spiegel der Literatur. Diplomarbeit, Hamburg

GERDES, K., Hrsg. (1979): Explorative Sozialforschung. Stuttgart

GERSTMEYER, D. (1993): *Luxus-Hotelgruppe bettet mit Milliardeneinsatz auf.* In: Kurier, 8.9.1993, 36

GIRTLER, R. (1980): Vagabunden in der Großstadt. Teilnehmende Beobachtung in der Lebenswelt der 'Sandler' Wiens. Enke, Stuttgart

--- (1984): Methoden der qualitativen Sozialforschung. Anleitung zur Feldarbeit. Böhlau, Wien

--- (1991): Über die Grenzen. Ein Kulturwissenschaftler auf dem Fahrrad. Veritas, Linz

GLAB, J. (1993): *Will natives survive tourism's onslaught?* In: Travel and Leisure 12/93, 74-78

GO, F.M. (1989): *Appropriate Marketing for Travel Destinations in Developing Nations.* In: SINGH/THEUNS/GO 1989, 159-79

GÖTH, N., et al. (1981): *Tourismus - eine moderne Form des Imperialismus.* In: Entwicklungspolitische Nachrichten, Nr 7/1981: 23

GRAY, D. (1989): *Trekkers destroying tribal lifestyle in North.* In: Bangkok Post, 6.2.1989

GRAY, P. (1967): *Tourism as an Export Industry in South-East Asia: A Long-Run Prognostication.* In: The Philippine Economic Journal, 6(2), 2nd semester: 155-69

GREVERUS, I.. (1978): *Tourismus und interkulturelle Kommunikation.* In: Zeitschrift für Kulturaustausch, 28/3, Tübingen: 96-107

GRILL, J. (1968): Urlaubsmotivation. Eine quantitative Motivanalyse in einer Stichprobe der Bevölkerung Wiens unter besonderer Berücksichtigung der Gegenüberstellung des Inlands- und Auslandsurlaubes zur Erarbeitung eines quantitativen Verfahrens. Wien.

GROTTA, D., WIENER GROTTA, S. (1992): The Green Travel Source Book. A Guide for the Physically Active, the Intellectually Curious or the Socially Aware. Wiley & Sons, New York

GUDYKUNST, W., KIM, Y.Y., eds. (1984): Methods for Intercultural Communication. London

GUIDE ALPHABETIQUE TAUPIN (1937): Guide touristique general de l'Indochine. Hanoi

HAEDRICH, G., et al., Hrsg. (1983): Tourismus-Management. De Gruyter, Berlin/ New York

HÄRING, W. (1984): *Touristische Kommerzialisierung der balinesischen Malerei.* In: VIELHABER 1984, 95-108

HÄRTEL, S., Hrsg. (1988): Unterwegs. Das Abenteuerreisen-Handbuch von Globetrottern für Globetrotter. Schneider, München

HALL, D.G.E. (1987): A History of South-East Asia. McMillan Asian History Series, 4th ed., London

HAMMELEHLE, J. (1990a): *'Alternativtourismus' und seine Folgen in Goa/Indien.* In: LUDWIG/HAS/NEUER 1990, 81-90

--- (1990b): Zum Beispiel Tourismus. Lamuv-TB 78, Göttingen

HARRISON, D., ed. (1992): Tourism and the less developed countries. Belhaven, London

HARRON, S., WEILER, B. (1992): *Ethnic Tourism.* In: WEILER/HALL 1992, 83-94

HARTMANN, K.D. (1978): *Verlauf und Auswirkungen von Auslandsreisen. Tourismus und Völkerverständigung.* In: Zeitschrift für Kulturaustausch, 28/3, Tübingen: 48-52

--- (1979): Psychologie des Reisens. Sonderdruck des Starnberger Studienkreises für Tourismus. Starnberg.

HAWKINS, D., Hrsg. (1982): Social and Economic Impact of Tourism on Asian Pacific Region. Report of the Symposium on Tourism Management, Kathmandu, Nepal. Asian Productivity Organization, Tokyo

HELLER, A. (o.J.): *"Der Einfall touristischer Horden führt zur Ausrottung des Schönen ..."* In: LUDWIG/HAS/NEUER 1990, 158-63

HELMICH, G. (1977): Stellungnahme zur wachsenden Kritik touristischer Entwicklungshilfe. Diplomarbeit Universität St.Gallen

HENG, T.M., LOW, L., (1990): *Economic Impact of Tourism in Singapore.* In: Annals of Tourism Research, vol.17 (2), Pergamon Press, New York: 246-69

HERZOG, H. (1991): *Der Fünfte Tiger setzt zum Sprung an.* In: Südwind, 1-2/1991: 32-33

HIBBERT, C. (1987): The Grand Tour. Methuen, London

HIMAL. Himalayan Magazine, Kathmandu, diverse Ausgaben

HINTERSEER, R. (1991): *Auf und Davon.* In: Kurier, 1.6.1991, 41

HITCHCOCK, M., et al. (1993): Tourism in South-East Asia. Routledge, London

HODGSON, A., Hrsg. (1987): The Travel and Tourism Industry. Strategies for the Future. Pergamon, Oxford

HÖMBERG, E. (1977): Tourismus. Funktionen, Strukturen, Kommunikationskanäle. München

HOLDEN, P., Hrsg. (1984): Alternative Tourism, with a Focus on Asia. Ecumenical Coalition on Third World Tourism, Bangkok

HOLLOWAY, C. (1986): The Business of Tourism. 2nd ed., Pitman, London

HONG, E. (1985): See the Third World while it lasts. The Social and Environmental impact of tourism with special reference to Malaysia. Penang

HORNBLOWER, M. (1993): *The Skin Trade.* In: TIME-Magazine, Nr.25, 21.6.1993, 28-39 (Special Report)

HÜBNER, R. (1989): Interkulturelle Kommunikation im Tourismus. Eine Analyse von Reisebeilagen im Hinblick auf ihren Beitrag zur interkulturellen Kommunikation. Dissertation Universität Wien

HUNZIGER, W., KRAPF, K. (1962): Grundrisse der allgemeinen Fremdenverkehrslehre. Jörgens/Karstens, Zürich/St.Gallen

HUTTER, G. (1986): *Wird Java ein zweites Bangkok?* In: Entwicklungspolitische Nachrichten 3/1986: 26-27

INFORMATIONSDIENST DRITTE WELT, Hrsg. (1987): *8.8.1987: 20.Jahrestag der ASEAN-Gründung.* In: i3W-aktuell Nr.8/87, 5-9

INTERNATIONAL AIR TRANSPORT ASSOCIATION (IATA) (1992): *World Air Transport Statistics*, Nr.36, WATS 6/92

INTERNATIONALE TOURISMUSBÖRSE (ITB)(o.J.): Internationaler Tourismus. Daten und Analysen. Berlin

JAFARI, J. (1989): *Sociocultural Dimensions of Tourism. An English Language Literature Review.* In: BYSTRZANOWSKI 1989, 17-60

JAFARI, J., AASER D. (1988): *Tourism as the Subject of Doctoral Dissertations.* In: Annals of Tourism Research, vol.15 (3), Pergamon Press, New York: 407-29

JOHN, K. (1991): *Ausverkauf der Liebe.* In: Kurier, 9.2.91, Freizeitwoche Nr.74: 16-19

JOHNSON, P., THOMAS, B., ed. (1992): Choice and Demand in Tourism. Mansell, London

JUNG, E. (o.J.): *Kulturdenkmal gegen Lebenskultur. Borobudur/Indonesien - Dorfbewohner wehren sich gegen ein Tourismusprojekt.* In: AKTION DRITTE WELT 1986, 116-23

--- (1988): *"Naiv, wer sich nicht mit dem System arrangieren kann". Reisehandbücher über Indonesien.* In: SOA-Informationen 4/88, 44-46

JURCEK, P. (1990): *Die soziodemographische Struktur und regionale Herkunft der Urlaubsreisenden der BRD.* In: STÖHRBECK 1990, 257-77

KASPAR, C., Hrsg. (1990): 1992: Standort und Chancen des Tourismus. St.Galler Beiträge zum Fremdenverkehr und zur Verkehrswirtschaft, Reihe Fremdenverkehr, Bd.20. Haupt, Bern/Stuttgart

--- (1991): Die Tourismuslehre im Grundriß. 4.Auflage. St.Galler Beiträge zum Tourismus und zur Verkehrswirtschaft, Reihe Tourismus, Bd.1. Haupt, Bern/Stuttgart

KHAN, H., SENG, C.F., CHEONG, W.K. (1990): *Tourism Multiplier Effects On Singapore.* In: Annals of Tourism Research, vol.17 (3), Pergamon Press, New York: 408-418

KIENECKER, A. (1987): Fahrt - Tour - Reise. Selbstbestimmte horizontale Mobilität im sozialhistorischen Kontext. Eine Strukturgeschichte. Dissertation Universität Wien

KIEVELITZ, U. (1989): *Ethno-Tourismus: Ursachen, Formen und Wirkungen interkultureller Kurzkontakte.* In: EULER 1989, 29-39

KIM, T.H. (1992): Economy of Vietnam. Reviews and Statistics. Statistical Publishing House, Hanoi

KIM, Y.Y., GUDYKUNST, W., eds. (1988): Theories in Intercultural Communication. Sage, Newbury Park

KIRSCH, H., et al. (1986): Geographie. Fachbegriffe A-Z. 2.Aufl., Diesterweg-Sauerländer, Frankfurt/Main

KLEIN, S.N. (1993): *Die USA und die ASEAN im asiatisch-pazifischen Raum nach dem Ende des Kalten Krieges: Kompatibilität oder Konkurrenz der sicherheitspolitischen Positionen?* In: ASIEN (Deutsche Zeitschrift für Politik, Wirtschaft und Kultur) Nr.48, 7/93: 41-57

KLIMA, H., et al., Hrsg. (1978): Lexikon der Soziologie. Opladen

KLINGENBERG, K.H., TRENSKY, M., WINTER, G. (1991): Wende im Tourismus. Vom Umweltbewußtsein zu einer neuen Reisekultur. Schriftenreihe des Evangelischen Arbeitskreises, Bd.2., Diakonie, Stuttgart

KNAUS, K. (1991): Tourismus als Faktor soziokulturellen Wandels bei den Dani im Hochland von Irian Jaya (West Papua) in Gegenüberstellung mit den tourismusbedingten Wandelerscheinungen auf der Insel Bali und im Gebiet der Sa'dan Toraja auf der Insel Sulawesi. Diplomarbeit Universität Wien

KOEPPEN, W. (1991): Auf dem Weg zu einer neuen Reisekultur. In: KLINGENBERG/TRENSKY/WINTER, 166-91

KOSCHNICK, W.J. (1987): Standardlexikon für Marketing, Marktforschung, Marktkommunikation, Markt- und Mediaforschung. Saur, München

KOTTE, H. (1992): *In den Klauen der Tiger. Vietnam im asiatischen Wirtschaftsraum.* In: Blätter des iz3W, Nr.185, Nov.1992: 41-44

KRELL, M. (1991): *Thailand - Viele Wege führen um einen Regierungsbeschluß.* In: Mosquito Nr.1/Feb.1991: 26-28

KRIPPENDORF, J. (1975): Die Landschaftsfresser. Tourismus und Erholungslandschaft - Verderben oder Segen? Hallwag, Bern/Zürich

--- (1978): Fremdenverkehr in Entwicklungsländern. Bern

--- (1984): Die Ferienmenschen. Orell/Füssli, Zürich

--- (1989a): The Holiday Makers. Understanding the impact of leisure and travel. Oxford

--- (1989b): *'Zur Hölle mit den Paradiesen' - schlechte Aussichten für gute Einsichten?"* In: EULER 1989, 7-10 (Vorwort)

KRIPPENDORF, J., KRAMER, B., MÜLLER, H. (1987): Freizeit und Tourismus. Eine Einführung in Theorie und Politik. 2.Aufl., Berner Studien zum Fremdenverkehr, Heft 22, Bern

KRIPPENDORF, J., ZIMMER, P., GLAUBER, H. (1988): Für einen anderen Tourismus. Probleme - Perspektiven - Ratschlage. Fischer, Frankfurt/Main

KRÜGER, K. (1989): Regionale Entwicklung in Malaysia. Frankfurt/Main

KRUGMANN-RANFOLF, I. (1982): *Malaysia - Profil eines Schwellenlandes. Wirtschaftswunderland mit welkenden Blüten.* In: Entwicklung und Zusammenarbeit (E+Z). Bonn, 23 (Nov. *1982) 11, 15-26

LANGTHALLER, A. (1993): Individualreisende. Zwischen "In-sich-gekehrt" und "befreit". Diplomarbeit Universität Wien

LATZA, B. (1989): Sextourismus in Südostasien. Fischer TB 3891, Frankfurt/M.

LAVERY, P. (1987): Travel and Tourism. Elm, Seaton, Cambridge

LEA, J.P. (1988): Tourism and Development in the Third World. Routledge, London

LENZ, I.. (1978): Prostitutional Tourism in South-East Asia. Berlin: Ostasiatisches Seminar, Freie Universität Berlin

LEVI-STRAUSS, C. (1981): Traurige Tropen. Frankfurt/Main

LEW, A.A. (1987a): *A Framework of Tourist Attraction Research.* In: Annals of Tourism Research, vol.14 (4), Pergamon Press, New York: 553-75

--- (1987b): *English speaking Tourists and Attractions of Singapore.* Singapore Journal of Tropical Geography, vol.8, Nr.1, 44-59

LEWIS, N. (1991): Die Missionare. Über die Vernichtung anderer Kulturen. Klett-Cotta, Stuttgart

LIPKA, S. (1989): Das käufliche Glück in Südostasien. Heiratshandel und Sextourismus. 3.Aufl., Münster

LÖSCHNER, I. (1978): Negativtendenz in der Personenwahrnehmung. Dissertation Universität Wien

LONELY PLANET, ed. (1991): *Information Map.* Hawthorn, Australien

LOOSE, S. (1990): Indonesien Traveller-Handbuch. 3.Aufl., Loose-Verlag, Berlin

--- (1992): Thailand Traveller-Handbuch. 4.Aufl., Loose-Verlag, Berlin

LOWYCK, E., et al. (1992): *Typologies of Tourist Roles.* In: JOHNSON/THOMAS 1992, 13-32

LUDWIG, K. (1990): *Von Schusters Rappen zum Düsenjet. Zur Geschichte des Reisens.* In: LUDWIG/HAS/NEUER 1990, 28-39

LUDWIG, K., HAS, M., NEUER, M. (1990): Der neue Tourismus. Rücksicht auf Land und Leute. Beck'sche Reihe 408, München

LÜEM, T. (1985): Sozio-kulturelle Auswirkungen des Tourismus in Entwicklungsländern. Dissertation, Zürich

LUGER, K. (1988): *Organisierte Völkerverständigung? Über das Reisen in die Dritte Welt.* In: Entwicklungspolitische Nachrichten 7-8/1988: 28-31

--- (1990a): *Paradiese der Biedermänner.* In: WZ, 16.6.90: 1

--- (1990b): *Perfekte Völkermißverständigung. Wie Massenmedien und Tourismus das Bild der Dritten Welt prägen.* In: Journal für Entwicklungspolitik, VI.Jg., Heft 3, 1990: 5-18

LUGER, K., et al. (1990c): Medienbild und Wirklichkeit. Studie über den Zusammenhang von Dritter-Welt-Berichterstattung und Meinungsbildung. Salzburg

LUGER, K., PILZ, B., TÜTING, L. (1989): *Sanfter Tourismus: Utopie oder Möglichkeit?* In: Entwicklungspolitische Nachrichten Nr.5: 5-13

LUTTERJOHANN, M., et al. (1990): Malaysia & Singapur. 2.Aufl., Peter Rump Verlag, Bielefeld

McKEAN, P.F. (1977): *Towards a theoretical analysis of tourism: Economic dualism and cultural involution in Bali.* In: Hosts and Guests. The Anthropology of Tourism, ed. by V.L.Smith, O., University of Pennsylvania Press: 93-108

McKINNON, J., VIENNE, B. (1989): Hilltribes Today. Problems in change. White Lotus-Orstan, Siripat, Bangkok

McTAGGART, W. (1980): *Tourism and tradition in Bali.* In: World Development, vol.8, 457-66

MÄDER, U. (1982): Fluchthelfer Tourismus: Wärme in der Ferne? Arbeitskreis für Tourismus und Entwicklung, Zürich

--- (1985): Sanfter Tourismus: Alibi oder Chance? Die Schweiz - ein Vorbild für Entwicklungspolitik. Arbeitskreis für Tourismus und Entwicklung, Zürich

--- (1987): Vom Kolonialismus zum Tourismus - von der Freizeit zur Freiheit. Arbeitskreis für Tourismus und Entwicklung, Zürich

MALAYSIA YEARBOOK OF STATISTICS (1990): 6th edition. Department of Statistics, Kuala Lumpur

MALETZKE, E., Hrsg. (1986): Einfach mal raus hier! Maier, Ravensburg

MARR, R.L. (1979): *Der Tourismus in der Entwicklung von Singapur.* In: Der Tourismus als Entwicklungsfaktor in Tropenländern. 2. Frankfurter Wirtschaftsgeographisches Symposium (= Frankfurter Wirtschafts- und Sozialgeographische Schriften 30). Frankfurt/Main: 163-88

--- (1982): *Tourismus in Malaysia und Singapur.* Basler Beiträge zur Geographie, Nr.27, Basel

MASLOW, A.M. (1943): *A Theory of Human Motivation.* In: Psychological Review 1943, 370-76

MATHIESON, A., WALL, G. (1982): Tourism. Economic, Physical and Social Impacts. Longman, London/New York

MATTHEWS, H.G., RICHTER, L.K. (1991): *Political Science and Tourism.* In: Annals of Tourism Research, vol.18 (1), Pergamon Press, New York: 120-35

MAURER, M., ADAMASCHEK, H. (1992): *Nichts gesehen, nichts gehört... Tourismus in menschenrechtsverletzenden Ländern.* In: Blätter des iz3W, Nr.179, Feb.1992: 18-20

MAURER, J.L., ZEIGLER, A. (1988): *Tourism and Indonesian Cultural Minorities.* In: Tourism. Manufacturing the exotic. Docum IWGIA, 61. International Workgroup for Indigenous Affairs. Copenhagen

MAYR, L. (1988): *Es wird eng auf unserer Welt.* In: Präsent, Nr.34, 25.3.1988: 4-5

MAZANEC, J. (1978): Strukturmodelle des Konsumverhaltens. Wien

METIN, M. (1990): Rassismus in der Sprache. Fischer, Frankfurt/Main

METTNER, M. (1983): Amateurfotographie. Reise und Urlaub im Bild des Touristen. Gießen.

MIECZKOWSKI, Z. (1990): World Trends in Tourism and Recreation. American University Studies, series 25;3, Lang, New York

MILL, R.C., MORRISON, A.M. (1985): The Tourist System. Englewood Cliffs, NJ, Prentice-Hall

MITCHELL, L.S., MURPHY, P.E. (1991): *Geography and Tourism.* In: Annals of Tourism Research, vol.18 (1), Pergamon Press, New York: 57-71

MOKRE, M. (1990): Die Dritte-Welt-Berichterstattung in kapitalistisch organisierter Presse (am Beispiel österreichischer Tageszeitungen Ende der 50er und Anfang der 80er Jahre). Dissertation Universität Wien

MOSSE, G.L. (1990): Die Geschichte des Rassismus in Europa. Fischer, Frankfurt/Main

MÜLLENMEISTER, H.M. (1989): *Sanft reisen - pauschal reisen? Der sanfte Tourismus und der organisierte Tourismus.* In: STEINECKE 1989, 43-60

MÜLLER, H. (1991): *Das Phänomen Tourismus mit seinen Triebkräften.* In: KLINGENBERG/TRENSKY/WINTER 1991, 8-20

MURPHY, P.E. (1985): Tourism - A Community Approach. Methuen, New York

NAYLOR, K. (1990): *Vietnam: Winning the Battle.* In: World Magazine Nr.37, 62-70

NICKERSON, N.P., ELLIS, G.D. (1991): *Traveler Types and Activation Theory: A Comparison of Two Models.* In: Journal of Travel Research 29 (3) 1991: 26-31

NEWS. Österreichische Wochenzeitung, Wien. Div. Ausgaben 1993-94

NOHLEN, D., NUSCHELER, F. (1992): Handbuch der Dritten Welt 1. Grundprobleme, Theorien, Strategien. Dietz Nf., Bonn

NORONHA, R. (1979): *Paradise reviewed: Tourism in Bali.* In: Tourism. Passport to development? ed. by E.de Kadt, New York/Oxford: 177-204

ÖSTERREICHISCHES INSTITUT FÜR RAUMPLANUNG (ÖIR) (1988): Internationale und nationale Trends im Tourismus. Wien

ÖSTERREICHISCHE RAUMORDNUNGSKONFERENZ (ÖROK) (1985): Internationale und nationale Trends im Tourismus. Rahmenbedingungen für die Fremdenverkehrsentwicklung in Österreich. ÖROK, Wien

ÖSTERREICHISCHES STATISTISCHES ZENTRALAMT (ÖSZA) (1989): Reisegewohnheiten der Österreicher 1987. Ergebnisse des Mikrozensus Dez.1987. Beiträge zur österreichischen Statistik, Heft 932. Wien

O'GRADY, R. (1980): Third World Tourism. Christian Conference of Asia. Singapur

--- (1982): Zwischenlandung Dritte Welt. Ein Beitrag zur Tourismuskritik. Frankfurt/Main

--- (1992): Gebrochene Rosen: Kinderprostitution und Tourismus in Asien. Frankfurt/M.

OPASCHOWSKI, H.W. (1985): Neue Urlaubsformen und Tourismustrends. AIEST, St.Gallen

--- (1987): Wie leben wir nach dem Jahr 2000? Hamburg

--- (1989): Tourismusforschung. Freizeit- und Tourismusstudien Bd.3., Opladen

ORLOVIUS, A., WETZELS, U. (1983): *Das Dilemma des Fernreisens. Psychologische Untersuchungen am Toba-See.* In: AKTION DRITTE WELT 1986, 78-88

OSTASIATISCHER VEREIN (GERMAN ASIA-PACIFIC ASSOCIATION), Hrsg. (1992): Asien-Pazifik. Wirtschaftshandbuch 1992. 37.Aufl., Hamburg

PANNENBECKER, M. (1981): Rucksacktourismus in Griechenland. Eine sozialpsychologische Studie. Starnberger Studienkreis für Tourismus, Starnberg

PANOFF, M., PERRIN, M. (1982): Taschenwörterbuch der Ethnologie. Reimer, Berlin

PANORAMA, Indonesien, 2.7.1992

PARNWELL, M.J.G. (1989): *Colonialism and Uneven Development in South-East Asia.* Malaysian Journal of tropical geography, vol.9, June 89. University of Malaya, Kuala Lumpur

PAULHART, A. (1990): Heimweh nach der Ferne. Touristische Leitbilder und Sehnsüchte in Dillinger's Reise- und Fremden-Zeitung 1890-1913. Diplomarbeit Universität Wien

PAYRLEITNER, A. (1991): *Nimm Urlaub vom Urlaub.* In: Kurier, 12.1.91, Freizeitwoche Nr.70: 12-13

PEARCE, P.L. (1983): *Inferring Travel Motivation from Traveler's Experience.* In: Journal of Travel Research 22 (2): 16-20

--- (1987): Tourism Today - A Geographical Analysis. Longman, New York

PEARCE, P.L., STRINGER, P. (1991): *Psychology and Tourism.* In: Annals of Tourism Research, vol.18 (1), Pergamon Press, New York: 136-54

PEPPELENBOSCH, P., TEMPELMAN, G. (1989): *The Pros and Cons of International Tourism to the Third World.* In: SINGH/THEUNS/GO 1989, 23-34

PFÄFFLIN, G.H. (1983): *Die eigene Erfahrungsgeschichte aufbrechen?! Dritte-Welt-Tourismus als Gefahr und Chance interkulturellen Dialogs.* In: ZEB 2/3, 1983

--- (1984): *Ecumenical Networks on Third World Tourism.* In: VIELHABER 1984, 149-58

--- (1988): Tourismus und Entwicklung. 4.Aufl., Zentrum für Entwicklungsbezogene Bildung (ZEB), Stuttgart

PFLAUM, D., BÄUERLE, F., Hrsg. (1988): Lexikon der Werbung. 3.Aufl., Verlag Moderne Industrie, Landsberg/Lech

PHILIPPINEN KOMITEE, Hrsg. (1991): *Thailands schmerzhaftes Lächeln.* In: Südwind, 1-2/1991: 30-31

POMPL, W. (1992): Aspekte des modernen Tourismus: Aufsätze und Vorträge zu ausgewählten Themen der Touristik und des Luftverkehrs. 2.Aufl., Fischer, Frankfurt/Main

POPELKA, C.A., LITTRELL, M.A. (1991): *Influences of Tourism on Handicraft Evolution.* In: Annals of Tourism Research, vol.18(3), Pergamon Press, New York: 392-413

PRAHL, H.W. (1990): *Die Entwicklung der modernen Touristik seit 1945.* In: STOHRBECK 1990, 119-35

PRAHL, H.W., STEINECKE, A. (1981): Der Millionenurlaub. Von der Bildungsreise zur totalen Freizeit. Ullstein, Frankfurt

PUCHNER, W. (1985): *Stehenbleiben, knipsen, weitergehen. Tourismus und Unterentwicklung.* In: Entwicklungspolitische Nachrichten 12/1985: 15-17

PYE, E.A., LIN, T.B., Hrsg. (1983): Tourism in Asia: The Economic Impact. Singapore University Press, Singapore

RAUSCHER, H. (1991): *Die Zukunft des Urlaubs.* In: Kurier, 11.8.1991, 2

REINHARDT, J., et al. (1989): Der Dienstleistungssektor ausgewählter Entwicklungsländer. Bochum

REISCHL, G. (1993): *Stress aus der Luft.* In: Kurier, 4.1.1993, 5

RENNER, J., PEELER, B. (1982): Source Book on South-East Asian Geography. Longman, New York

RENSCHLER, R. (1979): *Alternativ-Tourismus: Neue Ansätze oder Ende des Tourismus.* In: Gottlieb Duttweiler Institut: Ferntourismus und Entwicklung. Rüschlikon, Zürich: 42-50

--- (1982): Das Phänomen des Reisens. Wie verändert der Tourismus jene, die wir besuchen? Zürich

--- , Hrsg. (1988): Ware Liebe. Sextourismus - Prostitution - Frauenhandel. 2.Aufl., Peter Hammer TB 45, Wuppertal

RESCH, W.F.E. (1977): Fremdenverkehr und Dritte Welt. Anspruch und Wirklichkeit. Ein Leitfaden. Laetare, Nürnberg

RICHTER, L., RICHTER, W.L. (1985): *Policy Choices in South-East Asian Tourism Development.* In: Annals of Tourism Research, vol.12 (2), Pergamon Press, New York: 201-17

RICHTER, L. (1989): The Politics of Tourism in Asia. University of Hawai Press, Honolulu

--- (1992): *Political Instability and Tourism in the Third World.* In: HARRISON 1992, 35-46

RILEY, P.J. (1988): *Road Culture of International Long-Term Budget Travelers.* In: Annals of Tourism Research, vol.15 (3), Pergamon Press, New York: 313-28

RITTER, J. (1963): Landschaft. Zur Funktion des Ästhetischen in der modernen Gesellschaft. Münster

ROBBE, M. et al. (1989): Wege zur Unabhängigkeit. Die antikoloniale Revolution in Asien und Afrika und die Zukunft der Entwicklungsländer. VEB Deutscher Verlag der Wissenschaften, Berlin

ROBINSON, D., CUMMINGS, J. (1991): Vietnam, Laos & Cambodia. Lonely Planet, Victoria/Australien

ROBISON, R., HEWISON, K., HIGGOTT, R., Hrsg. (1987): Southeast Asia in the 1980s: The Politics of Economic Crisis. Allen/Unwin, Sydney-London-Boston

RODENBURG, E.E. (1980): *The Effects of Scale in Economic Development: Tourism in Bali.* In: Annals of Tourism Research, vol.15 (3), Pergamon Press, New York: 177-96

ROEKARTS, M., SAVAT, K. (1989): *Mass tourism in South and South East Asia - a challenge to Christians and the churches.* In: SINGH/THEUNS/GO 1989, 35-69

RUF, W.K. (1978): *Tourismus und Unterentwicklung.* In: Zeitschrift für Kulturaustausch, 28/3, Tübingen: 108-14

RUST, W.L. (1985): ASEAN - Regionale Zusammenarbeit im Schatten der Großmächte. Der Verband südostasiatischer Staaten als Beispiel für politische und wirtschaftliche Kooperation zwischen Entwicklungsländern. Peter Lang, Frankfurt/Main

SAICHE, H. (1977): Die Entwicklung des Fremdenverkehrs in Malaysia. Diplomarbeit Wirtschaftsuniversität Wien

SARR, A. (1988): *Tourismus: Die Kehrseite der Medaille.* In: Kleine Zeitung, 6.10.1988: 3-4

SAUER, W. (1984): *Von Reisen und Gewinnen. Die Dritte Welt und die Tourismusbranche.* In: Entwicklungspolitische Nachrichten 7-8/1984: 22-25

SAVAGE, V.R. (1984): Western Impressions of Nature and Landscape in South-East Asia. Singapore University Press, Singapore

SCHERRER, C. (1986): Dritte Welt-Tourismus. Entwicklungsstrategische und kulturelle Zusammenhänge. Reimer, Berlin

SCHETAR, D. (1988): *Reiseführer kritisch betrachtet.* In: HÄRTEL 1988, 38-45

SCHEUCH, E.K., KUTSCH, T. (1972): Grundbegriffe der Soziologie I. Teubner Studienskripten 20, Stuttgart

SCHMIDJELL, F. (1990): *Es geht aufwärts und aufwärts. Südostasien im Fremdenverkehrstaumel.* In: Entwicklungspolitische Nachrichten 1-2/1990: 30-31

SCHMIDT, P. (1990): *Den Gästen zu Ehren - Vietnam und Laos öffnen ihre Tore.* In: Entwicklungspolitische Nachrichten 1-2/1990: 33

SCHMIDT-KALLERT, E. (1988): *Südostasien-Reiseführer.* In: SOA-Informationen 4/88, 7

SCHNELL, R., HILL, P.B., ESSER, E. (1992): Methoden der empirischen Sozialforschung. 3.Aufl., Oldenbourg, Müchen/Wien

SCHUCHAT, M. (1983): *Comforts of Group Tours.* In: Annals of Tourism Research, vol.10 (4), Pergamon Press, New York: 465-77

SCHÜRER, A. (1988): *Zivilluftfahrt im Jahre 1987.* In: Statistische Nachrichten 3/1988, 249-51

SCHÜTZE, F. (1976): *Zur Hervorlockung und Analyse von Erzählungen thematisch relevanter Geschichten im Rahmen soziologischer Feldforschung.* In: Arbeitsgruppe Bielefelder Soziologen, Hrsg.: Kommunikative Sozialforschung, München, 162-200

SCHULMEISTER, S. (1989): *Prognose der Weltwirtschaft bis 1993.* In: WIFO-Monatsberichte 5/89, Wien

SCHWARTZ, M.S., SCHWARTZ, C.G. (1955): *Problems in Participant Observation.* In: American Journal of Sociology, LX, January

SCHWARZER, A. (1989): Terminologie der touristischen Werbung. Diplomarbeit Universität Wien

SEEWUTHIWONG, D. (1989): *Weddings, Wealth, Pigs and Coca Cola. Farang Tourists in an Akha village.* In: McKINNON/VIENNE 1989, 409-23

SHOESMITH, D. (1983): *Tourism in Asia: Questions of Justice and Human Dignity.* In: Ideas and Action, 150/1983/1:15-19

SIEBERT, R. (1981): *The Aggressive Camera: Photography and Tourism in the Third World.* In: Development and Corporation (D.+ C.)(1): 19-20

SINGAPORE CHANGI INTERNATIONAL AIRPORT, ed. (1992): A Guide to Passenger Terminal 1. Singapore, March 1992

SINGAPORE CHANGI INTERNATIONAL AIRPORT MAGAZINE, 9/1992

SINGH, T.V., THEUNS, H.L., GO, F.M., Hrsg. (1989): Towards Appropriate Tourism: The Case of Developing Countries. European University Studies, vol.11, Peter Lang, Frankfurt/Main

SMERAL, E. (1985): *Längerfristige Entwicklung und struktureller Wandel im internationalen und österreichischen Tourismus.* In: Wirtschaftsforschungsinstitut (WIFO), Hrsg.: Zur Position Österreichs im Strukturwandel der Weltwirtschaft. Wien

--- **(1990a):** Tourismus 2000. Signum, Wien

--- **(1990b):** Die Freizeitmilliarden. Situation und Entwicklungsperspektiven von Tourismus und Freizeit in Österreich. WIFO-Gutachten 1990, Wien

SMITH, S.L.J. (1989): Tourism Analysis. A Handbook. repr. 1991, Longman, New York

SMITH, V.L. (1989): Host and Guests: The Anthropology of Tourism. 2nd edition, University of Pennsylvania Press, Philadelphia

--- **(1990):** *Alternative/Responsible Tourism Seminar.* In: Annals of Tourism Research, vol.17 (3), Pergamon Press, New York: 479-480

SPREITZHOFER, G. (1990): *Wo Grenzen noch Grenzen sind: Von Sarawak nach Kalimantan.* In: Mitteilungen der akademisch-sozialen Arbeitsgemeinschaft Österreichs, Nr.12, 1-2

--- **(1992):** *Das Müsli in Borneo.* In: Niederösterreichische Rundschau, 8.7.1992, V

--- **(1994a):** Tourismus Dritte Welt: Brennpunkt Südostasien. Aspekte des Alternativtourismus vor dem Hintergrund politischer Steuerung und soziokulturellen Wandels. Dissertation Universität Wien

--- **(1994b):** *Alternativtourismus und Völkerverständigung: Jahrmarkt der Illusionen?* In: Mitteilungen und Informationen des Tourismus Treff 7/94, 1-3

--- **(1994c):** *Anders Reisen.* In: MyWay-mailer Nr.9, 10-11

--- **(1994d):** *Alternativtourismus als Speerspitze des Massentourismus.* In: ÖGAF Tourismus Memo 7/94, 9-12

STATISTICAL YEARBOOK THAILAND (1990): National Statistical Office, Bangkok

STATISTIK INDONESIA (1991): Statistical Yearbook of Indonesia. Central Bureau of Statistics, Jakarta

THE FAR EAST AND AUSTRALASIA (1990): Reihe *'Regional Surveys of the World'*, 22nd ed., Europe Publications, London

THE INDONESIA TIMES, Jakarta, 10.8.1992

THE STAR, Kuala Lumpur, 30.6.1992

THE STRAITS TIMES, Singapur, 10.8.1992

THEUNS, H.L. (1991): Third World Tourism Research. 1950-1984. A Guide to Literature. Peter Lang, Frankfurt/Main

TICHY, H. (1978): *Reisen, Bücher - Reisebücher.* In: Zeitschrift für Kulturaustausch, 28/3, Tübingen: 19-24

TOURISM AUTHORITY OF THAILAND (TAT), ed. (1992):
* Chiang Mai Tourist Information. Werbebroschüre
* Chiang Rai Tourist Information. Werbebroschüre
* Thailand. Chiang Mai and North Thailand. Werbeprospekt

TOURIST AUSTRIA INTERNATIONAL. Unabhängige Fachzeitung für die Fremdenverkehrswirtschaft. Wien; Diverse Ausgaben 1990-1993

TOWNER, J., WALL, G. (1991): *History and Tourism.* In: Annals of Tourism Research, vol.18 (1), Pergamon Press, New York: 71-84

TRENSKY, M. (1991): *Umdenken und Umlenken. Theologisch-ethische Reflexionen zum Thema Mitwelt und Reisen.* In: KLINGENBERG/TRENSKY/WINTER 1991, 36-65.

TRUONG, T.-D. (1983): *The Dynamics of Sex Tourism. The Case of South East Asia.* In: Development and Change, vol.14, Nr.4. London/The Hauge

--- (1990): Sex, Money and Morality. Prostitution and Tourism in South-East Asia. Zed, London & New Jersey

TÜTING, L. (1978): *Ferntourismus aus der Sicht eines Globetrotters; Abenteuerreisen: Urlaub oder Lebensphilosophie?* In: Zeitschrift für Kulturaustausch 28(3), Tübingen: 56-61

--- (1987): *Herr Mayer im Himalaya.* In: Entwicklung und Zusammenarbeit 4/87: 14-16

--- (1988): *Knigge für unterwegs.* In: HÄRTEL 1988, 73-81

--- (1990a): *Imperialismus im Forscherlook. Die Problematik von Kurzzeitforschungen für Diplom- und Doktorarbeiten.* In: Entwicklung und Zusammenarbeit 9/1990: 20-21

--- (1990b): *Wege aus dem Dilemma. Sanfter Tourismus.* In: LUDWIG/HAS/NEUER 1990, 61-71

TURNER, L., ASH, J. (1975): The Golden Hordes. International Tourism and the Pleasure Periphery. Constable, London

UHLIG, H. (1988): Südostasien. Fischer Länderkunde Bd.3, Frankfurt/Main

THE FAR EAST AND AUSTRALASIA (1990): Reihe *'Regional Surveys of the World'*, 22nd ed., Europe Publications, London

THE INDONESIA TIMES, Jakarta, 10.8.1992

THE STAR, Kuala Lumpur, 30.6.1992

THE STRAITS TIMES, Singapur, 10.8.1992

THEUNS, H.L. (1991): Third World Tourism Research. 1950-1984. A Guide to Literature. Peter Lang, Frankfurt/Main

TICHY, H. (1978): *Reisen, Bücher - Reisebücher.* In: Zeitschrift für Kulturaustausch, 28/3, Tübingen: 19-24

TOURISM AUTHORITY OF THAILAND (TAT), ed. (1992):
* Chiang Mai Tourist Information. Werbebroschüre
* Chiang Rai Tourist Information. Werbebroschüre
* Thailand. Chiang Mai and North Thailand. Werbeprospekt

TOURIST AUSTRIA INTERNATIONAL. Unabhängige Fachzeitung für die Fremdenverkehrswirtschaft. Wien; Diverse Ausgaben 1990-1993

TOWNER, J., WALL, G. (1991): *History and Tourism.* In: Annals of Tourism Research, vol.18 (1), Pergamon Press, New York: 71-84

TRENSKY, M. (1991): *Umdenken und Umlenken. Theologisch-ethische Reflexionen zum Thema Mitwelt und Reisen.* In: KLINGENBERG/TRENSKY/WINTER 1991, 36-65.

TRUONG, T.-D. (1983): *The Dynamics of Sex Tourism. The Case of South East Asia.* In: Development and Change, vol.14, Nr.4. London/The Hauge

--- (1990): Sex, Money and Morality. Prostitution and Tourism in South-East Asia. Zed, London & New Jersey

TÜTING, L. (1978): *Ferntourismus aus der Sicht eines Globetrotters; Abenteuerreisen: Urlaub oder Lebensphilosophie?* In: Zeitschrift für Kulturaustausch 28(3), Tübingen: 56-61

--- (1987): *Herr Mayer im Himalaya.* In: Entwicklung und Zusammenarbeit 4/87: 14-16

--- (1988): *Knigge für unterwegs.* In: HÄRTEL 1988, 73-81

--- (1990a): *Imperialismus im Forscherlook. Die Problematik von Kurzzeitforschungen für Diplom- und Doktorarbeiten.* In: Entwicklung und Zusammenarbeit 9/1990: 20-21

--- (1990b): *Wege aus dem Dilemma. Sanfter Tourismus.* In: LUDWIG/HAS/NEUER 1990, 61-71

TURNER, L., ASH, J. (1975): The Golden Hordes. International Tourism and the Pleasure Periphery. Constable, London

UHLIG, H. (1988): Südostasien. Fischer Länderkunde Bd.3, Frankfurt/Main

VAN DOORN, J.W.M. (1989): *A Critical Assessment of Socio-Cultural Impact Studies of Tourism in the Third World.* In: SINGH/THEUNS/GO 1989, 71-91

VAN HOUTS, D. (1982): *Tourism in South-East Asia: Is there a positive contribution in international tourism in the development of Third World Countries?* In: IDOC Bulletin (Rome), 10: 1-3

VIELHABER, A. (1979): *Realisierungsmöglichkeiten für Alternativtourismus in Entwicklungsländern.* In: Gottlieb Duttweiler Institut, Hrsg.: Ferntourismus und Entwicklung. Rüschlikon, Zürich: 191-96

--- , Hrsg. (1984): Tourismus in Entwicklungsländern II. Beiträge der Arbeitsgruppe Ferntourismus des Starnberger Studienkreises für Tourismus 1979-1983. Starnberg

VIELHABER, A., ADERHOLD, P. (1981): Tourismus in Entwicklungsländern. BMZ-Materialien, Nr.67, Bonn

VIETNAM COURIER, monthly magazine. Hanoi, May 1992

VIETNAM INVESTMENT REVIEW, Nr.31, 11.-17.5.1992

VIETNAM NEWS, weekly magazine. Ho Chi Minh City, various editions

VOEGELE, H. (1987): *Probleme im interkulturellen Umgang: Austausch von Bildern.* In: BLISS, F., Hrsg.: Ethnologische Beiträge zur Entwicklungspolitik. Bonn

VORLAUFER, K. (1984): Ferntourismus und Dritte Welt. Studienbücher Geographie, Diesterweg/Sauerländer, Frankfurt/Main

--- (1989): *Tourismus und Entwicklung in der Dritten Welt.* In: STOHRBECK 1990, 603-36

WAGNER, M. (1991): *Exotismus am Papier.* In: Der neue ÖH-Express 6/91: 18-19

WAHNSCHAFFT, R. (1984): Zum Entwicklungspotential des Klein(st)gewerbes: der informelle Sektor in thailändischen Fremdenverkehrsorten. Sozialwissenschaftliche Studien zu internationalen Problemen 98, Saarbrücken/Fort Lauderdale

WATERS, S.R., Hrsg.: Travel Industry World Yearbook. Diverse Ausgaben, New York

WEILER, B., HALL, C.M., ed. (1992): Special Interest Tourism. Belhaven, London

WEINZINGER, B. (1989): *Begegnungen der anderen Art.* In: Entwicklungspolitische Nachrichten 12/1989: 36-37

WELLS, B. (1982): *Tourism Planning in a Presently Developing Country: The Case of Malaysia.* In: Tourism Management 3(2): 98-107

WELTBANK, Hrsg. (1992): Jahresbericht 1992. Washington D.C./USA

WERNHART, K.R., Hrsg. (1986): Ethnohistorie und Kulturgeschichte. Böhlau, Wien

WEST, P., ALTING, F.A.M. (1987): The Pacific Rim and the Western World. Westview, London

WHEAT, S. (1993): *Tourism in Vietnam: Saviour or Spoiler?* In: Contours, Vol.6, Nr.1, 3/93: 37-38

WHEELER, T. (1982, 89): South-East Asia on a Shoestring. 4th, 6th ed., Lonely Planet, Victoria/Australien

--- (1988): Südostasien. Schettler, Hattorf/Harz

WINTER, G. (1990): *Motivations- und emotionspsychologische Aspekte von Reisehandlungen.* In: STOHRBECK 1990, 205-38

WISWEDE, G. (1975): *Motivation zur Information. Jahrbuch der Absatz- und Verbrauchsforschung*, 21 (1975) 3, 221-41

--- (1991): Soziologie. 2.Aufl., Verlag Moderne Industrie, Landsberg

WITT, C.A., WRIGHT. P.L. (1992): *Tourist Motivation: Life after Maslow.* In: JOHNSON/THOMAS 1992, 33-55

WOHLMANN, R. (1981): *Reisezufriedenheit- Urlaubszufriedenheit. Ursachen und Auswirkungen.* In: Reisemotive - Länderimages - Urlaubsverhalten. Neue Ergebnisse der psychologischen Tourismusforschung. Starnberger Studienkreis für Tourismus, Starnberg

WOOD, R.E. (1979): *Tourism and Underdevelopment in South East Asia.* In: Journal of Contemporary Asia, Bd.9, Nr.3/79

--- (1980): *International tourism and cultural change in South East Asia.* In: Economic Development and Cultural Change. Chicago/I 11. 28 (Apr. *1980), 561-81

--- (1984): *Ethnic Tourism, the State, and Cultural Change in Southeast Asia.* In: Annals of Tourism Research, vol.11 (3), Pergamon Press, New York: 353-74

WORLD TOURISM ORGANIZATION (WTO)(1987): *Report. Ministerial Round Table. Tourism and Development.* Berlin (West), 4.-7.3.1987

--- (1989a): Tourism Development Report. Madrid

--- (1990a): Compendium of Tourism Statistics 1985-1989. 11th edition. Madrid

--- (1989b, 1990b): Yearbook of Tourism Statistics 1989,1990. Madrid

--- (o.J.): World Travel Statistics. Diverse Ausgaben, Madrid

YAP, V. (1986): *The Context of Prostitution - Tourism.* In: ECTWT + TEN 1986, 58-65

ZIMMER, P. (1984): Alternativtourismus - Anspruch und Wirklichkeit. Berner Studien zum Fremdenverkehr Heft 21. Forschungsinstitut für Fremdenverkehr, Bern

ZIVNY, A. (1991): Sexuelle Ausbeutung der Länder der Dritten Welt dargestellt am Beispiel Thailand. Diplomarbeit Universität Wien

www.ingramcontent.com/pod-product-compliance
Ingram Content Group UK Ltd.
Pitfield, Milton Keynes, MK11 3LW, UK
UKHW021907290926
8980IPUK00015B/1102

9 783631 479650